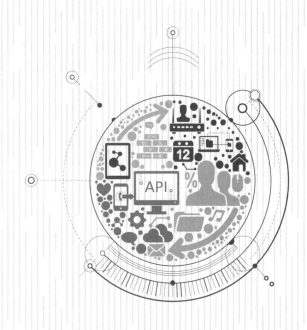

Django
开发宝典

◎ 王友钊 黄 静 编著

清华大学出版社
北京

内 容 简 介

本书共分9章,第1章介绍HTML、CSS、JavaScript等技术在界面设计方面的应用;第2章主要介绍MySQL的安装和配置及对数据库的操作等内容;第3章对Java语言的内容、功能、特性和对面向对象、多线程及网络编程等内容做了详细的讲解;第4～6章主要介绍Django应用框架和Nginx、uWSGI服务器的安装、测试等内容;第7～8章主要介绍Linux的开发流程及线程、进程、网络通信的内容;第9章对用户认证系统的项目实例进行了部署与设计,使读者对项目的开发流程有基本的了解。

本书可作为高等院校电子信息、电气自动化、计算机等专业的本科生和硕士研究生教材,也可供工程技术人员和高校相关专业师生参考。

本书封面贴有清华大学出版社防伪标签,无标签者不得销售。
版权所有,侵权必究。侵权举报电话:010-62782989　13701121933

图书在版编目(CIP)数据

Django开发宝典/王友钊,黄静编著. —北京:清华大学出版社,2017
(清华科技大讲堂)
ISBN 978-7-302-43696-6

Ⅰ.①D… Ⅱ.①王… ②黄… Ⅲ.①软件工具-程序设计　Ⅳ.①TP311.56

中国版本图书馆CIP数据核字(2016)第084734号

责任编辑:刘　星　王冰飞
封面设计:刘　键
责任校对:时翠兰
责任印制:沈　露

出版发行:清华大学出版社
　　　　网　　址:http://www.tup.com.cn,http://www.wqbook.com
　　　　地　　址:北京清华大学学研大厦A座　　　邮　编:100084
　　　　社 总 机:010-62770175　　　　　　　　　　邮　购:010-62786544
　　　　投稿与读者服务:010-62776969,c-service@tup.tsinghua.edu.cn
　　　　质量反馈:010-62772015,zhiliang@tup.tsinghua.edu.cn
　　　　课件下载:http://www.tup.com.cn,010-62795954
印 装 者:北京嘉实印刷有限公司
经　　销:全国新华书店
开　　本:185mm×260mm　　印　张:25.25　　字　数:616千字
版　　次:2017年1月第1版　　　　　　　　　　印　次:2017年1月第1次印刷
印　　数:1～2500
定　　价:69.00元

产品编号:066013-01

前言

Web 开发激动人心且富于创造性，但它却是件烦琐而令人生厌的工作。Django 作为一款可使 Web 开发工作愉快并且高效的 Web 开发框架，能够以最小的代价构建和维护高质量的 Web 应用。Django 通过减少重复代码，使用户能够专注于 Web 应用上有趣的关键性东西，提供通用 Web 开发模式的高度抽象与频繁进行的编程作业的快速解决方法，以及为"如何解决问题"提供了清晰明了的约定。

Django 是一款基于 Python 语言及 MVC 设计模式实现的 Web 应用开发框架。MVC 设计模式适用于大型可扩展的 Web 应用开发，它将客户端请求、请求处理、服务器响应划分为模型、视图、控制器 3 个部分。其中，模型(Model)主要负责后台数据库操作；视图负责响应页面的呈现；控制器接收用户请求，根据请求访问模型获取数据，并调用视图显示这些数据。控制器将模型和视图隔离，并成为二者之间的枢纽。Django 对传统的 MVC 设计模式进行了改进，将视图分成 View 模块和 Template 模块两部分，将动态的逻辑处理与静态的页面展现分离开。而 Model 采用了 ORM 技术，将关系型数据库表抽象成面向对象的 Python 类，将表操作转换成类操作，避免了复杂的 SQL 语句编写。

利用 Web 开发框架能够有效缩短研发时间，实现业务模块化开发和敏捷部署。Rod Johnson 和 Juergen Hoeller 等开发的 Spring Framework 是开源 Java EE 全栈应用程序框架，利用控制翻转原则实现配置管理便于应用程序快速组建，对数据库进行一般化抽象使事务划分处理与底层无关；Django 是基于 Python 的 Web 开发框架，基于动态脚本语言的实现方式避免了应用程序像 Java 程序一样庞大臃肿，基于 MTV 模式(Model、Template、View)，利用模型对象关系映射、URL 匹配模块、内建模板语言和缓存系统，实现业务模块拆分和快速部署，Django 尝试留下一些方法，让用户根据需要在 Framework 之外开发。

Django 是笔者和团队成员在搭建智慧农业服务平台时触碰到的新思想和新工具。针对智慧农业系统缺乏通用服务器架构、软件重复开发和数据资源浪费的问题，我们团队提出了一种通用性的服务器平台，降低界面呈现、服务流程控制及数据处理的耦合度，利用面向对象思想简化数据库设计的复杂度，提高服务器开发效率，实现各类应用服务的快速部署，其中，应用服务程序基于 Django 框架实现。

本书结合本团队开发经验和相关知识按体系撰写而成，本书包括：HTML、CSS、JavaScript 等技术在界面设计方面的应用；MySQL 的安装和配置及对数据库的操作等内容;Java 语言的内容、功能、特性和面向对象、多线程及网络编程等内容;Django 应用框架和 Nginx、uWSGI 服务器的安装、测试等内容;Linux 的开发流程及线程、进程、网络通信的内容。在本书的最后一章对用户认证系统的项目实例进行了部署与设计,使读者对项目的开发流程有基本的了解。

　　本书可以作为开发工具和宝典,通过阅读和参照实现,可以完成开发者最初的开发指导,也可以作为平台搭建的实例指导。

作　者
2016 年 9 月

目 录

第1章 前端技术 … 1
- 1.1 初识 HTML … 1
- 1.2 走进 HTML … 1
- 1.3 CSS 基础 … 8
- 1.4 CSS 样式 … 11
- 1.5 CSS 框模型 … 18
- 1.6 CSS 定位 … 19
- 1.7 JavaScript 基础 … 21
- 1.8 JavaScript HTML DOM … 26
- 1.9 JavaScript 库 … 31
  - 1.9.1 JavaScript 库简介 … 31
  - 1.9.2 jQuery … 31

第2章 MySQL … 41
- 2.1 MySQL 的安装和配置 … 41
- 2.2 MySQL 基本操作 … 43
  - 2.2.1 数据库相关操作 … 43
  - 2.2.2 表的操作 … 44
  - 2.2.3 数据的操作 … 48
  - 2.2.4 数据记录查询 … 49
- 2.3 数据的备份与恢复 … 52
- 2.4 访问数据库 … 53

第3章 Java 程序开发 … 56
- 3.1 Java 简介 … 56
- 3.2 Java 多线程编程 … 57
  - 3.2.1 一个线程的生命周期 … 58

3.2.2　创建一个线程 …………………………………………… 58
　　3.2.3　线程安全与共享资源 …………………………………… 60
　　3.2.4　死锁 ……………………………………………………… 61
　　3.2.5　线程的调度 ……………………………………………… 62
　　3.2.6　Java 同步块 ……………………………………………… 72
　　3.2.7　并发容器 ………………………………………………… 75
　　3.2.8　线程池的使用 …………………………………………… 80
3.3　Java 网络编程 ………………………………………………………… 84
　　3.3.1　Java 网络编程基础 ……………………………………… 84
　　3.3.2　非阻塞式的 Socket 编程 ………………………………… 95
　　3.3.3　安全网络通信 …………………………………………… 100

第 4 章　Django 应用框架 …………………………………………………… 106

4.1　Django 概述 …………………………………………………………… 106
4.2　安装 …………………………………………………………………… 107
4.3　视图（View）和统一资源定位符（URL）……………………………… 113
　　4.3.1　创建视图 ………………………………………………… 113
　　4.3.2　创建 URLconf …………………………………………… 114
　　4.3.3　正则表达式 ……………………………………………… 116
　　4.3.4　Django 请求处理方式 …………………………………… 118
　　4.3.5　关于 Request 与 Response ……………………………… 119
　　4.3.6　动态视图内容 …………………………………………… 122
　　4.3.7　动态 URL ………………………………………………… 123
4.4　模板（Template）……………………………………………………… 126
　　4.4.1　模板系统基本知识 ……………………………………… 127
　　4.4.2　如何使用模板系统 ……………………………………… 128
　　4.4.3　模板渲染 ………………………………………………… 129
　　4.4.4　字典和 Context 替换 …………………………………… 130
　　4.4.5　深度变量的查找 ………………………………………… 131
　　4.4.6　Context 对象的操作 …………………………………… 134
　　4.4.7　理念与局限 ……………………………………………… 141
　　4.4.8　在视图中使用模板 ……………………………………… 142
　　4.4.9　模板加载 ………………………………………………… 143
　　4.4.10　locals()技巧 …………………………………………… 146
　　4.4.11　include 模板标签 ……………………………………… 147
　　4.4.12　模板继承 ……………………………………………… 148
4.5　模型（Model）………………………………………………………… 151

	4.5.1	在视图中进行数据库查询的基本方法	152

- 4.5.1 在视图中进行数据库查询的基本方法 152
- 4.5.2 MTV 开发模式 152
- 4.5.3 创建 APP 应用程序 153
- 4.5.4 在 Python 代码中定义模型 154
- 4.5.5 编写模型 155
- 4.5.6 模型安装 156
- 4.5.7 基本数据访问 159
- 4.5.8 Unicode 对象 161
- 4.5.9 数据过滤 163
- 4.5.10 获取单个对象 164
- 4.5.11 数据排序 165
- 4.5.12 连锁查询 166
- 4.5.13 更新多个对象 167
- 4.5.14 删除对象 168
- 4.6 Django 实例——搭建一个博客 169
- 4.7 Session 176
- 4.8 常用服务器命令 180

第 5 章 Nginx 模块开发 182

- 5.1 Nginx 简介 182
- 5.2 Nginx 配置 182
  - 5.2.1 安装 Nginx 182
  - 5.2.2 Nginx 命令行控制参数 187
  - 5.2.3 Nginx 配置的基本方法 188
  - 5.2.4 rewrite 重定向 192
- 5.3 简单的 HTTP 子请求模块开发 195
- 5.4 简单的 HTTP 过滤模块开发 199
- 5.5 SSL 模块 206

第 6 章 uWSGI 服务器 210

- 6.1 uWSGI 概述 210
- 6.2 uWSGI 安装及运行命令 211
- 6.3 uWSGI 选项配置 213

第 7 章 嵌入式开发 216

- 7.1 系统概述 216
  - 7.1.1 嵌入式系统的基本概念 216

  7.1.2 嵌入式系统的特点 …… 217
  7.1.3 嵌入式系统的发展趋势 …… 218
 7.2 嵌入式 Linux 基础 …… 218
  7.2.1 Linux 文件系统 …… 218
  7.2.2 Linux 目录结构 …… 221
  7.2.3 文件类型及文件属性 …… 223
  7.2.4 嵌入式 Linux 开发环境构建 …… 225
  7.2.5 Minicom 的安装 …… 229
 7.3 嵌入式 C 语言开发流程 …… 231
  7.3.1 Vim 编辑器 …… 232
  7.3.2 GCC 编译器 …… 234
  7.3.3 GDB 调试器 …… 237
  7.3.4 GDBServer 远程调试 …… 241
  7.3.5 Make 工程管理器 …… 242
 7.4 文件 I/O …… 251
  7.4.1 文件 I/O 编程基础 …… 251
  7.4.2 基本 I/O 操作 …… 253
  7.4.3 标准 I/O 操作 …… 256
  7.4.4 Linux 串口编程 …… 259
  7.4.5 串口使用详解 …… 264
  7.4.6 串口编程实例 …… 265
  7.4.7 Modbus 通信协议 …… 267
  7.4.8 ZigBee 通信协议 …… 269
 7.5 Linux 进程 …… 273
  7.5.1 进程概述 …… 273
  7.5.2 Linux 进程编程 …… 274
  7.5.3 Zombie 进程 …… 282
  7.5.4 进程间的通信和同步 …… 283
  7.5.5 管道通信 …… 284
  7.5.6 共享内存通信 …… 292
  7.5.7 其他通信方式 …… 295
 7.6 线程概述 …… 295
  7.6.1 线程的分类和特性 …… 296
  7.6.2 线程的实现 …… 296
  7.6.3 线程属性 …… 297
  7.6.4 线程之间的同步与互斥 …… 299

第 8 章 网络编程 ... 305

8.1 套接字编程简介 ... 305
8.2 套接字选项 ... 307
8.2.1 SOL_SOCKET 协议族选项 ... 308
8.2.2 IPPROTO_IP 选项 ... 312
8.3 基本 TCP 套接字编程 ... 314
8.3.1 socket 概述 ... 314
8.3.2 connect()函数 ... 315
8.3.3 bind()函数 ... 315
8.3.4 listen()函数 ... 316
8.3.5 accept()函数 ... 317
8.3.6 fork()与 exec()函数 ... 318
8.3.7 close()函数 ... 319
8.3.8 TCP 编程实例 ... 319
8.4 基本 UDP 套接字编程 ... 322
8.4.1 recvfrom()和 sendto()函数 ... 323
8.4.2 UDP 的 connect()函数 ... 324
8.4.3 UDP 程序实例 ... 325

第 9 章 用户认证系统实例 ... 328

9.1 静态资源部署 ... 328
9.1.1 Nginx 配置 ... 328
9.1.2 静态资源 ... 330
9.2 Django 应用处理程序设计 ... 332
9.2.1 项目创建及配置 ... 332
9.2.2 数据库设计 ... 334
9.2.3 应用处理程序设计 ... 335

附录 A CSS 源码 ... 341

附录 B HTML 文件 ... 386

参考文献 ... 394

第1章 前端技术

1.1 初识 HTML

1. HTML 的定义

HTML 是用来描述网页的一种语言。

(1) HTML 是指超文本标记语言(Hyper Text Markup Language)。

(2) HTML 不是一种编程语言,而是一种标记语言(Markup Language)。

(3) 标记语言是一套标记标签(Markup Tag),HTML 使用标记标签来描述网页。

2. HTML 标签

HTML 标记标签通常被称为 HTML 标签(HTML Tag)。

(1) HTML 标签是由尖括号括起来的关键词,如<html>。

(2) HTML 标签通常是成对出现的,如和。

(3) 标签对中的第一个标签是开始标签,第二个标签是结束标签;开始标签和结束标签也被称为开放标签和闭合标签。

3. HTML 元素

HTML 元素是指从开始标签(Start Tag)到结束标签(End Tag)的所有代码,如表 1.1 所示。

表 1.1 HTML 元素

开始标签	元素内容	结束标签
<p>	This is a paragraph	</p>
<a href="default.htm">	This is a link	</a>

1.2 走进 HTML

1. HTML 编辑器

可以使用专业的 HTML 编辑器来编辑 HTML,如 Adobe Dreamweaver、Microsoft

Expression Web、CoffeeCup HTML Editor。

不过，同时推荐使用文本编辑器来学习 HTML，如 Notepad（PC）或 TextEdit（Mac），使用一款简单的文本编辑器是学习 HTML 的好方法。

通过记事本，依照以下 4 个步骤来创建第一张网页。

步骤 1，启动记事本。

步骤 2，用记事本来编辑 HTML。

步骤 3，保存 HTML。

在记事本的"文件"菜单中选择"另存为"选项，然后在弹出的对话框中进行保存。

当保存 HTML 文件时，既可以使用.htm 扩展名也可以使用.html 扩展名进行保存。两者没有区别，完全可以根据用户喜好来使用。

步骤 4，在浏览器中运行这个 HTML 文件。

启动浏览器，然后选择"文件"菜单中的"打开文件"命令，或者直接在文件夹中双击 HTML 文件。

2. HTML 标题

HTML 标题（Heading）是通过<h1>～<h6>等标签进行定义的。例如：

```
<h1>This is a heading</h1>
<h2>This is a heading</h2>
<h3>This is a heading</h3>
```

应该将 h1 用做主标题（最重要的），其次是 h2（次重要的），再次是 h3，以此类推。

3. HTML 段落

HTML 段落是通过<p>标签进行定义的。例如：

```
<p>This is a paragraph.</p>
<p>This is another paragraph.</p>
```

注释：浏览器会自动地在段落的前后添加空行，<p>是块级元素。

4. HTML 链接

HTML 使用超级链接与网络上的另一个文档相连。几乎在任何一个网页中都能找到超级链接，单击超级链接可以从一张页面跳转到另一张页面。

超级链接可以是一个字、一个词或者一组词，也可以是一幅图像，用户可以单击这些超级链接的内容来跳转到新的文档或者当前文档中的某个部分。

通过使用<a>标签可以在 HTML 中创建超级链接，具体有以下两种使用<a>标签的方式。

(1) 通过使用 href 属性创建指向另一个文档的链接。

(2) 通过使用 name 属性创建文档内的标签。

超级链接的 HTML 代码很简单。例如：

```
<a href="url">Link text</a>            //href 属性规定链接的目标
```

开始标签和结束标签之间的文字被作为超级链接来显示。

使用target属性可以定义被超级链接的文档要在何处显示。下面的这行会在新窗口打开文档：

```
< a href = "http://www.baidu.com/" target = "_blank">百度一下,你就知道</a>
```

5．HTML图像

在HTML中,图像由<img>标签定义。<img>是空标签,意思是说,它只包含属性,并且没有结束标签。

要在页面上显示图像需要使用源属性(src),src是指"source"。源属性的值是图像的URL地址。

定义图像的语法是：

```
< img src = "url" />              //URL指存储图像的位置
```

浏览器将图像显示在文档中图像标签出现的地方。如果将图像标签置于两个段落之间,那么浏览器会首先显示第一个段落,然后显示图像,最后显示第二个段落。

6．HTML表格

表格由<table>标签来定义。每个表格均有若干行(由<tr>标签定义),每行被分割为若干单元格(由<td>标签定义)。字母td指表格数据(table data),即数据单元格的内容。数据单元格可以包含文本、图片、列表、段落、表单、水平线、表格等。

```
< table border = "1">
    < tr >
    < td > row 1, cell 1 </td>
    < td > row 1, cell 2 </td>
    </tr>
    < tr >
    < td > row 2, cell 1 </td>
    < td > row 2, cell 2 </td>
    </tr>
</table>
```

在浏览器显示效果如图1.1所示。

| row 1, cell 1 | row 1, cell 2 |
| row 2, cell 1 | row 2, cell 2 |

图1.1 HTML表格

7．HTML列表

HTML支持有序列表、无序列表和自定义列表。

1) 无序列表

无序列表是一个项目的列表,此列表项目使用粗体圆点(典型的小黑圆圈)进行标记。无序列表始于<ul>标签,每个列表项始于<li>标签。

```
<ul>
<li>Coffee</li>
<li>Milk</li>
</ul>
```

浏览器显示如下：

- Coffee
- Milk

列表项内部可以使用段落、换行符、图片、链接及其他列表等。

2）有序列表

同样，有序列表也是一个项目的列表，此列表项目使用数字进行标记。有序列表始于<ol>标签，每个列表项始于<li>标签。

```
<ol>
<li>Coffee</li>
<li>Milk</li>
</ol>
```

浏览器显示如下：

1. Coffee
2. Milk

列表项内部可以使用段落、换行符、图片、链接及其他列表等。

3）自定义列表

自定义列表不仅是一个项目的列表，也是项目及其注释的组合。自定义列表以<dl>标签开始，每个自定义列表项以<dt>标签开始，每个自定义列表项的定义以<dd>标签开始。

```
<dl>
<dt>Coffee</dt>
<dd>Black hot drink</dd>
<dt>Milk</dt>
<dd>White cold drink</dd>
</dl>
```

浏览器显示如下：

```
Coffee
    Black hot drink
Milk
    White cold drink
```

定义列表的列表项内部可以使用段落、换行符、图片、链接及其他列表等。

8. HTML 表单和输入

1) 表单

HTML 表单用于收集不同类型的用户输入信息。表单是一个包含表单元素的区域，表单元素是允许用户在表单中（如文本域、下拉列表、单选按钮、复选框等）输入信息的元素。表单使用表单标签（<form>）定义。

```
<form>
...
 input 元素
...
</form>
```

2) 输入

多数情况下被用到的表单标签是输入标签（<input>），输入类型是由类型属性（type）定义的。大多数经常被用到的输入类型如下。

（1）文本域（Text Fields）。当用户要在表单中输入字母、数字等内容时，就会用到文本域。

```
<form>
First name:
<input type = "text" name = "firstname" />
<br />
Last name:
<input type = "text" name = "lastname" />
</form>
```

浏览器显示如下：

```
First name:
Last   name:
```

注意：表单本身并不可见。同时，在大多数浏览器中，文本域的默认宽度是 20 个字符。

（2）单选按钮（Radio Buttons）。当用户需要从若干给定的选择中选取其一时，就会用到单选按钮。注意，只能从中选取其一。

```
<form>
<input type = "radio" name = "sex" value = "male" /> Male
<br />
<input type = "radio" name = "sex" value = "female" /> Female
</form>
```

浏览器显示如下：

- Male
- Female

（3）复选框（Checkboxes）。当用户需要从若干给定的选择中选取一个或若干选项时，就会用到复选框。

```
<form>
<input type = "checkbox" name = "bike" />
I have a bike
<br />
<input type = "checkbox" name = "car" />
I have a car
</form>
```

浏览器显示如下：

■ I have a bike
■ I have a car

3）表单的动作属性（Action）和确认按钮

当用户单击确认按钮时，表单的内容会被传送到另一个文件。表单的动作属性定义了目的文件的文件名。由动作属性定义的这个文件通常会对接收到的输入数据进行相关的处理。

```
<form name = "input" action = "html_form_action.asp" method = "get">
Username:
<input type = "text" name = "user" />
<input type = "submit" value = "Submit" />
</form>
```

浏览器显示如下：

Username: [   ] [Submit]

假如用户在上面的文本框内输入几个字母，然后单击确认按钮，那么输入数据会传送到"html_form_action.asp"的页面，该页面将显示出输入的结果。

9. HTML 背景

<body>拥有两个配置背景的标签，背景可以是颜色或者图像。

1）背景颜色（Bgcolor）

背景颜色属性将背景设置为某种颜色，属性值可以是十六进制数、RGB 值或颜色名。

```
<body bgcolor = "#000000">
<body bgcolor = "rgb(0,0,0)">
<body bgcolor = "black">
```

以上的代码均将背景颜色设置为黑色。

2) 背景(Background)

背景属性将背景设置为图像,属性值为图像的 URL。如果图像尺寸小于浏览器窗口,那么图像将在整个浏览器窗口进行复制。

```
< body background = "clouds.gif">
< body background = "http://www.w3school.com.cn/clouds.gif">
```

URL 可以是相对地址,如第一行代码;也可以是绝对地址,如第二行代码。

提示：<body>标签中的背景颜色(bgcolor)、背景(background)和文本(text)属性在最新的 HTML 标准(HTML4 和 XHTML)中已被废弃,W3C 在他们的推荐标准中已删除这些属性。因此,应该使用层叠样式表(CSS)来定义 HTML 元素的布局和显示属性。

10. HTML 样式

当浏览器读到一个样式表,它就会按照这个样式表来对文档进行格式化。有以下 3 种方式来插入样式表。

1) 外部样式表

当样式需要被应用到很多页面时,外部样式表将是理想的选择。使用外部样式表,用户就可以通过更改一个文件来改变整个站点的外观。

```
< head >
< link rel = "stylesheet" type = "text/css" href = "mystyle.css">
</head >
```

2) 内部样式表

当单个文件需要特别样式时,就可以使用内部样式表。用户可以在 head 部分通过<style>标签定义内部样式表。

```
< head >
< style type = "text/css">
body {background-color: red}
p {margin-left: 20px}
</style >
</head >
```

3) 内联样式

当特殊的样式需要应用到个别元素时,就可以使用内联样式。使用内联样式的方法是在相关的标签中使用样式属性。样式属性可以包含任何 CSS 属性。以下实例显示出如何改变段落的颜色和左外边距。

```
<p style = "color: red; margin-left: 20px">
This is a paragraph
</p>
```

1.3 CSS 基础

1. CSS 概述

CSS 是指层叠样式表(Cascading Style Sheets)。

(1) 样式定义如何显示 HTML 元素。
(2) 样式通常存储在样式表中。
(3) 把样式添加到 HTML 4.0 中,是为了解决内容与表现分离的问题。
(4) 外部样式表可以极大提高工作效率。
(5) 外部样式表通常存储在 CSS 文件中。
(6) 多个样式定义可层叠为一个样式。

样式表允许以多种方式规定样式信息,样式可以规定在单个的 HTML 元素中、在 HTML 页面的头元素中或在一个外部的 CSS 文件中,甚至可以在同一个 HTML 文档内部引用多个外部样式表。

(7) 所有的主流浏览器均支持层叠样式表,样式表极大地提高了工作效率。

当同一个 HTML 元素被不止一个样式定义时,会使用哪个样式呢?

一般而言,所有的样式会根据下面的规则层叠于一个新的虚拟样式表中。

① 浏览器默认设置。
② 外部样式表。
③ 内部样式表(位于<head>标签内部)。
④ 内联样式(在 HTML 元素内部)。

因此,内联样式(在 HTML 元素内部)拥有最高的优先权,这意味着它将优先于内部样式表中的样式声明、外部样式表中的样式声明或者浏览器中的样式声明(默认值)。

2. CSS 基础语法

CSS 规则由选择器、一条或多条声明两个主要的部分构成。

```
selector {declaration1; declaration2; ...;declarationN }
```

选择器通常是用户需要改变样式的 HTML 元素。每条声明由一个属性和一个值组成,属性(property)是用户希望设置的样式属性(style attribute)。每个属性有一个值,属性和值被冒号分开。

```
selector {property: value}
```

下面这行代码的作用是将 h1 元素内的文字颜色定义为红色,同时将字体大小设置为 14 像素。在这个例子中,h1 是选择器,color 和 font-size 是属性,red 和 14px 是值。

```
h1 {color:red; font-size:14px;}
```

3. CSS 高级语法

1) 选择器的分组

用户可以对选择器进行分组，被分组的选择器就可以分享相同的声明。用逗号将需要分组的选择器分开。在下面的示例中，对所有的标题元素进行了分组。所有的标题元素都是绿色的。

```css
h1,h2,h3,h4,h5,h6 {
    color: green;
}
```

2) 继承及其问题

根据 CSS 规则，子元素从父元素继承属性，但是它并不总是按此方式工作。看看下面这条规则：

```css
body {
    font-family: Verdana, sans-serif;
}
```

根据上面这条规则，站点的 body 元素将使用 Verdana 字体（假如访问者的系统中存在该字体的话）。

通过 CSS 继承，子元素将继承最高级元素（在本例中是 body）所拥有的属性（这些子元素诸如 p、td、ul、ol、ul、li、dl、dt 和 dd）。不需要另外的规则，所有 body 的子元素都应该显示 Verdana 字体，子元素的子元素也一样，并且在大部分的现代浏览器中，也确实是这样的。

如果不希望"Verdana, sans-serif"字体被所有的子元素继承，又该怎么做呢？例如，如果希望段落的字体是 Times，就可以创建一个针对 p 的特殊规则，这样它就会摆脱父元素的规则：

```css
body {
    font-family: Verdana, sans-serif;
}
td, ul, ol, ul, li, dl, dt, dd {
    font-family: Verdana, sans-serif;
}
p {
    font-family: Times, "Times New Roman", serif;
}
```

4. CSS 派生选择器

通过依据元素在其位置的上下文关系来定义样式，可以使标记更加简洁。例如，希望列表中的 strong 元素变为斜体字，而不是通常的粗体字，可以这样定义一个派生选择器：

```css
li strong {
    font-style: italic;
    font-weight: normal;
}
```

在上面的示例中,只有 li 元素中的 strong 元素的样式为斜体字,无须为 strong 元素定义特别的 class 或 id,代码更加简洁。

5．CSS id 选择器

1) id 选择器

id 选择器可以为标有特定 id 的 HTML 元素指定特定的样式。id 选择器以"#"来定义。下面的两个 id 选择器,第一个定义元素的颜色为红色,第二个定义元素的颜色为绿色:

```
#red {color:red;}
#green {color:green;}
```

下面的 HTML 代码中,id 属性为 red 的 p 元素显示为红色,而 id 属性为 green 的 p 元素显示为绿色。

```
<p id="red">这个段落是红色.</p>
<p id="green">这个段落是绿色.</p>
```

注意:id 属性只能在每个 HTML 文档中出现一次。

2) id 选择器和派生选择器

在现代布局中,id 选择器常常用于建立派生选择器。

```
#sidebar p {
    font-style: italic;
    text-align: right;
    margin-top: 0.5em;
}
```

上面的样式只能应用于 id 是 sidebar 的元素内的段落。即使被标注为 sidebar 的元素只能在文档中出现一次,这个 id 选择器作为派生选择器也可以被使用很多次。

6．CSS 类选择器

在 CSS 中,类选择器以一个点号显示:

```
.center {text-align: center}
```

在上面的示例中,所有拥有 center 类的 HTML 元素均为居中。注意:类名的第一个字符不能使用数字,它无法在 Mozilla 或 Firefox 浏览器中起作用。

和 id 一样,class 也可被用作派生选择器:

```
.fancy td {
    color: #f60;
    background: #666;
}
```

在上面这个示例中,类名为 fancy 的更大的元素内部的表格单元都会以灰色背景显示橙色文字(名为 fancy 的更大的元素可能是一个表格或者一个 div)。元素也可以基于它们的类而被选择：

```
td.fancy {
    color: #f60;
    background: #666;
    }
```

在上面的示例中，类名为 fancy 的表格单元将显示带有灰色背景的橙色文字。

7. CSS 属性选择器

CSS 属性选择器可以为拥有指定属性的 HTML 元素设置样式，而不仅限于 class 和 id 属性。注意，只有在规定了＜！DOCTYPE＞声明时，IE 7 和 IE 8 浏览器才支持属性选择器，而在 IE 6 浏览器及更低的版本中，不支持属性选择器。

1）属性选择器

下面的示例为带有 title 属性的所有元素设置样式：

```
[title]{ color:red; }
```

2）属性和值选择器

下面的示例为 title＝"farm"的所有元素设置样式：

```
[title = farm]{ border:5px solid blue; }
```

利用属性和值选择器选取元素的方法还有很多，如表 1.2 所示。

表 1.2　属性和值选择器示例

选 择 器	描　　　述
[attribute]	用于选取带有指定属性的元素
[attribute＝value]	用于选取带有指定属性和值的元素
[attribute~＝value]	用于选取属性值中包含指定词汇的元素
[attribute｜＝value]	用于选取带有以指定值开头的属性值的元素，该值必须是整个单词
[attribute^＝value]	匹配属性值以指定值开头的每个元素
[attribute $＝value]	匹配属性值以指定值结尾的每个元素
[attribute *＝value]	匹配属性值中包含指定值的每个元素

1.4　CSS 样式

1. CSS 背景

CSS 允许应用纯色作为背景，也允许使用背景图像创建相当复杂的效果。CSS 在这方面的能力远远在 HTML 之上。

1）背景色

可以使用 background-color 属性为元素设置背景色。这个属性接收任何合法的颜色值。下面的规则是把元素的背景设置为灰色：

```
p {background-color: gray;}
```

2）背景图像

要把图像放入背景，需要使用 background-image 属性。background-image 属性的默认值是 none，表示背景上没有放置任何图像。如果需要设置一个背景图像，必须为这个属性设置一个 URL 值：

```
body {background-image: url('图像所在位置');}
```

2. CSS 文本

CSS 文本属性可定义文本的外观。通过文本属性可以改变文本的颜色、字符间距、对齐文本、装饰文本、对文本进行缩进等。

1）缩进文本

把 Web 页面上的段落的第一行缩进，这是一种最常用的文本格式化效果。CSS 提供了 text-indent 属性，该属性可以方便地实现文本缩进。通过使用 text-indent 属性，所有元素的第一行都可以缩进一个给定的长度，甚至该长度可以是负值。这个属性最常见的用途是将段落的首行缩进，下面的规则会使所有段落的首行缩进 5em：

```
p {text-indent: 5em;}
```

2）水平对齐

text-align 是一个基本的属性，它会影响一个元素中的文本行互相之间的对齐方式，具体描述如表 1.3 所示。

表 1.3 text-align 属性值及基本描述

值	描述
left	把文本排列到左边，默认值，由浏览器决定
right	把文本排列到右边
center	把文本排列到中间
justify	实现两端对齐文本效果
inherit	规定应该从父元素继承 text-align 属性的值

3）字间隔

word-spacing 属性可以改变字（单词）之间的标准间隔。其默认值 normal 与设置值为 0 是一样的。word-spacing 属性接受一个正长度值或负长度值。如果将 Word-spacing 设置为一个正长度值，那么字之间的间隔就会增加；将 word-spacing 设置为一个负长度值，那么字之间的间隔就会减小：

```
p.spread {word-spacing: 30px;}
p.tight {word-spacing: -0.5em;}
```

4）字母间隔

letter-spacing 属性与 word-spacing 属性的区别在于，字母间隔修改的是字符或字母之间的间隔。与 word-spacing 属性一样，letter-spacing 属性的可取值包括所有长度。默认关键字是 normal（这与 letter-spacing:0 相同）。输入的长度值会使字母之间的间隔增加或减少指定的量：

```
h1 {letter-spacing: -0.5em}
h4 {letter-spacing: 20px}
```

5）文本装饰

text-decoration 属性是一个很有意思的属性，它提供了很多非常有趣的行为。text-decoration 有以下 5 个值。

（1）none。none 值会关闭原本应用到一个元素上的所有装饰。通常，无装饰的文本是默认外观，但也不总是这样。例如，超链接默认会有下画线。如果希望去掉超链接的下画线，可以使用以下 CSS 来定义：

```
a {text-decoration: none;}
```

（2）underline。underline 值会对元素加下画线，就像 HTML 中的 U 元素一样。

（3）overline。overline 的作用恰好相反，会在文本的顶端画一个上画线。

（4）line-through。line-through 值则在文本中间画一个贯穿线，等价于 HTML 中的 S 和 strike 元素。

（5）blink。blink 会让文本闪烁，类似于 netscape 支持的 blink 标记。

6）文本方向

direction 属性影响块级元素中文本的书写方向、表中列布局的方向、内容水平填充其元素框的方向，以及两端对齐元素中最后一行的位置。

注意：对于行内元素，只有当 unicode-bidi 属性设置为 embed 或 bidi-override 时，才会应用 direction 属性。

direction 属性有 ltr 和 rtl 两个值。大多数情况下，默认值是 ltr，显示从左到右的文本；如果显示从右到左的文本，应使用值 rtl。

另外一些常用的文本属性如表 1.4 所示。

表 1.4　CSS 文本属性

属　　性	描　　述
color	设置文本颜色
direction	设置文本方向
line-height	设置行高
letter-spacing	设置字符间距
text-align	对齐元素中的文本
text-decoration	向文本添加修饰
text-indent	缩进元素中文本的首行

续表

属性	描述
text-shadow	设置文本阴影。CSS2 包含该属性,但是 CSS2.1 没有保留该属性
text-transform	控制元素中的字母
unicode-bidi	设置文本方向
white-space	设置元素中空白的处理方式
word-spacing	设置字间距

3. CSS 字体

1) CSS 字体系列

CSS 字体属性定义文本的字体系列、大小、加粗、风格(如斜体)和变形(如小型大写字母)。在 CSS 中,有以下两种不同类型的字体系列名称。

(1) 通用字体系列:拥有相似外观的字体系统组合(如 serif 字体、sans-serif 字体、monospace 字体、cursive 字体、fantasy 字体)。

(2) 特定字体系列:具体的字体系列(如 times 字体或 courier 字体)。

如果希望文档使用一种 sans-serif 字体,但是并不关心是哪一种字体,以下就是一个合适的声明:

```
body {font-family: sans-serif;}
```

这样用户代理就会从 sans-serif 字体系列中选择一个字体(如 helvetica),并将其应用到 body 元素。

除了使用通用字体系列,还可以通过 font-family 属性设置更具体的字体。下面的示例为所有 h1 元素设置了 Georgia 字体:

```
h1 {font-family: Georgia;}
```

这样的规则同时会产生另外一个问题,如果用户代理上没有安装 Georgia 字体,就只能使用用户代理的默认字体来显示 h1 元素。可以通过特定字体系列和通用字体系列来解决这个问题:

```
h1 {font-family: Georgia, serif;}
```

如果用户没有安装 Georgia 字体,但安装了 times 字体(serif 字体系列中的一种字体),用户代理就可以对 h1 元素使用 times 字体。

2) 字体风格

font-style 属性最常用于规定斜体文本。该属性有以下 3 个值。

(1) normal:文本正常显示。

(2) italic:文本斜体显示。

(3) oblique:文本倾斜显示。

斜体(italic)是一种简单的字体风格,对每个字母的结构有一些小改动,来反映变化的外观。与此不同,倾斜(oblique)文本则是正常竖直文本的一个倾斜版本。通常情况下,

italic 和 oblique 文本在 Web 浏览器中看上去完全一样。

3) 字体加粗

font-weight 属性设置文本的粗细。使用 bold 关键字可以将文本设置为粗体。关键字 100～900 为字体指定了 9 级加粗度。如果一个字体内置了这些加粗级别，那么这些数字就直接映射到预定义的级别，100 对应最细的字体变形，900 对应最粗的字体变形。数字 400 等价于 normal，而 700 等价于 bold。

实例：

```
p.normal {font-weight:normal;}
p.thick {font-weight:bold;}
p.thicker {font-weight:900;}
```

4) 字体大小

font-size 属性设置文本的大小，font-size 值可以是绝对值或相对大小。

(1) 绝对值。

① 将文本设置为指定的大小。

② 不允许用户在所有浏览器中改变文本大小（不利于可用性）。

③ 绝对大小在确定了输出的物理尺寸时很有用。

(2) 相对大小。

① 相对于周围的元素来设置大小。

② 允许用户在浏览器改变文本大小。

在所有浏览器中均有效的方案是为 body 元素（父元素）以百分比设置默认的 font-size 值，如：

```
body {font-size:100%;}
h1 {font-size:3.75em;}
h2 {font-size:2.5em;}
p {font-size:0.875em;}
```

这样设置，在所有浏览器中可以显示相同的文本大小，并允许所有浏览器缩放文本的大小。

除了上述的这些字体属性外，还有一些常见的属性如表 1.5 所示。

表 1.5 CSS 字体属性

属　　性	描　　述
font	简写属性，作用是把所有针对字体的属性设置在一个声明中
font-family	设置字体系列
font-size	设置字体的尺寸
font-size-adjust	当首选字体不可用时，对替换字体进行智能缩放（CSS2.1 已删除该属性）
font-stretch	对字体进行水平拉伸（CSS2.1 已删除该属性）
font-style	设置字体风格
font-variant	以小型大写字体或者正常字体显示文本
font-weight	设置字体的粗细

4. CSS 链接

用户能够以不同的方法为链接设置样式。能够设置链接样式的 CSS 属性有很多种,如 color、font-family、background 等。链接的特殊性在于能够根据它们所处的状态来设置它们的样式,链接的 4 种状态如下。

(1) a:link:普通的、未被访问的链接。

(2) a:visited:用户已访问的链接。

(3) a:hover:鼠标指针位于链接的上方。

(4) a:active:链接被单击的时刻。

实例:

```
a:link {color:#FF0000;}          /* 未被访问的链接 */
a:visited {color:#00FF00;}       /* 已被访问的链接 */
a:hover {color:#FF00FF;}         /* 鼠标指针移动到链接上 */
a:active {color:#0000FF;}        /* 正在被单击的链接 */
```

当为链接的不同状态设置样式时,请按照以下次序规则。

① a:hover 必须位于 a:link 和 a:visited 之后。

② a:active 必须位于 a:hover 之后。

5. CSS 列表

CSS 列表属性允许用户放置、改变列表项标志或者将图像作为列表项标志。要影响列表的样式,最简单(同时支持最充分)的办法就是改变其标志类型。例如,在一个无序列表中,列表项的标志(marker)是出现在各列表项旁边的圆点。在有序列表中,标志可能是字母、数字或另外某种计数体系中的一个符号。要修改用于列表项的标志类型,可以使用属性 list-style-type:

```
ul {list - style - type : square}
```

上面的声明把无序列表中的列表项标志设置为方块。

有时常规的标志是不够的,用户可能想对各标志使用一个图像,可以利用 list-style-image 属性来声明:

```
ul li {list - style - image : url(xxx.gif)}
```

只需要简单地使用一个 url() 值,就可以使用图像作为标志。

具体的 CSS 列表属性如表 1.6 所示。

表 1.6 CSS 列表属性(list)

属 性	描 述
list-style	简写属性,作用是把所有用于列表的属性设置于一个声明中
list-style-image	将图像设置为列表项标志
list-style-position	设置列表中列表项标志的位置
list-style-type	设置列表项标志的类型

6. CSS 表格

CSS 表格属性可以极大地改善表格的外观。

1) 表格边框

如果需要在 CSS 中设置表格边框,就可以使用 border 属性。下面的示例为 table、th 及 td 设置了蓝色边框:

```
table, th, td{
    border: 1px solid blue;
}
```

注意:上例中的表格具有双线条边框。这是由于 table、th 及 td 元素都有独立的边框。如果需要把表格显示为单线条边框,就可以使用 border-collapse 属性。

2) 表格宽度和高度

通过 width 和 height 属性定义表格的宽度和高度。下面的示例将表格宽度设置为 100%,同时将 th 元素的高度设置为 50px:

```
table{
    width:100%;
}
th{
    height:50px;
}
```

3) 表格文本对齐

text-align 和 vertical-align 属性设置表格中文本的对齐方式。text-align 属性设置水平对齐方式,如左对齐、右对齐或者居中对齐:

```
td{
    text-align:right;
}
```

vertical-align 属性设置垂直对齐方式,如顶部对齐、底部对齐或居中对齐:

```
td{
    height:50px;
    vertical-align:bottom;
}
```

表 1.7 列出了表格的基本属性,需要时可以参阅。

表 1.7 CSS Table 属性

属性	描述
border-collapse	设置是否把表格边框合并为单一的边框
border-spacing	设置分隔单元格边框的距离

续表

属 性	描 述
caption-side	设置表格标题的位置
empty-cells	设置是否显示表格中的空单元格
table-layout	设置显示单元、行和列的算法

1.5　CSS 框模型

1. CSS 框模型概述

CSS 框模型(Box Model)规定了元素框处理元素内容、内边距、边框和外边距的方式,如图 1.2 所示。

元素框的最内部分是实际的内容,直接包围内容的是内边距。内边距呈现了元素的背景,内边距的边缘是边框。边框以外是外边距,外边距默认是透明的,因此不会遮挡其后的任何元素。

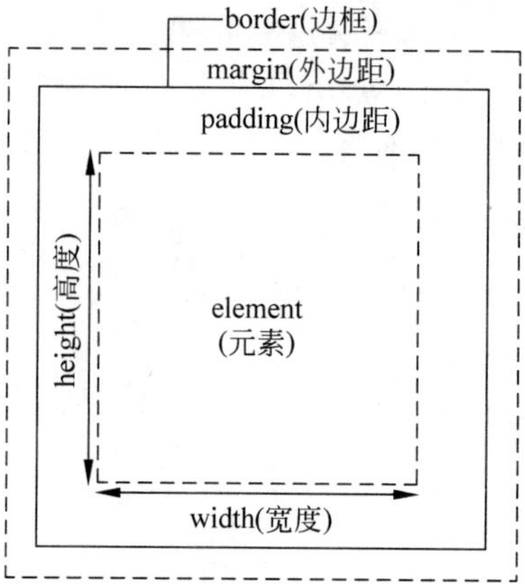

2. CSS 内边距

元素的内边距在边框和内容区之间。控制该区域最简单的属性是 padding 属性。CSS padding 属性定义元素边框与元素内容之间的空白区域。

1) CSS padding 属性

CSS padding 属性定义元素的内边距。padding 属性接受长度值或百分比值,但不允许使用负值。例如,如果希望所有 h1 元素的各边都有 10 像素的内边距,只需要这样:

图 1.2　CSS 框模型

```
h1 {padding: 10px;}
```

还可以按照上、右、下、左的顺序分别设置各边的内边距,各边均可以使用不同的单位或百分比值:

```
h1 {padding: 10px 0.25em 2ex 20% ;}
```

2) 单边内边距属性

通过使用 padding-top、padding-right、padding-bottom、padding-left 4 个单独的属性分别设置上、右、下、左内边距。

3) 内边距的百分比数值

前面提到过,可以为元素的内边距设置百分数值。百分数值是相对于其父元素的 width 计算的,这一点与外边距一样。所以,如果父元素的 width 改变,它们也会改变。下面这条规则把段落的内边距设置为父元素 width 的 10%:

```
p {padding: 10%;}
```

例如，如果一个段落的父元素是 div 元素，那么它的内边距要根据 div 的 width 计算。

```
<div style = "width: 200px;">
    <p>This paragraph is contained within a DIV that has a width of 200 pixels.</p>
</div>
```

注意：上下内边距与左右内边距一致，即上下内边距的百分数会相对于父元素宽度设置，而不是相对于高度。

3. CSS 外边距

设置外边距的最简单的方法就是使用 margin 属性。margin 属性接受任何长度单位，可以是像素、英寸、毫米或 em。margin 可以设置为 auto。更常见的做法是为外边距设置长度值。下面的声明在 h1 元素的各个边上设置了 1/4 英寸宽的空白：

```
h1 {margin : 0.25in;}
```

下面的示例为 h1 元素的 4 个边分别定义了不同的外边距，所使用的长度单位是像素(px)：

```
h1 {margin : 10px 0px 15px 5px;}
```

另外，还可以为 margin 设置一个百分比数值：

```
p {margin : 10%;}
```

百分数是相对于父元素的 width 计算的。上面这个示例为 p 元素设置的外边距是其父元素的 width 的 10%。

margin 的默认值是 0，所以如果没有为 margin 声明一个值，就不会出现外边距。但是，在实际中，浏览器对许多元素已经提供了预定的样式，外边距也不例外。例如，在支持 CSS 的浏览器中，外边距会在每个段落元素的上面和下面生成"空行"。因此，如果没有为 p 元素声明外边距，浏览器可能会自己应用一个外边距。当然，只要用户特别做了声明，就会覆盖默认样式。

1.6 CSS 定位

CSS 定位(Positioning)属性允许用户对元素进行定位。

1. CSS 定位和浮动

CSS 为定位和浮动提供了一些属性，利用这些属性，可以建立列式布局，将布局的一部分与另一部分重叠，还可以完成多年来通常需要使用多个表格才能完成的任务。

定位的基本思想很简单，它允许用户定义元素框相对于其正常位置应该出现的位置，或者相对于父元素、另一个元素甚至浏览器窗口本身的位置。显然，这个功能非常强大。另外,CSS1 中首次提出了浮动,它以 Netscape 在 Web 发展初期增加的一个功能为基础。浮动不完全是定位,不过它当然也不是正常流布局。

1) CSS 定位机制

CSS 有 3 种基本的定位机制:普通流、浮动和绝对定位。除非专门指定,否则所有框都在普通流中定位。块级框从上到下一个接一个地排列,框之间的垂直距离是由框的垂直外边距计算出来。行内框在一行中水平布置,可以使用水平内边距、边框和外边距调整它们的间距。但是,垂直内边距、边框和外边距不影响行内框的高度。由一行形成的水平框称为行框(Line Box),行框的高度总是足以容纳它包含的所有行内框。不过,设置行高可以增加这个框的高度。

2) CSS position 属性

通过使用 position 属性可以选择 4 种不同类型的定位(表 1.8),这会影响元素框生成的方式。

表 1.8 position 属性值的含义

属性	描述
static	元素框正常生成。块级元素生成一个矩形框,作为文档流的一部分,行内元素则会创建一个或多个行框,置于其父元素中
relative	元素框偏移某个距离。元素仍保持其未定位前的形状,它原本所占的空间仍保留
absolute	元素框从文档流完全删除,并相对于其包含块定位。包含块可能是文档中的另一个元素或者初始包含块。元素原先在正常文档流中所占的空间会关闭,就好像元素原来不存在一样。元素定位后生成一个块级框,而不论原来它在正常流中生成何种类型的框
fixed	元素框的表现类似于将 position 设置为 absolute,不过其包含块是视窗本身

提示:相对定位实际上被看作普通流定位模型的一部分,因为元素的位置相对于它在普通流中的位置。

2. CSS 相对定位

设置为相对定位的元素框会偏移某个距离,元素仍然保持其未定位前的形状,它原本所占的空间仍保留。

相对定位是一个非常容易掌握的概念。如果对一个元素进行相对定位,它将出现在它所在的位置。然后,可以通过设置垂直或水平位置,让这个元素相对于它的起点进行移动。

如果将 top 设置为 20px,那么框将在原位置顶部下面 20 像素的地方。如果 left 设置为 30 像素,那么会在元素左边创建 30 像素的空间,也就是将元素向右移动,其原理如图 1.3 所示。

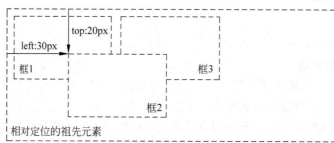

图 1.3 相对定位原理

3. CSS 绝对定位

设置为绝对定位的元素框从文档流完全删除,并相对于其包含块定位,包含块可能是文档中的另一个元素或者初始包含块。元素原先在正常文档流中所占的空间会关闭,就好像该元素原来不存在一样。元素定位后生成一个块级框,而不论原来它在正常流中生成何种类型的框。

绝对定位使元素的位置与文档流无关,因此不占据空间。这一点与相对定位不同,相对定位实际上被看作普通流定位模型的一部分,因为元素的位置相对于它在普通流中的位置。普通流中其他元素的布局就像绝对定位的元素不存在一样:

```
#box_relative {
    position: absolute;
    left: 30px;
    top: 20px;
}
```

绝对定位的元素的位置相对于最近的已定位祖先元素,如果元素没有已定位的祖先元素,那么它的位置相对于最初的包含块。

4. CSS 浮动

浮动的框可以向左或向右移动,直到它的外边缘碰到包含框或另一个浮动框的边框为止。由于浮动框不在文档的普通流中,因此文档的普通流中的块框表现得就像浮动框不存在一样。

在 CSS 中,通过 float 属性实现元素的浮动。float 属性定义元素在哪个方向浮动。以往这个属性总应用于图像,使文本围绕在图像周围,不过在 CSS 中,任何元素都可以浮动。浮动元素会生成一个块级框,而不论它本身是何种元素。

float 属性值如表 1.9 所示。

表 1.9 float 属性值及描述

属性值	描述
left	元素向左浮动
right	元素向右浮动
none	默认值,元素不浮动,并会显示在其在文本中出现的位置
inherit	规定应该从父元素继承 float 属性的值

1.7 JavaScript 基础

1. JavaScript 简介

(1) JavaScript 是世界上最流行的脚本语言。
(2) JavaScript 是属于 Web 的语言,它适用于 PC、笔记本电脑、平板电脑和移动电话。
(3) JavaScript 被设计为向 HTML 页面增加交互性。
(4) JavaScript 是属于网络的脚本语言。

(5) JavaScript 被数百万计的网页用来改进设计、验证表单、检测浏览器、创建 Cookies，以及更多的应用。

提示：JavaScript 与 Java 是两种完全不同的语言，无论在概念还是设计上，Java（由 Sun 发明）是更复杂的编程语言。

2. JavaScript 使用

HTML 中的脚本必须位于 <script> 与 </script> 标签之间，JavaScript 脚本可被放置在 HTML 页面的 <body> 和 <head> 部分中。

1) <script> 标签

如果需要在 HTML 页面中插入 JavaScript，就可以使用 <script> 标签。<script> 和 </script> 会告诉 JavaScript 在何处开始和结束。<script> 和 </script> 之间的代码行包含了 JavaScript：

```
<script>
    alert("My First JavaScript");
</script>
```

浏览器会解释并执行位于 <script> 和 </script> 之间的 JavaScript，那些老旧的实例可能会在 <script> 标签中使用 type="text/javascript"，现在已经不必这样做了。JavaScript 是所有现代浏览器以及 HTML5 中的默认脚本语言。

2) JavaScript 函数和事件

上面示例中的 JavaScript 语句，会在页面加载时执行。通常需要在某个事件发生时执行代码，如当用户单击按钮时。如果把 JavaScript 代码放入函数中，就可以在事件发生时调用该函数。

3) <head> 或 <body> 中的 JavaScript

可以在 HTML 文档中放入不限数量的脚本。脚本可位于 HTML 的 <body> 或 <head> 部分中，或者同时存在于两个部分中。通常的做法是把函数放入 <head> 部分中或者放在页面底部，这样就可以把它们安置到同一处位置，不会干扰页面的内容。

4) 外部的 JavaScript

也可以把脚本保存到外部文件中，外部文件通常包含被多个网页使用的代码，外部 JavaScript 文件的文件扩展名是 .js。如果需要使用外部文件，就可以在 <script> 标签的 "src" 属性中设置该 .js 文件，例如：

```
<!DOCTYPE html>
    <html>
        <body>
            <script src="myScript.js"></script>
        </body>
    </html>
```

在 <head> 或 <body> 中引用脚本文件都是可以的。实际运行效果与在 <script> 标签中编写脚本完全一致。

提示：外部脚本不能包含 <script> 标签。

3. JavaScript 输出

JavaScript 通常用于操作 HTML 元素。

1）操作 HTML 元素

如果需要从 JavaScript 访问某个 HTML 元素，就可以使用 document.getElementById(id) 方法。

例如，通过指定的 id 来访问 HTML 元素，并改变其内容：

```
<!DOCTYPE html>
  <html>
    <body>
      <h1>My First Web Page</h1>
      <p id = "demo">My First Paragraph</p>
      <script>
        document.getElementById("demo").innerHTML = "My First JavaScript";
      </script>
    </body>
  </html>
```

JavaScript 由 Web 浏览器来执行。在这种情况下，浏览器将访问 id ="demo" 的 HTML 元素，并把它的内容（innerHTML）替换为"My First JavaScript"。

2）写到文档输出

下面的示例直接把<p>元素写到 HTML 文档输出中：

```
<!DOCTYPE html>
  <html>
    <body>
      <h1>My First Web Page</h1>
      <script>
        document.write("<p>My First JavaScript</p>");
      </script>
    </body>
  </html>
```

提示：使用 document.write() 仅向文档输出写内容，如果在文档已完成加载后执行 document.write()，则整个 HTML 页面将被覆盖。

4. JavaScript 变量

在 JavaScript 中创建变量通常称为"声明"变量，方法是使用 var 关键词来声明，如"var carname;"。变量声明之后，该变量是空的（它没有值）。如果需要向变量赋值，就可以使用等号：

```
carname = "Volvo";
```

不过，也可以在声明变量时对其赋值，例如：

```
var carname = "Volvo";
```

5. JavaScript 数据类型

JavaScript 拥有字符串、数字、布尔、数组、对象、null、undefined 等数据类型。

1) JavaScript 拥有动态类型

JavaScript 拥有动态类型,这意味着相同的变量可用作不同的类型:

```
var x              // x 为 undefined
var x = 6;         // x 为数字
var x = "Bill";    // x 为字符串
```

2) JavaScript 字符串

字符串是存储字符(如"Bill Gates")的变量,字符串可以是引号中的任意文本。它可以使用单引号或双引号:

```
var carname = "Bill Gates";
var carname = 'Bill Gates';
```

3) JavaScript 数组

下面的代码创建名为 cars 的数组:

```
var cars = new Array();
cars[0] = "Audi";
cars[1] = "BMW";
cars[2] = "Volvo";
```

或者(condensed array):

```
var cars = new Array("Audi","BMW","Volvo");
```

或者(literal array):

```
var cars = ["Audi","BMW","Volvo"];
```

数组下标是基于零的,所以第一个项目是[0],第二个项目是[1],以此类推。

4) JavaScript 对象

对象由花括号分隔。在括号内部,对象的属性以名称和值对的形式(name:value)来定义。属性由逗号分隔:

```
var person = {firstname:"Bill", lastname:"Gates", id:5566};
```

上面示例中的对象(person)有 3 个属性:firstname、lastname 及 id。

对象属性有以下两种寻址方式:

```
name = person.lastname;
name = person["lastname"];
```

5）声明变量类型

当用户声明新变量时，可以使用关键词"new"来声明其类型：

```
var carname = new String;
var x = new Number;
var cars = new Array;
var person = new Object;
```

JavaScript 变量均为对象，当用户声明一个变量时，就创建了一个新的对象。

6. JavaScript 表单验证

JavaScript 可用来在数据被送往服务器前对 HTML 表单中的这些输入数据进行验证。

1）JavaScript 表单验证

被 JavaScript 验证的这些典型的表单数据有以下几种。

（1）用户是否已填写表单中的必填项目。

（2）用户输入的邮件地址是否合法。

（3）用户是否已输入合法的日期。

（4）用户是否在数据域（numeric field）中输入了文本。

2）必填（或必选）项目

下面的函数用来检查用户是否已填写表单中的必填（或必选）项目。假如必填或必选项目为空，那么警告框会弹出，并且函数的返回值为 false，否则函数的返回值为 true（意味着数据没有问题）：

```
function validate_required(field,alerttxt)
{
    with (field)
    {
        if (value == null||value == "")
            {alert(alerttxt);return false}
        else {return true}
    }
}
```

下面是连同 HTML 表单的代码：

```
<html>
    <head>
        <script type = "text/javascript">
            function validate_required(field,alerttxt)
            {
                with (field)
                {
```

```
                    if (value == null||value == ""){
                        alert(alerttxt);
                        return false;
                    }
                    else {return true;}
                }
                function validate_form(thisform)
                {
                    with (thisform)
                    {
                        if (validate_required(email,"Email must be filled out!") == false){
                            email.focus();
                            return false;
                        }
                    }
                }
            </script>
        </head>
        <body>
            <form  action = "page.htm"  onsubmit = "return validate_form(this)"  method = "post">
                Email: <input type = "text" name = "email" size = "30">
                <input type = "submit" value = "Submit">
            </form>
        </body>
    </html>
```

1.8　JavaScript HTML DOM

1．DOM 简介

通过 HTML DOM，可访问 JavaScript HTML 文档的所有元素。

1）HTML DOM（文档对象模型）

当网页被加载时，浏览器会创建页面的文档对象模型（Document Object Model）。

HTML DOM 模型被构造为对象的树，如图 1.4 所示。

通过可编程的对象模型，JavaScript 获得了足够的能力来创建动态的 HTML。

（1）JavaScript 能够改变页面中的所有 HTML 元素。

（2）JavaScript 能够改变页面中的所有 HTML 属性。

（3）JavaScript 能够改变页面中的所有 CSS 样式。

（4）JavaScript 能够对页面中的所有事件做出反应。

2）查找 HTML 元素

通常，通过 JavaScript 代码，用户需要操作 HTML 元素。为了做到这件事情，用户必须首先找到该元素。有以下 3 种方法来做这件事。

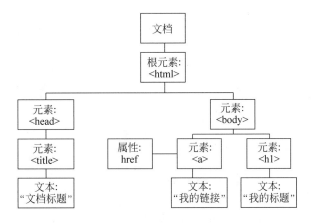

图 1.4　HTML DOM 树

（1）通过 id 找到 HTML 元素。在 DOM 中查找 HTML 元素的最简单的方法是通过使用元素的 id。例如，查找 id＝"intro"的元素：

```
var x = document.getElementById("intro");
```

如果找到该元素，则该方法将以对象（在 x 中）的形式返回该元素；如果未找到该元素，则 x 将包含 null。

（2）通过标签名找到 HTML 元素。本例查找 id＝"main"的元素，然后查找"main"中的所有＜p＞元素：

```
var x = document.getElementById("main");
var y = x.getElementsByTagName("p");
```

（3）通过类名找到 HTML 元素。

提示：通过类名查找 HTML 元素在 IE 5、IE 6、IE 7、IE 8 浏览器中无效。

2．JavaScript HTML DOM 改变 HTML

HTML DOM 允许 JavaScript 改变 HTML 元素的内容。

1）改变 HTML 输出流

在 JavaScript 中，document.write()可用于直接向 HTML 输出流写内容。例如：

```
<!DOCTYPE html>
    <html>
        <body>
            <script>
                document.write(Date());
            </script>
        </body>
    </html>
```

提示：绝不要在文档加载之后使用 document.write()，这会覆盖该文档。

2）改变 HTML 内容

修改 HTML 内容的最简单的方法是使用 innerHTML 属性。如果需要改变 HTML 元素的内容，就可以使用下面的语法：

```
document.getElementById(id).innerHTML = new HTML
```

3）改变 HTML 属性

如果需要改变 HTML 元素的属性，就可以使用下面的语法：

```
document.getElementById(id).attribute = new value
```

例如，本示例改变了 <img> 元素的 src 属性：

```
<!DOCTYPE html>
<html>
  <body>
    <img id="image" src="smiley.gif">
    <script>
      document.getElementById("image").src = "landscape.jpg";
    </script>
  </body>
</html>
```

上面的 HTML 文档含有 id="image" 的 <img> 元素，可以使用 HTML DOM 来获得 id="image" 的元素，再通过 JavaScript 更改此元素的属性（把 "smiley.gif" 改为 "landscape.jpg"）。

3. JavaScript HTML DOM 改变 CSS

HTML DOM 允许 JavaScript 改变 HTML 元素的样式。如果需要改变 HTML 元素的样式，就可以使用下面的语法：

```
document.getElementById(id).style.property = new style
```

本示例改变了 id="id1" 的 HTML 元素的样式，当用户单击按钮时：

```
<h1 id="id1">My Heading 1</h1>
<button type="button" onclick="document.getElementById('id1').style.color='red'">
    单击这里
</button>
```

4. JavaScript HTML DOM 事件

HTML DOM 使 JavaScript 有能力对 HTML 事件做出反应。

1）对事件做出反应

可以在事件发生时执行 JavaScript，如当用户在 HTML 元素上单击时。如果需要在用户单击某个元素时执行代码，就可以向一个 HTML 事件属性添加 JavaScript 代码：

```
onclick = JavaScript
```

HTML 事件的示例如下。

(1) 当用户单击鼠标时。

(2) 当网页已加载时。

(3) 当图像已加载时。

(4) 当鼠标移动到元素上时。

(5) 当输入字段被改变时。

(6) 当提交 HTML 表单时。

(7) 当用户触发按键时。

本示例从事件处理器调用一个函数:

```
<!DOCTYPE html>
  <html>
    <head>
      <script>
        function changetext(id)
        {
            id.innerHTML = "谢谢!";
        }
      </script>
    </head>
    <body>
      <h1 onclick = "changetext(this)">请单击该文本</h1>
    </body>
  </html>
```

2) onload 和 onunload 事件

onload 和 onunload 事件会在用户进入或离开页面时被触发。onload 事件可用于检测访问者的浏览器类型和浏览器版本,并基于这些信息来加载网页的正确版本。onload 和 onunload 事件可用于处理 Cookie。

3) onchange 事件

onchange 事件常结合对输入字段的验证来使用,下面是一个如何使用 onchange 的示例。当用户改变输入字段的内容时,会调用 upperCase() 函数。

```
<input type = "text" id = "fname" onchange = "upperCase()">
```

5. JavaScript HTML DOM 元素(结点)

1) 创建新的 HTML 元素

如果需要向 HTML DOM 添加新元素,则必须首先创建该元素(元素结点),然后向一个已存在的元素追加该元素。

```
<div id = "div1">
  <p id = "p1">这是一个段落</p>
```

```
    <p id = "p2">这是另一个段落</p>
</div>
<script>
    var para = document.createElement("p");
    var node = document.createTextNode("这是新段落.");
    para.appendChild(node);
    var element = document.getElementById("div1");
    element.appendChild(para);
</script>
```

示例解释如下。

这段代码创建新的<p>元素：

```
var para = document.createElement("p");
```

如果需要向<p>元素添加文本，则必须首先创建文本结点。下面这段代码创建了一个文本结点：

```
var node = document.createTextNode("这是新段落.");
```

然后必须向<p>元素追加这个文本结点：

```
para.appendChild(node);
```

最后必须向一个已有的元素追加这个新元素。

2）删除已有的 HTML 元素

如果需要删除 HTML 元素，则必须首先获得该元素的父元素：

```
<div id = "div1">
    <p id = "p1">这是一个段落.</p>
    <p id = "p2">这是另一个段落.</p>
</div>
<script>
    var parent = document.getElementById("div1");
    var child = document.getElementById("p1");
    parent.removeChild(child);
</script>
```

示例解释如下。

这个 HTML 文档含有拥有两个子结点（两个<p>元素）的<div>元素：

```
<div id = "div1">
    <p id = "p1">这是一个段落.</p>
    <p id = "p2">这是另一个段落.</p>
</div>
```

找到 id="div1" 的元素：

```
var parent = document.getElementById("div1");
```

找到 id="p1" 的 <p> 元素：

```
var child = document.getElementById("p1");
```

从父元素中删除子元素：

```
parent.removeChild(child);
```

1.9 JavaScript 库

1.9.1 JavaScript 库简介

JavaScript 高级程序设计（特别是对浏览器差异的复杂处理），通常很困难也很耗时。为了应对这些调整，许多的 JavaScript（helper）库应运而生，这些 JavaScript 库常被称为 JavaScript 框架。

一些广受欢迎的 JavaScript 框架是 jQuery、Prototype、MooTools。所有这些框架都提供针对常见 JavaScript 任务的函数，包括动画、DOM 操作及 Ajax 处理。

1.9.2 jQuery

jQuery 是目前最受欢迎的 JavaScript 框架。jQuery 使用 CSS 选择器来访问和操作网页上的 HTML 元素（DOM 对象），同时提供 companion UI（用户界面）和插件。

1. jQuery 安装

如果需要使用 jQuery，就要下载 jQuery 库，然后把它包含在希望使用的网页中。jQuery 库是一个 JavaScript 文件，用户可以使用 HTML 的 <script> 标签引用它：

```
<head>
    <script src="jquery.js"></script>
</head>
```

注意：<script> 标签应该位于页面的 <head> 部分。

提示：此处的 jquery.js 是下载好并存放在与页面相同的目录中的，这样能更方便地使用。如果用户不希望下载并存放 jQuery，那么也可以通过 CDN（内容分发网络）引用它。谷歌和微软的服务器都存有 jQuery。如果需要从谷歌或微软引用 jQuery，就可以使用以下代码之一：

Google CDN:

```
<head>
    <script src="http://ajax.googleapis.com/ajax/libs/jquery/1.8.0/jquery.min.js">
    </script>
</head>
```

Microsoft CDN:

```
<head>
    <script src="http://ajax.aspnetcdn.com/ajax/jQuery/jquery-1.8.0.js">
    </script>
</head>
```

提示：使用谷歌或微软的 jQuery，有一个很大的优势：许多用户在访问其他站点时，已经从谷歌或微软加载过 jQuery；所以结果是当他们访问站点时，会从缓存中加载 jQuery，这样可以减少加载时间。同时，大多数 CDN 都可以确保当用户向其请求文件时，会从离用户最近的服务器上返回响应，这样也可以提高加载速度。

2. jQuery 语法

jQuery 语法是为 HTML 元素的选取编制的，可以对元素执行某些操作。其基础语法是：

```
$(selector).action()
```

示例：

```
$(this).hide()          //隐藏当前元素
$("p").hide()           //隐藏所有段落
$(".test").hide()       //隐藏所有 class="test" 的元素
$("#test").hide()       //隐藏所有 id="test" 的元素
```

3. jQuery 选择器

jQuery 元素选择器和属性选择器允许用户通过标签名、属性名或内容对 HTML 元素进行选择，如表 1.10 所示。

1) jQuery 元素选择器

jQuery 使用 CSS 选择器来选取 HTML 元素。

示例：

```
$("p")              //选取 <p> 元素
$("p.intro")        //选取所有 class="intro" 的 <p> 元素
$("p#demo")         //选取所有 id="demo" 的 <p> 元素
```

2) jQuery 属性选择器

示例：

```
$("[href]")         //选取所有带有 href 属性的元素
$("[href='#']")     //选取所有带有 href 值等于"#"的元素
```

3) jQuery CSS 选择器

jQuery CSS 选择器可用于改变 HTML 元素的 CSS 属性。下面的例子把所有<p>元素的背景颜色更改为红色：

```
$("p").css("background-color","red");
```

表 1.10 jQuery 选择器

选择器	示例	含义
*	$("*")	所有元素
#id	$("#lastname")	id="lastname"的元素
.class	$(".intro")	所有 class="intro"的元素
element	$("p")	所有<p>元素
.class.class	$(".intro.demo")	所有 class="intro"且 class="demo"的元素
:first	$("p:first")	第一个<p>元素
:last	$("p:last")	最后一个<p>元素
:even	$("tr:even")	所有偶数<tr>元素
:odd	$("tr:odd")	所有奇数<tr>元素
:eq(index)	$("ul li:eq(3)")	列表中的第 4 个元素(index 从 0 开始)
:gt(no)	$("ul li:gt(3)")	列出 index 大于 3 的元素
:lt(no)	$("ul li:lt(3)")	列出 index 小于 3 的元素
:not(selector)	$("input:not(:empty)")	所有不为空的 input 元素
:header	$(":header")	所有标题元素<h1>~<h6>
:contains(text)	$(":contains('W3School')")	包含指定字符串的所有元素
:empty	$(":empty")	无子(元素)结点的所有元素
:hidden	$("p:hidden")	所有隐藏的<p>元素
:visible	$("table:visible")	所有可见的表格
s1,s2,s3	$("th,td,.intro")	所有带有匹配选择的元素
[attribute]	$("[href]")	所有带有 href 属性的元素
[attribute=value]	$("[href='#']")	所有 href 属性的值等于"#"的元素
[attribute!=value]	$("[href!='#']")	所有 href 属性的值不等于"#"的元素
[attribute$=value]	$("[href$='.jpg']")	所有 href 属性的值包含以".jpg"结尾的元素
:input	$(":input")	所有<input>元素
:text	$(":text")	所有 type="text"的<input>元素
:password	$(":password")	所有 type="password"的<input>元素
:enabled	$(":enabled")	所有激活的 input 元素
:disabled	$(":disabled")	所有禁用的 input 元素
:selected	$(":selected")	所有被选取的 input 元素
:checked	$(":checked")	所有被选中的 input 元素

4. jQuery 事件

jQuery 是为事件处理特别设计的，jQuery 事件处理方法是 jQuery 中的核心函数。事件处理程序是指当 HTML 中发生某些事件时所调用的方法。术语由事件"触发"（或"激发"）经常会被使用，通常会把 jQuery 代码放到<head>部分的事件处理方法中：

```html
<html>
  <head>
    <script type="text/javascript" src="jquery.js"></script>
    <script type="text/javascript">
        $(document).ready(function(){
            $("button").click(function(){
                $("p").hide();
            });
        });
    </script>
  </head>
  <body>
    <h2>This is a heading</h2>
    <p>This is a paragraph.</p>
    <p>This is another paragraph.</p>
    <button>Click me</button>
  </body>
</html>
```

在上面的示例中,当按钮的单击事件被触发时会调用一个函数:

```
$("button").click(function() {..some code...});
```

该方法隐藏所有<p>元素:

```
$("p").hide();
```

如果网站包含许多页面,并且希望 jQuery 函数易于维护,那么需要把 jQuery 函数放到独立的.js 文件中。

由于 jQuery 是为处理 HTML 事件而特别设计的,那么当遵循以下原则时,会使设计的代码更恰当且更易维护。

(1) 把所有 jQuery 代码置于事件处理函数中。
(2) 把所有事件处理函数置于文档就绪事件处理器中。
(3) 把 jQuery 代码置于单独的.js 文件中。
(4) 如果存在名称冲突,则重命名 jQuery 库。

表 1.11 列出了 jQuery 中事件方法的一些示例。

表 1.11 jQuery 常用事件

event 函数	含 义
$(document).ready(function)	将函数绑定到文档的就绪事件(当文档完成加载时)
$(selector).click(function)	触发或将函数绑定到被选元素的单击事件
$(selector).dblclick(function)	触发或将函数绑定到被选元素的双击事件
$(selector).focus(function)	触发或将函数绑定到被选元素的获得焦点事件
$(selector).mouseover(function)	触发或将函数绑定到被选元素的鼠标悬停事件

5. jQuery 获得内容和属性

jQuery 拥有可操作 HTML 元素和属性的强大方法。jQuery 提供一系列与 DOM 相关的方法，这使访问和操作元素和属性变得很容易。

下面 3 个简单实用的用于 DOM 操作的 jQuery 方法。

（1）text()：设置或返回所选元素的文本内容。

（2）html()：设置或返回所选元素的内容（包括 HTML 标记）。

（3）val()：设置或返回表单字段的值。

下面的示例演示如何通过 jQuery text() 和 html() 方法来获得内容：

```
$("#btn1").click(function(){
    alert("Text: " + $("#test").text());
});
$("#btn2").click(function(){
    alert("HTML: " + $("#test").html());
});
```

jQuery attr() 方法用于获取属性值。下面的例子演示如何获得链接中 href 属性的值：

```
$("button").click(function(){
  alert( $("#w3s").attr("href"));
});
```

6. jQuery 设置内容和属性

下面的示例演示如何通过 text()、html() 及 val() 方法来设置内容：

```
$("#btn1").click(function(){
    $("#test1").text("Hello world!");
});
$("#btn2").click(function(){
    $("#test2").html("<b>Hello world!</b>");
});
$("#btn3").click(function(){
    $("#test3").val("Dolly Duck");
});
```

7. jQuery 遍历

jQuery 遍历意为"移动"，用于根据其相对于其他元素的关系来"查找"（或选取）HTML 元素。以某项选择开始，并沿着这个选择移动，直到抵达用户期望的元素为止。

图 1.5 展示了一个家族树。通过 jQuery 遍历能够从被选（当前的）元素开始，轻松地在家族树中向上移动（祖先）、向下移动（子孙）、水平移动（同胞）。这种移动被称为对 DOM 进行遍历。

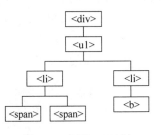

图 1.5 遍历 DOM 树

8. jQuery 遍历祖先

祖先是指父、祖父或曾祖父等。通过 jQuery 能够向上遍历 DOM 树,以查找元素的祖先。

1) jQuery parent()方法

parent()方法返回被选元素的直接父元素,该方法只会向上一级对 DOM 树进行遍历。下面的示例返回每个<span>元素的直接父元素:

```
$(document).ready(function(){
    $("span").parent();
});
```

2) jQuery parents()方法

parents()方法返回被选元素的所有祖先元素,它一路向上直到文档的根元素(<html>)。下面的示例返回所有<span>元素的所有祖先:

```
$(document).ready(function(){
    $("span").parents();
});
```

也可以使用可选参数来过滤对祖先元素的搜索。下面的示例返回所有<span>元素的所有祖先,并且它是<ul>元素:

```
$(document).ready(function(){
    $("span").parents("ul");
});
```

3) jQuery parentsUntil()方法

parentsUntil()方法返回介于两个给定元素之间的所有祖先元素。下面的示例返回介于<span>与<div>元素之间的所有祖先元素:

```
$(document).ready(function(){
    $("span").parentsUntil("div");
});
```

9. jQuery 遍历后代

后代是指子、孙、曾孙等。通过 jQuery 能够向下遍历 DOM 树,以查找元素的后代。下面是两个用于向下遍历 DOM 树的 jQuery 方法。

1) jQuery children()方法

children()方法返回被选元素的所有直接子元素。该方法只会向下一级对 DOM 树进行遍历。下面的示例返回每个<div>元素的所有直接子元素:

```
$(document).ready(function(){
    $("div").children();
});
```

也可以使用可选参数来过滤对子元素的搜索。下面的示例返回类名为"1"的所有<p>元素,并且它们是<div>的直接子元素:

```
$(document).ready(function(){
    $("div").children("p.1");
});
```

2) jQuery find()方法

find()方法返回被选元素的后代元素,一路向下直到最后一个后代。下面的示例返回<div>的所有后代:

```
$(document).ready(function(){
    $("div").find("*");
});
```

10. jQuery 遍历同胞

同胞拥有相同的父元素。通过 jQuery 能够在 DOM 树中遍历元素的同胞元素。下面是在 DOM 树进行水平遍历的方法。

(1) siblings():返回被选元素的所有同胞元素。

(2) next():返回被选元素的下一个同胞元素。

(3) nextAll():返回被选元素的所有跟随的同胞元素。

(4) nextUntil():返回介于两个给定参数之间的所有跟随的同胞元素。

(5) prev():返回被选元素的前一个同胞元素。

(6) prevAll():返回被选元素之前的所有同胞元素。

(7) prevUntil():返回两个给定参数之间的每一个元素之前的所有同胞元素。

11. jQuery 遍历过滤

3 个最基本的过滤方法是 first()、last()和 eq(),它们允许用户基于其在一组元素中的位置来选择一个特定的元素。其他过滤方法,如 filter()和 not()允许用户选取匹配或不匹配某项指定标准的元素。

1) jQuery first()方法

first()方法返回被选元素的首个元素。下面的示例选取首个<div>元素内部的第一个<p>元素:

```
$(document).ready(function(){
    $("div p").first();
});
```

2) jQuery last()方法

last()方法返回被选元素的最后一个元素。下面的示例选取最后一个<div>元素中的最后一个<p>元素:

```
$(document).ready(function(){
    $("div p").last();
});
```

3) jQuery eq()方法

eq()方法返回被选元素中带有指定索引号的元素。索引号从 0 开始,因此首个元素的索引号是 0 而不是 1。下面的示例选取第二个<p>元素(索引号 1):

```
$(document).ready(function(){
    $("p").eq(1);
});
```

12. jQuery Ajax 简介

Ajax 是与服务器交换数据的技术,它在不重载全部页面的情况下,实现了对部分网页的更新,基本的操作函数如表 1.12 所示。

表 1.12 jQuery Ajax 操作函数

函数	描述
jQuery.ajax()	执行异步 HTTP(Ajax)请求
jQuery.ajaxComplete()	当 Ajax 请求完成时注册要调用的处理程序,这是一个 Ajax 事件
jQuery.ajaxError()	当 Ajax 请求完成且出现错误时注册要调用的处理程序,这是一个 Ajax 事件
jQuery.ajaxSend()	在 Ajax 请求发送之前显示一条消息
jQuery.ajaxSetup()	设置将来的 Ajax 请求的默认值
jQuery.ajaxStart()	当首个 Ajax 请求完成开始时注册要调用的处理程序,这是一个 Ajax 事件
jQuery.ajaxStop()	当所有 Ajax 请求完成时注册要调用的处理程序,这是一个 Ajax 事件
jQuery.ajaxSuccess()	当 Ajax 请求成功完成时显示一条消息
jQuery.get()	使用 HTTP GET 请求从服务器加载数据
jQuery.getJSON()	使用 HTTP GET 请求从服务器加载 JSON 编码数据
jQuery.getScript()	使用 HTTP GET 请求从服务器加载 JavaScript 文件,然后执行该文件
jQuery.load()	从服务器加载数据,然后把返回到 HTML 放入匹配元素
jQuery.param()	创建数组或对象的序列化表示,适合在 URL 查询字符串或 Ajax 请求中使用
jQuery.post()	使用 HTTP POST 请求从服务器加载数据
jQuery.serialize()	将表单内容序列化为字符串
jQuery.serializeArray()	序列化表单元素,返回 JSON 数据结构数据

1) jQuery Ajax load()方法

jQuery load()方法是简单且强大的 Ajax 方法。load()方法从服务器加载数据,并把返回的数据放入被选元素中。其语法:

```
$(selector).load(URL,data,callback);
```

这是示例文件("demo_test.txt")的内容:

```
<h2>jQuery and AJAX is FUN!!!</h2>
<p id="p1">This is some text in a paragraph.</p>
```

下面的示例会把文件"demo_test.txt"的内容加载到指定的<div>元素中：

```
$("#div1").load("demo_test.txt");
```

可选的 callback 参数规定当 load()方法完成后所要允许的回调函数。

2) jQuery Ajax get()和 post()方法

jQuery get()和 post()方法用于通过 HTTP GET 或 POST 请求从服务器请求数据。

（1）GET：从指定的资源请求数据。

（2）POST：向指定的资源提交要处理的数据。

GET 基本上用于从服务器获得（取回）数据，注意，GET 方法可能返回缓存数据；POST 也可用于从服务器获取数据，不过 POST 方法不会缓存数据，并且常用于连同请求一起发送数据。

3) jQuery $.get()方法

$.get()方法通过 HTTP GET 请求从服务器上请求数据。其语法：

```
$.get(URL,callback);
```

下面的示例使用$.get()方法从服务器上的一个文件中取回数据：

```
$("button").click(function(){
  $.get("demo_test.asp",function(data,status){
    alert("Data: " + data + "\nStatus: " + status);
  });
});
```

$.get()的第一个参数是希望请求的 URL("demo_test.asp")；第二个参数是回调函数，其中第一个回调参数存有被请求页面的内容，而第二个回调参数存有请求的状态。

4) jQuery $.post()方法

$.post()方法通过 HTTP POST 请求从服务器上请求数据。其语法：

```
$.post(URL,data,callback);
```

下面的示例使用$.post()连同请求一起发送数据：

```
$("button").click(function(){
  $.post("demo_test_post.asp",
  {
    name:"Donald Duck",
    city:"Duckburg"
  },
  function(data,status){
```

```
    alert("Data: " + data + "\nStatus: " + status);
  });
});
```

  $.post()的第一个参数是希望请求的URL("demo_test_post.asp"),然后连同请求(name和city)一起发送数据,其中"demo_test_post.asp"中的ASP脚本读取这些参数,对它们进行处理,然后返回结果;第三个参数是回调函数,其中第一个回调参数存有被请求页面的内容,而第二个回调参数存有请求的状态。

第 2 章

MySQL

2.1 MySQL 的安装和配置

1. 介绍 MySQL

MySQL 是一个非常流行的小型关系型数据库管理系统，由瑞典 MySQL AB 公司开发，目前属于 Oracle 公司。在 Web 应用方面，MySQL 是最好的 RDBMS（Relational Database Management System，关系型数据库管理系统）应用软件之一。MySQL 也是一种关联数据库管理系统，关联数据库是将数据保存在不同的表中，而不是将所有数据放在一个大仓库内，这样既增加了速度也提高了灵活性。MySQL 所使用的 SQL 语言是用于访问数据库最常用的标准化语言。MySQL 软件采用了双授权政策，它分为社区版和企业版，由于其企业版体积小、速度快、总体运行成本低，尤其是开放源码，一般中小型网站的开发都选择 MySQL 作为网站数据库；由于其社区版的性能卓越，搭配 PHP 和 Apache 可组成良好的开发环境。

与其他的大型数据库（如 Oracle、DB2、SQL Server 等）相比，MySQL 也存在不足之处，但丝毫不影响它受欢迎的程度。对于一般的个人使用者和中小型企业来说，MySQL 提供的功能已经绰绰有余，由于 MySQL 是开放源码软件，因此可以大大降低总体运行成本。由于 Linux、Apache 和 Nginx、MySQL、PHP/Perl/Python. 软件（如 Linux 作为操作系统、Apache 和 Nginx 作为 Web 服务器、MySQL 作为数据库、PHP/Perl/Python 作为服务器端脚本解释器）都是免费软件或开放源码软件（FLOSS），因此不用花一分钱（除了人工成本）就可以建立起一个稳定、免费的网站系统，被业界称为"LAMP"组合。

MySQL 是一个真正的多用户、多线程 SQL 数据库服务器，SQL（结构化查询语言）是世界上最流行的、标准化的数据库语言。MySQL 是以一个客户机/服务器结构的实现，它由一个服务器守护程序 mysqld 和很多不同的客户程序与库组成。

SQL 是一种标准化的语言，它使得存储、更新和存取信息更容易。例如，用户能用 SQL 语言为一个网站检索产品信息及存储顾客信息，同时 MySQL 也允许用户存储记录文件和图像。

MySQL 主要目标是快速、健壮和易用。最初是因为需要一个 SQL 服务器能够处理与任何平台上提供数据库的厂家在一个数量级上的大型数据库,但速度更快,所以 MySQL 就开发出来。自 1996 年以来,人们一直都在使用 MySQL,其环境有超过 40 个数据库,包含 10000 个表,其中 500 多个表超过 700 万行,这大约有 100GB 的关键应用数据。

2. 下载 MySQL

对于不同的操作系统,MySQL 提供了相应的版本。MySQL 数据库按照用户分为社区版(Community)和企业版(Enterprise)。这两个版本的重要区别在于:社区版可以自由下载而且完全免费,但是官方不提供任何技术支持,适用于大多数普通用户;企业版不仅不能自由下载而且还收费,但是该版本提供了更多的功能,可以享受完备的技术支持,适用于对数据库的功能和可靠性要求比较高的企业客户。

MySQL 版本更新非常快,常见的版本有 GA、RC、Alpha 和 Bean,它们的含义分别如下。

(1) GA(General Availability):官方推崇广泛使用的版本。

(2) RC(Release Candidate):候选版本,该版本是最接近正式版的版本。

(3) Alpha 和 Bean:属于测试版本,其中 Alpha 是指内测版本,Bean 是指公测版本。

可以通过访问 MySQL 官方网站(http://www.mysql.com),在 Downloads 导航栏,进入关于 MySQL 产品的页面下载。

3. 安装 MySQL

(1) 使用 MySQL 数据库存储数据,可使用如下命令安装:

```
sudo apt-get install mysql-server
```

(2) 为方便 Django 程序访问数据库,需安装 MySQL 的 python 接口:

```
sudo apt-get install python-mysqldb
```

(3) 为简化数据库操作,可安装图形化管理工具 workbench:

```
sudo apt-get install mysql-workbench
```

4. 管理 MySQL

(1) 启动 MySQL:

```
sudo /usr/local/web/mysql.5.6.22/share/mysql/mysql.server  start
```

(2) 重新启动 MySQL:

```
sudo /usr/local/web/mysql.5.6.22/share/mysql/mysql.server  restart
```

(3) 停止 MySQL:

```
sudo /usr/local/web/mysql.5.6.22/share/mysql/mysql.server  stop
```

2.2 MySQL 基本操作

2.2.1 数据库相关操作

数据库是存储数据库对象的容器，在 MySQL 软件中，数据库可以分为系统数据库和用户数据库两大类。

系统数据库是指安装完成 MySQL 服务器后，会附带一些数据库，这些数据库会记录一些必需的信息，用户不能直接修改这些系统数据库。各个系统数据库的作用如下。

(1) information_schema：主要存储系统中的一些数据库对象信息，如用户表信息、列信息、权限信息、字符集信息和分区信息等。

(2) performance_schema：主要存储数据库服务器性能参数。

(3) mysql：主要存储系统的用户权限信息。

(4) test：该数据库为 MySQL 数据库管理系统自动创建的测试数据库，任何用户都可以使用。

用户数据库是用户根据实际需求创建的数据库。

(1) 创建数据库：

create database database_name;

(2) 查看数据库：

show databases;

(3) 选择数据库：

use database_name;

(4) 删除数据库：

drop database database_name;

如图 2.1 所示，创建一个名为 databasetest 的数据库，查看所有数据库，然后使用该数据库，最后删除该数据库。

图 2.1 创建数据库

2.2.2 表的操作

1. 表的基本概念

表是包含数据库中所有数据的数据库对象。数据在表中的组织方式与在电子表格中相似,都是按行和列的格式组织的。其中每一行代表一条唯一的记录,每一列代表记录中的一个字段。表中的数据库对象包含列、索引和触发器。

(1) 列:也称属性列,在具体创建表时,必须指定列的名字和数据类型。

(2) 索引:是指根据指定的数据库表列建立起来的顺序,提供了快速访问数据的途径且可监督表的数据,使其索引所指向的列中的数据不重复。

(3) 触发器:是指用户定义事物命令的集合,当对一个表中的数据进行插入、更新或删除时这组命令就会自动执行,可以用来确保数据的完整性和安全性。

2. 表的基本操作

(1) 创建表:

```
create table table_name(
    属性名 数据类型,
    属性名 数据类型,
    …
    属性名 数据类型
    );
```

(2) 创建类似旧表的新表:

```
create table new_tab_name
    like old_tab_name;
```

(3) 查看选择的数据库中所有表:

```
show tables;
```

(4) 查看表的定义:

```
describe table_name;
```

或者

```
show columns from table_name;
```

(5) 查看表的详细定义:

```
show create table table_name;
```

(6) 删除表：

```
drop table table_name;
```

(7) 修改表的名字：

```
alter table table_name rename [to] new_table_name;
```

(8) 增加字段。
① 在表的最后一个位置增加字段：

```
alter table table_name
add 属性名 属性类型;
```

② 在表的第一个位置增加字段：

```
alter table table_name
add 属性名 属性类型 first;
```

③ 在表的指定字段之后增加字段：

```
alter table table_name
add 属性名 属性类型
after 属性名;
```

(9) 删除字段：

```
alter table table_name
drop 属性名;
```

(10) 修改字段。
① 修改字段的数据类型：

```
alter table table_name
modify 属性名 数据类型;
```

② 修改字段的名字：

```
alter table table_name
change 旧属性名 新属性名 旧数据类型;
```

③ 同时修改字段的名字和属性：

```
alter table table_name
change 旧属性名 新属性名 新数据类型;
```

④ 修改字段的顺序：

```
alter table table_name
modify 属性名1 数据类型 first|after 属性名2;
```

如图2.2所示，向数据库company中创建名为t_dept的表，查看表的定义及详细定义；为t_dept表增加一个名为descri、类型为varchar的字段，所增加字段在表中所有字段的最后一个位置；将deptno字段的数据类型由原来的int(11)类型修改为varchar(20)类型；将名为loc的字段修改为location字段；将dname字段移到location字段后面。

图 2.2　数据库表操作

(11) 设置非空约束：

```
create table table_name(
    属性名 数据类型 not null,
    …
);
```

(12) 设置字段的默认值：

```
create table table_name(
    属性名 数据类型 default 默认值,
    …
);
```

(13) 设置唯一约束：

```
create table table_name(
    属性名 数据类型 unique,
    …
);
```

或者

```
create table table_name(
    属性名 数据类型,
    …
    [constraint 约束名] unique(属性名)
);
```

(14) 设置单字段主键：

```
create table table_name(
    属性名 数据类型 primary key,
    …
);
```

(15) 设置多字段主键：

```
create table table_name(
    属性名 数据类型,
    …
    [constraint 约束名] primary key(属性名,属性名…)
);
```

(16) 删除表的主键：

```
alter table table_name
    drop primary key;
```

(17) 增加表的主键：

```
alter table table_name
    add primary key(属性名);
```

(18) 设置字段自动增加：

```
create table table_name(
    属性名 数据类型 auto_increment,
    …
);
```

(19) 设置外键约束：

```
create table table_name(
    属性名 数据类型,
    …
    constraint 外键约束名 foreign key(属性名1)
        references 表名(属性名2)
);
```

2.2.3 数据的操作

1. 插入数据记录

(1) 插入完整数据记录：

```
insert into table_name
values(value1,value2,value3, …,valuen);
```

(2) 插入数据记录：

```
insert into table_name(field1,field2,field3, …,fieldn)
values(value1,value2,value3, …,valuen);
```

在上述语句中，参数 fieldn 表示表中部分或者全部的字段名字，参数 valuen 表示所要插入部分数值，参数 fieldn 和参数 valuen 要一一对应。

(3) 插入多条数据记录：

```
insert into table_name(field1,field2,field3, …,fieldn)
values(value11,value12,value13, …,value1n),
    (value21, value22, value23, …, value2n),
    (value31, value32, value33, …, value3n),
    …
    (valuenm, valuen2m, valuen3m, …, valuenm);
```

(4) 插入查询结果：

```
insert into table_name(field11,field12,field13, …,field1n)
    select(field21,field22,field23, …,field2n)
        from table_name2
            where …
```

2. 更新数据记录

```
update table_name
    set field1 = value1,
    field2 = value2,
    field3 = value3,
    where condition;
```

3. 删除数据记录

```
delete from table_name
where condition;
```

参数 condition 指定删除满足条件的特定数据记录，参数 condition 如果满足表 table_name 中所有的数据记录或者无关键字 where，就能删除所有的数据记录。

如图 2.3 所示，向数据库 company 中的部门表 t_dept 插入一条完整数据记录，其值分别为 1、cjgongdept1 和 shangxi1；再插入多条完整数据记录，其值分别为(2，cjgongdept2，shangxi2)、(3，cjgongdept3，shangxi3)和(4，cjgongdept4，shangxi4)；使名称(字段 dname)为 cjgongdept1 部门的地址(字段 loc)由 shangxi1 更新为 shangxi2；删除名称(字段 dname)为 cjgongdept4 的部门。

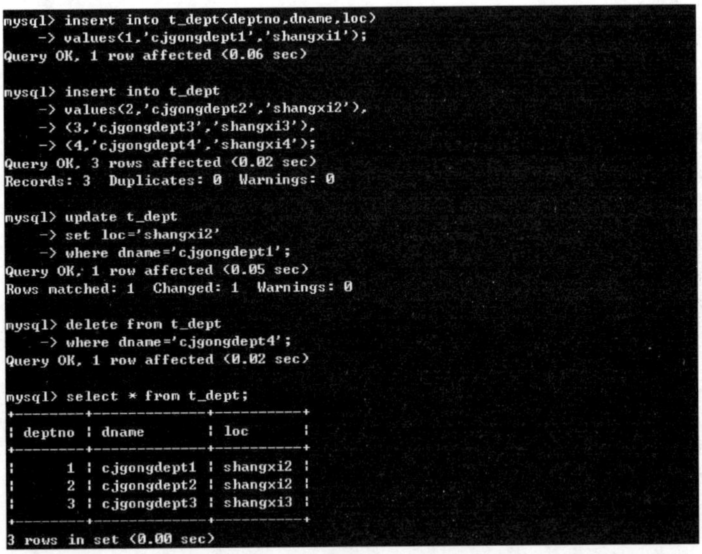

```
mysql> insert into t_dept(deptno,dname,loc)
    -> values(1,'cjgongdept1','shangxi1');
Query OK, 1 row affected (0.06 sec)

mysql> insert into t_dept
    -> values(2,'cjgongdept2','shangxi2'),
    -> (3,'cjgongdept3','shangxi3'),
    -> (4,'cjgongdept4','shangxi4');
Query OK, 3 rows affected (0.02 sec)
Records: 3  Duplicates: 0  Warnings: 0

mysql> update t_dept
    -> set loc='shangxi2'
    -> where dname='cjgongdept1';
Query OK, 1 row affected (0.05 sec)
Rows matched: 1  Changed: 1  Warnings: 0

mysql> delete from t_dept
    -> where dname='cjgongdept4';
Query OK, 1 row affected (0.02 sec)

mysql> select * from t_dept;
+--------+-------------+----------+
| deptno | dname       | loc      |
+--------+-------------+----------+
|      1 | cjgongdept1 | shangxi2 |
|      2 | cjgongdept2 | shangxi2 |
|      3 | cjgongdept3 | shangxi3 |
+--------+-------------+----------+
3 rows in set (0.00 sec)
```

图 2.3 数据库表的字段修改

2.2.4 数据记录查询

1. 单表数据记录查询

(1) 查询所有字段数据：

```
select *
    from table_name;
```

(2) 查询指定字段数据：

```
select 属性名 1,属性名 2, …,属性名 n
    from table_name;
```

(3) 避免重复数据查询:

```
select distinct 属性名 1,属性名 2, …,属性名 n
    from table_name;
```

2. 四则运算数据查询

```
select field1|field1 * a [as] otherfield1,field2 [as] otherfield2, …,fieldn [as] otherfieldn
    from table_name;
```

参数 field 是原属性名,field * a 表示原属性名的四则运算(加"+"、减"-"、乘" * "和除"/");参数 otherfield 为字段的新名字,也可以不设置。

3. 设置数据查询显示格式

```
select concat(field1,'字符串',field2) otherfield
    from table_name;
```

4. 条件数据记录查询

(1) 单条件数据查询:

```
select field1,field2, …,fieldn
    from table_name
        where condition;
```

(2) 多条件数据查询:

```
select field1,field2, …,fieldn
    from table_name
        where condition1 and|&& condition2;
```

(3) 范围数据查询:

```
select field1,field2, …,fieldn
    from table_name
        where field [not] between value1 and value2;
```

(4) 空值数据查询:

```
select field1,field2, …,fieldn
    from table_name
        where field is [not] null;
```

(5) 集合数据查询:

```
select field1,field2, …,fieldn
    from table_name
        where field [not] in(value1,value2, …,valuen);
```

(6) 模糊数据查询：

```
select field1,field2, …,fieldn
    from table_name
        where field [not] like '字符串'|'带_字符串'|'带%字符串';
```

5. 排序数据记录查询

(1) 按照单字段排序：

```
select *
    from table_name
        order by field asc|desc;
```

(2) 按照多字段排序：

```
select *
    from table_name
        order by field1 asc|desc
            field2 asc|desc;
```

6. 统计函数数据记录查询

```
select function(field)
    from table_name
        where condition;
```

统计函数 function 可以是 count()（实现统计数据记录条数）、avg()（实现统计计算特定字段的平均值）、sum()（实现统计数据计算求和）、max() 和 min()（实现统计数据计算求最大值和最小值）等函数。

7. 分组数据记录查询

(1) 简单分组查询：

```
select function(field)
    from table_name
        where condition
            group by field;
```

(2) 统计功能分组查询：

```
select group_concat(field)
    from table_name
        where condition
            group by field;
```

(3) 多个字段分组查询：

```
select group_concat(field),function(field)
    from table_name
        where condition
            group by field1,field2, …,fieldn;
```

(4) 限定分组查询：

```
select function(field)
    from table_name
        where condition
            group by field1,field2, …,fieldn
                having condition;
```

如图 2.4 所示，查找数据库 company 的部门表 t_dept 中所有数据；查找地址(字段 loc)为 shangxi2 的部门；查找序号(字段 daptno)在 2～3 之间的部门。

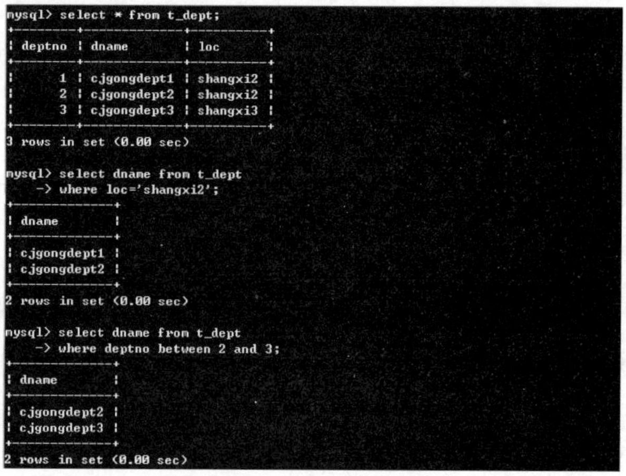
```
mysql> select * from t_dept;
+--------+-------------+----------+
| deptno | dname       | loc      |
+--------+-------------+----------+
|      1 | cjgongdept1 | shangxi2 |
|      2 | cjgongdept2 | shangxi2 |
|      3 | cjgongdept3 | shangxi3 |
+--------+-------------+----------+
3 rows in set (0.00 sec)

mysql> select dname from t_dept
    -> where loc='shangxi2';
+-------------+
| dname       |
+-------------+
| cjgongdept1 |
| cjgongdept2 |
+-------------+
2 rows in set (0.00 sec)

mysql> select dname from t_dept
    -> where deptno between 2 and 3;
+-------------+
| dname       |
+-------------+
| cjgongdept2 |
| cjgongdept3 |
+-------------+
2 rows in set (0.00 sec)
```

图 2.4 表记录查询

2.3 数据的备份与恢复

1. 导入外部数据文本

1) 执行外部的 SQL 脚本

(1) 在当前数据库上执行：

```
mysql < input.sql;
```

(2) 在指定数据库上执行：

```
mysql [表名]< input.sql;
```

2)数据传入命令

```
load data local infile "[文件名]" into table [表名];
```

2. 备份数据库

(1) 备份数据库:

```
mysqldump -- opt school > school.bbb;
```

上述命令在 DOS 的 MySQL bin 目录下执行,将数据库 school 备份到 school.bbb 文件,school.bbb 文件是一个文本文件,文件名任取。

(2) 备份:

```
mysqldump -u [user] -p [password] databasename > filename;
```

(3) 恢复:

```
mysql -u [user] -p [password] databasename < filename;
```

2.4 访问数据库

1. 数据库与 Django 的连接

(1) 安装 MySQL 数据库。

(2) 安装 python-mysql 驱动。

官方下载地址为 http://sourceforge.net/projects/mysql-python/files/。

(3) 修改 settings.py 配置文件的数据库项。

在 Django 项目文件夹的目录下找到 settings.py 文件并打开,找到 DATABASES 这一项,更改数据库连接参数。按照如下设置:

```
DATABASES = {
    'default': {
        'ENGINE': ''django.db.backends.mysql',
        'NAME': '你的数据库名称',
        'USER': '你的MySQL账号',
        'PASSWORD': '你的MySQL密码',
        'HOST': '127.0.0.1',
        'PORT': '3306',
    }
}
```

(4) 打开 cmd 窗口,在 Django 项目文件夹的目录下输入如图 2.5 所示的指令,测试数据连接是否成功。

```
D:\mysite>manage.py shell
Python 2.7.8 (default, Jun 30 2014, 16:03:49) [MSC v.1500 32 bit (Intel)] on win
32
Type "help", "copyright", "credits" or "license" for more information.
(InteractiveConsole)
>>> from django.db import connection
>>> cursor = connection.cursor()
>>>
```

图 2.5 测试数据连接

如果没有任何提示,则代表数据库连接成功。

2. 使用程序设计语言访问数据库

1) JDBC

JDBC(Java Database Connectivity)标准定义了 Java 程序连接数据库服务器的应用程序接口(Application Program Interface,API)。

下面给出一个利用 JDBC 接口的 Java 程序示例,演示了如何打开数据库连接、执行语句、处理结果,最后关闭连接。Java 程序必须引用 java.sql.*,它包含了 JDBC 所提供功能的接口定义。

```java
public static void JDBCexample(String userid, String passwd)
{
    try
    {
        Class.forName("oracle.jdbc.driver.OracleDriver");
        Connection conn = DriverManager.getConnection(
            "jdbc:oracle:thin:@db.yale.edu:1521:univdb",
            userud, passwd);
        Statement stmt = conn.createStatement();
        try{
            stmt.executeUpdate(
                "insert into instructor values('77987', 'Kim', 'Physics', 98000)");
        }catch(SQLException sqle)
        {
            System.out.println("Could not insert tuple." + sqle);
        }
        ResultSet rset = stmt.executeQuery(
            "select dept_name, avg (salary)" +
                "from instructor" +
                "group by dept_name");
        while (rset.next()){
            System.out.println(rset.getString("dept_name") + " " +
                rset.getFloat(2));
        }
        stmt.close();
        conn.close();
    }
    catch (Exception sqle)
    {
        System.out.println("Exception: " + sqle);
    }
}
```

2) ODBC

开放数据库连接(Open Database Connectivity,ODBC)标准定义了一个 API,应用程序用它来打开一个数据库连接、发送查询和更新,以及获取返回结果等。应用程序(如图形界面、统计程序包或者电子表格)可以使用相同的 ODBC API 来访问任何一个支持 ODBC 标准的数据库。

每一个支持 ODBC 的数据库系统都提供一个和客户端程序相连接的库,当客户端发出一个 ODBC API 请求时,库中的代码就可以和服务器通信来执行被请求的动作并取回结果。

下面给出了一个使用 ODBC API 的 C 语言代码示例。

```c
void ODBCexample()
{
    RETCODE error;
    HENV env;                /* 环境参数变量 */
    HDBC conn;               /* 数据库连接 */
    SQLAllocEnv(&env);
    SQLAllocConnect(env,&conn);
    SQLConnect(conn,"db.yale.edu", SQL_NTS, "avi", SQL_NTS,
            "avipasswd", SQL_NTS);
    {
        char deptname[80];
        float salary;
        Int lenOut1, lenOut2;
            from instructor
            group by "dept_name";
        SQLAllocStmt(conn,&stmt);
        error = SQLExecDirect(stmt,sqlquery, SQL_NTS);
        if (error == SQL_SUCCESS){
            SQLBindCol(stmt, 1, SQL_C_CHAR, deptname, 80, &lenOut1);
            SQLBindCol(stmt, 2, SQL_C_FLOAT, &salary, 0, &lenOut2);
            while (SQLFetch(stmt) == SQL_SUCCESS){
                printf(" %s %g \n", deptname, salary);
            }
        }
        SQLFreeStmt(stmt,SQL_DROP);
    }
    SQLDisconnect(conn);
    SQLFreeConnect(conn);
    SQLFreeEnv(env);
}
```

第 3 章

Java 程序开发

3.1 Java 简介

Java 是由 Sun Microsystems 公司于 1995 年 5 月推出的 Java 面向对象程序设计语言和 Java 平台的总称,由 James Gosling 和同事们共同研发,并在 1995 年正式推出。

1. Java 语言的体系

Java 分为以下 3 个体系。

(1) JavaSE(J2SE)(Java2 Platform Standard Edition,Java 平台标准版)。

(2) JavaEE(J2EE)(Java 2 Platform Enterprise Edition,Java 平台企业版)。

(3) JavaME(J2ME)(Java 2 Platform Micro Edition,Java 平台微型版)。

2005 年 6 月,JavaOne 大会召开,Sun 公司公开 Java SE 6,此时 Java 的各种版本已经更名(以取消其中的数字"2"):J2EE 更名为 Java EE、J2SE 更名为 Java SE、J2ME 更名为 Java ME。

2. Java 语言的特点

Java 语言主要有以下 11 个特点。

(1) Java 语言是简单的。Java 语言的语法与 C 语言和 C++语言很接近,使得大多数程序员很容易学习和使用。另外,Java 丢弃了 C++语言中很少使用的、很难理解的、令人迷惑的那些特性,如操作符重载、多继承、自动的强制类型转换。特别地,Java 语言不使用指针,而是使用引用,并提供了自动的废料收集,使得程序员不必为内存管理而担忧。

(2) Java 语言是面向对象的。Java 语言提供类、接口和继承等原语,为了简单起见,Java 语言不仅支持类之间的单继承、接口之间的多继承,而且还支持类与接口之间的实现机制(关键字为 implements)。Java 语言全面支持动态绑定,而 C++语言只对虚函数使用动态绑定。总之,Java 语言是一个纯粹的面向对象程序设计语言。

(3) Java 语言是分布式的。Java 语言支持 Internet 应用的开发,在基本的 Java 应用编程接口中有一个网络应用编程接口(java.net),它提供了用于网络应用编程的类库,包括 URL、URLConnection、Socket、ServerSocket 等。Java 的 RMI(远程方法激活)机制也是开发分布式应用的重要手段。

（4）Java语言是健壮的。Java的强类型机制、异常处理、废料的自动收集等是Java程序健壮性的重要保证。对指针的丢弃是Java的明智选择，Java的安全检查机制使得Java更具健壮性。

（5）Java语言是安全的。Java通常被用在网络环境中，为此，Java提供了一个安全机制以防恶意代码的攻击。除了Java语言具有的许多安全特性以外，Java语言还对通过网络下载的类具有一个安全防范机制（类ClassLoader），如分配不同的名字空间以防替代本地的同名类、字节代码检查，并提供安全管理机制（类SecurityManager）让Java应用设置安全哨兵。

（6）Java语言是体系结构中立的。Java程序（后缀为.java的文件）在Java平台上被编译为体系结构中立的字节码格式（后缀为.class的文件），然后可以在实现这个Java平台的任何系统中运行。这种途径适合于异构的网络环境和软件的分发。

（7）Java语言是可移植的。这种可移植性来源于体系结构的中立性，另外，Java语言还严格规定了各个基本数据类型的长度。Java系统本身也具有很强的可移植性，Java编译器是用Java语言实现的，Java语言的运行环境是用ANSI C实现的。

（8）Java语言是解释型的。如前所述，Java程序在Java平台上被编译为字节码格式，然后可以在实现这个Java平台的任何系统中运行。在运行时，Java平台中的Java解释器对这些字节码进行解释执行，执行过程中需要的类在链接阶段被载入到运行环境中。

（9）Java是高性能的。与那些解释型的高级脚本语言相比，Java语言的确是高性能的。事实上，Java语言的运行速度随着JIT（Just-In-Time）编译器技术的发展越来越接近于C++语言。

（10）Java语言是多线程的。在Java语言中，线程是一种特殊的对象，它必须由Thread类或其子（孙）类来创建。通常有两种方法来创建线程：一种方法是使用型构为Thread (Runnable)的构造子类将一个实现了Runnable接口的对象包装成一个线程；另一种方法是从Thread类派生出子类并重写run方法，使用该子类创建的对象即为线程。值得注意的是Thread类已经实现了Runnable接口，因此任何一个线程均有它的run方法，而run方法中包含了线程所要运行的代码，线程的活动由一组方法来控制。Java语言支持多个线程同时执行，并提供多线程之间的同步机制（关键字为synchronized）。

（11）Java语言是动态的。Java语言的设计目标之一是适应于动态变化的环境。Java程序需要的类能够动态地被载入到运行环境，也可以通过网络来载入所需要的类，这也有利于软件的升级，另外，Java语言中的类有一个运行时刻的表示，能进行运行时刻的类型检查。

3.2 Java多线程编程

Java给多线程编程提供了内置的支持。一个多线程程序包含两个或多个能并发运行的部分。程序的每一部分都称为一个线程，并且每个线程定义了一个独立的执行路径。

多线程是多任务的一种特殊的形式，多线程比多任务需要更小的开销。这里定义和线程相关的另一个术语——进程:一个进程包括由操作系统分配的内存空间,包含一个或多个线程。一个线程不能独立地存在,它必须是进程的一部分。一个进程一直运行,直到所有的非守候线程都结束运行后才能结束。

多线程能满足程序员编写非常有效率的程序来达到充分利用 CPU 的目的,因为 CPU 的空闲时间能够保持在最低限度。

3.2.1 一个线程的生命周期

线程经过其生命周期的各个阶段,一个线程完整的生命周期如图 3.1 所示。

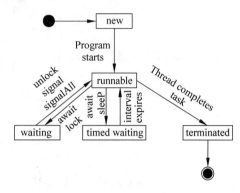

图 3.1 线程生命周期

线程生命周期的各阶段如下。

(1)新状态:一个新产生的线程从新状态开始了它的生命周期,它保持这个状态直到程序 start 这个线程。

(2)运行状态:当一个新状态的线程被 start 以后,线程就变成可运行状态,一个线程在此状态下被认为是开始执行其任务。

(3)就绪状态:当一个线程等待另外一个线程执行一个任务时,该线程就进入就绪状态。当另一个线程给就绪状态的线程发送信号时,该线程才重新切换到运行状态。

(4)休眠状态:由于一个线程的时间片用完了,该线程从运行状态进入休眠状态。当时间间隔到期或者等待的时间发生了,该状态的线程切换到运行状态。

(5)终止状态:一个运行状态的线程完成任务或者其他终止条件发生,该线程就切换到终止状态。

3.2.2 创建一个线程

Java 提供了两种创建线程方法:通过实现 Runable 接口、通过继承 Thread 类本身。

1. 通过实现 Runnable 接口来创建线程

创建一个线程,最简单的方法是创建一个实现 Runnable 接口的类。为了实现 Runnable,只需新建一个实现了 java.lang.Runnable 接口的类的实例,实例中的方法可以被线程调用。下面给出示例:

```java
public class MyRunnable implements Runnable {
    public void run(){
        System.out.println("MyRunnable running");
    }
}
```

为了使线程能够执行 run()方法,需要在 Thread 类的构造函数中传入 MyRunnable 的实例对象。示例如下:

```java
Thread thread = new Thread(new MyRunnable());
thread.start();
```

当线程运行时,它将会调用实现了 Runnable 接口的 run 方法。上例中将会打印出"MyRunnable running"。

同样,也可以创建一个实现了 Runnable 接口的匿名类:

```java
Runnable myRunnable = new Runnable(){
    public void run(){
        System.out.println("Runnable running");
    }
}
Thread thread = new Thread(myRunnable);
thread.start();
```

2. 通过继承 Thread 类本身来创建线程

创建一个线程的第二种方法是创建一个新的类,该类继承 Thread 类,然后创建一个该类的实例。继承类必须重写 run()方法,该方法是新线程的入口点。它也必须调用 start()方法才能执行。

示例如下:

```java
public class MyThread extends Thread {
    public void run(){
        System.out.println("MyThread running");
    }
}
```

可以用如下方式创建并运行上述 Thread 子类:

```java
MyThread myThread = new MyThread();
myTread.start();
```

一旦线程启动后 start 方法就会立即返回,而不会等待到 run 方法执行完毕才返回,就好像 run 方法是在另外一个 CPU 上执行一样。当 run 方法执行后,将会打印出字符串"MyThread running"。

也可以用如下方式创建一个 Thread 的匿名子类:

```
Thread thread = new Thread(){
    public void run(){
        System.out.println("Thread Running");
    }
};
thread.start();
```

当新的线程的 run 方法执行以后,计算机将会打印出字符串"Thread Running"。

3.2.3　线程安全与共享资源

允许被多个线程同时执行的代码称为线程安全的代码。线程安全的代码不包含竞态条件,当多个线程同时更新共享资源时会引发竞态条件。因此,了解 Java 线程执行时共享了什么资源很重要。

在实际应用中,通常会遇到多线程安全问题:当多条语句在操作同一线程共享数据时,一个线程对多条语句只执行了一部分还没有执行完,此时另一个线程参与进来执行,导致共享数据的错误。

在同一程序中运行多个线程本身不会导致问题,问题在于多个线程访问了相同的资源。例如,同一内存区(变量、数组或对象)、系统(数据库、Web Services 等)或文件。实际上,这些问题只有在一个或多个线程向这些资源做了写操作时才有可能发生,只要资源没有发生变化,多个线程读取相同的资源就是安全的。多线程同时执行下面的代码可能会出错:

```
public class Counter {
    protected long count = 0;
    public void add(long value){
        this.count = this.count + value;
    }
}
```

想象一下:线程 A 和 B 同时执行同一个 Counter 对象的 add()方法,而用户无法知道操作系统何时会在两个线程之间切换。JVM 并不是将这段代码视为单条指令来执行的,而是按照下面的顺序。

(1) 从内存获取 this.count 的值放到寄存器。
(2) 将寄存器中的值增加 value。
(3) 将寄存器中的值写回内存。

观察线程 A 和 B 交错执行会发生什么?

```
this.count = 0;
A: 读取 this.count 到一个寄存器 (0)
B: 读取 this.count 到一个寄存器 (0)
B: 将寄存器的值加 2
B: 回写寄存器值(2)到内存,this.count 现在等于 2
A: 将寄存器的值加 3
A: 回写寄存器值(3)到内存,this.count 现在等于 3
```

两个线程分别加了2和3到count变量上,两个线程执行结束后count变量的值应该等于5。然而由于两个线程是交叉执行的,两个线程从内存中读出的初始值都是0。然后各自加了2和3,并分别写回内存。最终的值并不是期望的5,而是最后写回内存的那个线程的值,上面示例中最后写回内存的是线程A,但实际中也可能是线程B。如果没有采用合适的同步机制,线程间的交叉执行情况就无法预料。

当两个线程竞争同一资源时,如果对资源的访问顺序敏感,就称存在竞态条件。导致竞态条件发生的代码区称为临界区。上例中add()方法就是一个临界区,它会产生竞态条件。在临界区中使用适当的同步就可以避免竞态条件。

3.2.4 死锁

同步会导致另一个可能的问题:死锁。当两个线程需要独立的相同资源集时,而每个线程都锁定了这些资源的不同子集,就会发生死锁。如果两个线程都不愿意放弃已有的资源,就会进入无限的停止。

例如,如果线程1锁住了A,然后尝试对B进行加锁,同时线程2已经锁住了B,接着尝试对A进行加锁,这时死锁就发生了。线程1永远得不到B,线程2也永远得不到A,并且它们永远也不会知道发生了这样的事情。为了得到彼此的对象(A和B),它们将永远阻塞下去,这种情况就是一个死锁。

在有些情况下死锁是可以避免的,下述3种方法可以用于避免死锁。

1. 加锁顺序

当多个线程需要相同的一些锁,但是按照不同的顺序加锁,死锁就很容易发生。如果能确保所有的线程都是按照相同的顺序获得锁,那么死锁就不会发生。看下面这个示例:

```
Thread 1:
    lock A
    lock B
Thread 2:
    wait for A
    lock C (when A locked)
Thread 3:
    wait for A
    wait for B
    wait for C
```

如果一个线程(如线程3)需要一些锁,那么它必须按照确定的顺序获取锁。它只有获得了从顺序上排在前面的锁之后,才能获取后面的锁。

例如,线程2和线程3只有在获取了锁A之后才能尝试获取锁C(获取锁A是获取锁C的必要条件)。因为线程1已经拥有了锁A,所以线程2和3需要一直等到锁A被释放,然后在它们尝试对B或C加锁之前,必须成功地对A加了锁。

按照顺序加锁是一种有效的死锁预防机制。但是,这种方式需要事先知道所有可能会用到的锁,但总有些时候是无法预知的。

2. 加锁时限

另外一个可以避免死锁的方法是在尝试获取锁的时候加一个超时时间,这也就意味着在尝试获取锁的过程中若超过了这个时限该线程则放弃对该锁请求。若一个线程没有在给定的时限内成功获得所有需要的锁,则会进行回退并释放所有已经获得的锁,然后等待一段随机的时间再重试。这段随机的等待时间让其他线程有机会尝试获取相同的这些锁,并且让该应用在没有获得锁的时候可以继续运行(加锁超时后可以先继续运行其他事情,再回头来重复之前加锁的逻辑)。

这种机制存在一个问题,在 Java 中不能对 synchronized 同步块设置超时时间,需要创建一个自定义锁或使用 Java5 中 java.util.concurrent 包下的工具。

3. 死锁检测

死锁检测是一个更好的死锁预防机制,它主要是针对那些不可能实现按序加锁并且锁超时也不可行的场景。

每当一个线程获得了锁,会在线程和锁相关的数据结构中(map、graph 等)将其记下。除此之外,每当有线程请求锁,也需要记录在这个数据结构中。

当一个线程请求锁失败时,这个线程可以遍历锁的关系图看看是否有死锁发生。例如,线程 A 请求锁 7,但是锁 7 这个时候被线程 B 持有,这时线程 A 就可以检查一下线程 B 是否已经请求了线程 A 当前所持有的锁。如果线程 B 确实有这样的请求,那么就是发生了死锁(线程 A 拥有锁 1,请求锁 7;线程 B 拥有锁 7,请求锁 1)。

当然,死锁一般要比两个线程互相持有对方的锁这种情况要复杂得多。线程 A 等待线程 B,线程 B 等待线程 C,线程 C 等待线程 D,线程 D 又在等待线程 A。线程 A 为了检测死锁,它需要递进地检测所有被 B 请求的锁。从线程 B 所请求的锁开始,线程 A 找到了线程 C,然后又找到了线程 D,发现线程 D 请求的锁被线程 A 自己持有着,这时它就知道发生了死锁。

关于 4 个线程(A、B、C 和 D)之间锁占有和请求的关系图如图 3.2 所示。像这样的数据结构就可以被用来检测死锁。

那么当检测出死锁时,这些线程该做些什么呢?

一个可行的做法是释放所有锁、回退,并且等待一段随机的时间后重试。这个和简单的加锁超时类似,不一样的是只有死锁已经发生了才回退,而不会是因为加锁的请求超时了。虽然有回退和等待,但是如果有大量的线程竞争同一批锁,它们还是会重复地死锁(原因同超时类似,不能从根本上减轻竞争)。

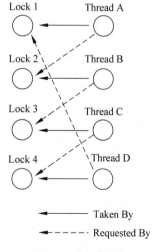

图 3.2 死锁检测

更好的方案是给这些线程设置优先级,让一个(或几个)线程回退,剩下的线程就像没发生死锁一样继续保持着它们需要的锁。如果赋予这些线程的优先级是固定不变的,同一批线程总是会拥有更高的优先级。为避免这个问题,可以在死锁发生时设置随机的优先级。

3.2.5 线程的调度

当多个线程同时运行时(更正确的说法是当多个线程可以同时运行时),必须考虑线程调度问题。需要确保所有重要的线程至少要得到一些时间来运行,更重要的线程要得到更多的时间。此外,还希望保证线程以合理的顺序执行。通过并行地运行线程,就能够在短时间内同时处理多个请求。这种策略成功的原因是,在服务一个典型的 Web 请求时,会有大量的空闲时间,在这段时间内线程只是在等待网络跟上 CPU 的速度——VM 的线程调度器可以充分地将这段时间运行其他线程。但是,CPU 受限的线程(而不是在网络程序中更常见的 I/O 受限)可能永远不会达到这种程度,它往往更多地忙于处理,而不是等待更多的输入。这样的线程可能占用所有可用的 CPU 资源,使得其他所有线程处于"饥饿"状态。仔细考虑一下就可以避免这个问题。事实上,与不同步或死锁相比,避免"饥饿"的问题要简单得多。

1. 优先级

不是所有线程创建时都是均等的。每个线程都有优先级,以 1~10 的整数指定。当多个线程可以运行时,VM 一般只运行最高优先级的线程,但这并非严格的规则。在 Java 中,10 是最高优先级,1 是低优先级,默认优先级为 5。

以下 3 个优先级(1、5 和 10)通常指定为 3 个命名常量(Thread.MIN_PRIORITY、Thread.NORM_PRIORITY 和 Thread.MAX_PRIORITY):

```
public static final int MIN_PRIORITY = 1;
public static final int NORM_PRIORITY = 5;
public static final int MAX_PRIORITY = 10;
```

有时希望给一个线程更多的时间,与用户交互的线程应当获得非常高的优先级,这样感觉到的响应就会非常快。另外,后台计算的线程应当获得低优先级。将快速结束的任务应当没有高优先级,将花费很长时间的任务应当没有低优先级,这样就不会妨碍其他任务。线程的优先级可以使用 setPriority() 方法来改变:

```
public final void setPriority(int newPriority)
```

试图超出最大优先级或设置非正的优先级将抛出一个 IllegalArgumentException 异常。

getPriority() 方法返回线程的当前优先级:

```
public final int getPriority()
```

例如,用户可能希望进行计算的线程的优先级比生成此线程的主程序高一些。通过改变 calculateDigest() 方法,将每个所生成线程的优先级设置为 8,这很容易做到:

```
public void calculateDigest() {
  ListCallbackDigest cb = new ListCallbackDigest(input);
  cb.addDigestListener(this);
  Thread t = new Thread(cb);
  t * setPriority(8);
  t * start();
}
```

但是，一般情况下要尽量避免使用太高的线程优先级，因为这要冒一定的风险，可能使其他低优先级线程遭受"饥饿"之苦。

2. 抢占

每个虚拟机都有一个线程调度器，确定在任何时刻运行哪个线程。有两种线程调度器：抢占式（preemptive）和协作式（cooperative）。抢占式线程调度器确定线程何时已经公平地享用了CPU时间，然后暂停此线程，将CPU控制权交给另外的线程；协作式线程调度器会在将CPU控制权交给其他线程前，等待运行中的线程自己暂停。与使用抢占式线程调度的虚拟机相比，使用协作式线程调度器的虚拟机更容易使线程陷入"饥饿"，因为一个高优先级的非协作线程会独占整个CPU。

所有Java虚拟机都保证了在不同优先级之间使用抢占式线程调度，即当高优先级线程准备运行时，而低优先级线程正在运行，虚拟机会或早或晚（可能是早）暂停低优先级线程，让高优先级线程运行。高优先级线程就抢占（preempt）了低优先级线程。

如果多个相同优先级的线程准备运行，这种情况有些棘手。抢占式线程调度器偶尔会暂停其中一个线程，让下一个线程得到一些CPU时间。但是，协作式线程调度器不会这样。它将等待正在运行的线程显式放弃控制权并到达停止点（即停止）。如果运行中线程永远不会放弃控制权，也永远不会到达停止点，并且没有更高优先级线程抢占运行中线程，那么其他所有线程都会"饥饿"，这是件坏事情。重要的一点是要确保所有线程自身定期地暂停，这样其他线程才可以有运行的机会。

提示：如果在使用抢占式线程调度的VM上开发，"饥饿"问题就很难发现。这是因为没有在用户的机器上出现问题，并不表示不会在客户机器上出现，如果VM使用协作式线程调度的话，就很可能出现问题。目前大多数虚拟机都使用抢占式线程调度，但有些更早的虚拟机是协作调度的。

为了有利于其他线程，因此一个线程有以下10种方式可以暂停或指示准备暂停。

（1）可以在I/O时阻塞。

（2）可以在同步对象时阻塞。

（3）可以放弃。

（4）可以休眠。

（5）可以连接另一个线程。

（6）可以等待一个对象。

（7）可以结束。

（8）可以被更高优先级线程抢占。

（9）可以被挂起。

（10）可以停止。

用户应当检测编写的每个run()方法，确保这些条件之一以合理的频率出现。最后两种可能性已经废弃不用，因为它们可能会让对象处于不一致的状态，所以下面看一下让线程成为虚拟机中协作性成员的其他8种方法。

1）阻塞

在任何时候线程必须停下来等待它没有的资源时，就会发生阻塞。要让网络程序中的线程自动放弃CPU控制权，对此最常见方式是在I/O时阻塞。由于CPU比网络和磁盘快得多，网络程序经常会在等待数据从网络到达或向网络发送时阻塞。即使只阻塞几毫秒，这一点时间也足够用于其他线程进行大量的任务。

线程也会在进行同步方法或代码块时阻塞。如果此线程不拥有被同步对象的锁，而其他线程拥有这个锁，那么这个线程就会暂停，直到锁被释放为止。如果这个锁永远不会释放，那么线程就会永久停止。

阻塞于 I/O 和阻塞于锁，都不会释放任何线程已经拥有的锁。对于 I/O 阻塞，这不是个大问题，因为 I/O 最终总会不再阻塞，线程将继续执行；或者将抛出一个 IOException 异常，然后线程会跳出同步块或方法，释放它的锁。但是，线程若阻塞于它不拥有的锁，将永远也不会放弃它自己的锁。如果一个线程等待第二个线程拥有的锁，而第二个线程等待第一个线程拥有的锁，就会导致死锁。

2) 放弃

线程放弃控制权的第二种方式是显式放弃。线程可以通过调用 Thread.yield() 静态方法来完成放弃：

```
public static void yield()
```

这将通知虚拟机，如果有另一个线程准备运行，可以运行它。有些虚拟机，特别是在实时操作系统下会忽略这个提示。

在放弃之前，线程应当确保它或与它关联的 Runnable 对象处于一致状态，可以用于其他对象。放弃并不会释放线程所拥有的锁。因此，在理想情况下，在线程放弃时不应当作任何同步。如果在线程放弃时，其他等待运行的线程都只是因为需要这个放弃线程所拥有的同步资源而被阻塞，那么这些线程将不能运行。相反，控制权会回到唯一可以运行的线程，即刚刚放弃的线程，这很大程度上失去了放弃的意义。

在实际中使线程放弃非常简单。如果线程的 run() 方法只是由无限循环组成的，则只要在循环的末尾加入 Thread.yield() 即可。例如：

```
public void run() {
  while (true) {
    //完成线程的工作...
    Thread.yield();
  }
}
```

这会给其他相同优先级线程以运行的机会。

如果每次循环迭代都要花费很多时间，用户可能希望在其余代码中散布更多的 Thread.yield() 调用。如果不是一定要放弃的话，这种防范措施效果不甚明显。

3) 休眠

休眠是更有力的放弃形式。放弃只是表示线程愿意暂停，让其他同等优先级的线程有机会运行，而进入休眠的线程不管有没有其他线程准备运行都会暂停。不只是其他相同优先级的线程，这还给了较低优先级的线程运行的机会。但是，进入休眠的线程还拥有它获得的所有锁。因此，其他需要相同锁的线程会阻塞，即使 CPU 可用，所以要尽量避免在同步方法或块内让线程休眠。

有时即使不需要放弃，将控制权交给其他线程，休眠也是有用的。让线程休眠指定的一段时间，可以编写每秒钟、每分钟、每 10 分钟等待执行一次的代码。例如，如果要编写一个网络监视程序，它每 5 分钟从 Web 服务器获得一个网页，给 Web 管理员发送电子邮件告知服务器是否崩溃，这时就可以实现为一个在访问之间每 5 分钟休眠一次的线程。

通过调用以下两个重载的 Thread.sleep() 静态方法之一，线程可以进入休眠。第一个方法接受要休眠的毫秒数作为参数。第二个接受毫秒数和毫微秒数。

```
public static void sleep(long milliseconds) throws InterruptedException
public static void sleep(long milliseconds, int nanoseconds)
 throws InterruptedException
```

虽然多数现代计算机时钟至少有接近毫秒级的精确度，但毫微秒级精确度的极少。不能保证在任何虚拟机上，都能将实际的休眠时间控制在毫微秒甚至毫秒内。如果本地硬件不支持此精度等级，休眠时间将简单地舍入到所能衡量的最接近的值。例如：

```
public void run() {
  while (true) {
   if(!getPage("http://www.cafeaulait.org/")){
    mailError("elharo@metalab.unc.edu");
   }
   try {
     Thread.sleep(300000); //300,000 毫秒 == 5 分钟
   } catch(InterruptedException ex){
      break;
   }
  }
}
```

线程不能绝对保证会休眠所期望的那么长时间。有时线程在请求的唤醒呼叫之后才被唤醒，这是因为 VM 正在忙于做其他事情，也可能在到时间之前有其他线程进行了一些操作而唤醒了休眠的线程。一般情况下，这是通过调用休眠线程的 interrupt() 方法来实现的。

```
public void interrupt()
```

这是线程与 Thread 对象之间重要的区别之一。只是因为线程在休眠中，并不意味着其他醒着的线程不能通过对应 Thread 对象的方法和字段与之交互。具体来说，另一个线程可以调用休眠中的 Thread 对象的 interrupt() 方法，这会让休眠中的线程得到一个 InterruptedException 异常。此后，这个线程会被唤醒，正常执行，至少到再次进入休眠为止。在前面的示例中，InterruptedException 用来结束一个线程，否则它会永远运行下去。当抛出 InterruptedException 时，就会打破无限循环，run() 方法结束，而线程就会停止。用户界面线程会在用户选择菜单中的 Exit 或表示要程序退出时，调用这个线程的 interrupt() 方法。

4) 连接线程

一个线程需要另一个线程的结果是很常见的。例如,在一个线程中加载 HTML 页面的 Web 浏览器,可能要生成一个单独的线程来获取页面中嵌入的每个图片。如果 IMG 元素不包括 HEIGHT 和 WIDTH 属性,主线程在结束页面的显示之前,可能必须等待所有图片加载完毕。Java 提供了 3 个 join()方法,允许一个线程在继续执行前等待另一个线程结束。这些方法是:

(1) public final void join() throws InterruptedException

(2) public final void join(long milliseconds) throws InterruptedException

(3) public final void join(long milliseconds, int nanoseconds)

第一种方法无限等待被连接(joined)的线程结束。后面两个方法会等待指定的一段时间,然后会继续执行,即使被连接的线程还没有结束。与 sleep()方法一样,不能保证毫微秒级的精确度。

连接线程(即调用 join()方法的线程)等待被连接的线程(即 join()方法被调用的线程)结束。希望找到一个随机 double 数组中最小数、中间数和最大数。用有序数组能更快地完成。希望生成一个新线程来对数组排序,然后连接到此线程等待结果。只有当它结束时,才能读取所需的值。

对连接到另一个线程的线程,如果有其他线程调用其 interrupt()方法,它就会像休眠线程一样会被中断。线程将这个调用作为一个 InterruptedException 异常。此后,它会从捕获异常的 catch 块开始正常执行。在前面示例中,如果线程被中断,它将跳过最小数、中间数和最大数的计算,因为当排序线程在结束前被中断时,这些值是不可用的。

可以使用 join()方法来解决,对于 main()方法要使用的结果,main()方法的速度会超过生成这些结果的线程。通过在使用每个线程的结果前连接到各个线程,就能容易地解决这个问题。

例如,通过连接到线程(需要其结果),消除竞争条件:

```java
import java.io.*;
public class JoinDigestUserInterface{
    public static void main(String[] args){
        ReturnDigest[] digestThreads = new ReturnDigest[args.length];
        for(int i = 0; i < args.length;i++){
            //计算摘要
            File f = new File(args[i]);
            digestThreads[i] = new ReturnDigest(f);
            digestThreads[i].start();
        }
        for(int i = 0;i < args.length; i++){
            try{
                digestThreads[i].join();
                StringBuffer result = new StringBuffer(args.[i]);
                result.append(": ");
                byte[] digest = digestThreads[i].getDigest();
                for(int j = 0; j < digest.length;j++){
```

```
                    result.append(digest[j] + " ");
                    System.out.println(result);
                }
            }
            catch(InterruptedException ex){
                System.err.println("Tread Interrupted before completion");
            }
        }
    }
}
```

由于上例以启动线程的顺序连接这些线程,这样修复也有副作用,它会以用于构造线程的参数的顺序显示输出,而不是以线程结束的顺序。这种修改不会让程序变慢,但有时当用户希望线程一结束就获得结果,而不是等待其他无关线程结束时。

5) 等待一个对象

线程可以等待(wait)一个它锁定的对象,在等待时,它会释放此对象的锁并暂停,直到它得到其他线程的通知。另一个线程以某种方式修改了此对象,通知等待此对象的这个线程,然后继续执行。这与连接不同,等待线程和通知线程都不需要在其他线程继续前结束。等待用于暂停执行,直到一个对象或资源达到某种状态。连接则用于暂停执行,直到一个线程结束。

等待一个对象作为线程暂停的方法,并不太出名,这是因为它不涉及 Thread 类的任何方法。相反,要等待某个对象,待暂停的线程首先必须使用 synchronized 获得此对象的锁,然后调用对象的三个重载 wait()方法之一:

```
public final void wait() throws InterruptedException
public final void wait(long milliseconds)
    throws InterruptedException
public final void wait(long milliseconds, int nanoseconds)
    throws InterruptedException
```

这些方法不在 Thread 类中,而是在 java.lang.Object 类中。因此,它们可以在任何类的任何对象中调用。当其中一个方法被调用时,调用它的线程会释放所等待对象的锁(但不是它拥有的任何其他对象的锁),并进入休眠。它将在下面三件事情发生之前保持休眠:

(1) 时间到期。

(2) 线程被中断。

(3) 对象得到通知。

超时(timeout)与 sleep()和 join()方法相同,即线程在指定一段时间过去后(在本地硬件时钟的精度范围内)会醒过来。当时间到期时,线程继续执行紧挨着 wait()调用之后的语句。但是,如果线程未能立即重新获得所等待对象的锁,它可能仍要被阻塞一段时间。

中断(Interruption)与 sleep()和 join()的工作方式相同,即其他线程调用此线程的 interrupt()方法。这将导致一个 InterruptedException 异常,并在捕获此异常的 catch 块内继续执行。但是,线程要在异常抛出前重新获得所等待对象的锁,所以 interrupt()方法被调用后,该线程仍可能要被阻塞一段时间。

通知(notification)是一个新内容。在其他线程调用线程所等待对象的 notify()或

notifyAll()方法时,就会发生通知。这两个方法都在 java.lang.Object 类中:

```
public final void notify()
public final void notifyAll()
```

它们必须在线程所等待的对象上调用,而一般不在 Thread 本身上调用。在通知对象之前,线程必须首先使用同步方法或块,获得此对象的锁。notify()差不多随机地在等待此对象的线程列表中选择一个,并唤醒所选择的线程。notifyAll()方法会唤醒每一个等待指定对象的线程。

一旦等待线程得到通知,它就试图重新获得所等待对象的锁。如果成功,就会继续执行紧接着 wait()调用之后的语句。如果失败,它就会阻塞于此对象,直到可以得到锁;然后继续执行紧接着 wait()调用之后的语句。

例如,假若一个线程正在从网络连接中读取一个 JAR 归档文件。归档文件中第一项是清单文件。另一个线程可能会关注此清单文件的内容,即使归档文件其余部分尚不可用。关注清单文件的线程会创建一个定制的 ManifestFile 对象,将此对象的引用传递给将读取 JAR 归档文件的线程,并等待此对象。读取归档文件的线程会首先用流中的项填写 ManifestFile,然后通知 ManifestFile,再继续读取 JAR 归档文件的其余部分。当阅读器线程通知 ManifestFile 时,最初的线程会被唤醒,对现在完全就绪的 ManifestFile 对象进行所计划的操作。第一个线程的工作方式如下:

```
ManifestFile m = new ManifestFile();
JarThread t = new JarThread(m, in);
synchronized(m){
    t.start();
    try{
        m.wait();
        //操作清单文件...
    }
    catch(InterruptedException ex){
        //处理异常...
    }
}
```

JarThread 类如下:

```
ManifestFile theManifest;
InputStream in;
public JarThread(ManifestFile m, InputStream in){
    theManifest = m;
    this.in = in;
}
public void run(){
    synchronized (theManifest){
            //从流 in 中读取清单...
            theManifest.notify();
```

```
        }
        //读取流的其他部分...
}
```

当多个线程希望等待同一个对象时,通常会更多地使用等待和通知。例如,一个线程可能在读取一个 Web 服务器日志文件,文件中每一行包含要处理的一项,每一行在读取时放在一个 java.util.List 中。多个线程在等待,从而在这个 List 中添加项时对该项进行处理。每次添加一项,等待线程会通过 notifyAll()方法得到通知。如果多个线程等待此对象,首选 notifyAll(),因为没有办法选择要通知哪个线程。当等待一个对象的所有线程得到通知时,这些线程都会被唤醒并试图获得此对象的锁,但是只有一个线程可以立即执行,其余线程会阻塞,直到第一个线程释放这个锁。如果多个线程等待同一个对象,那么轮到最后一个线程获得此对象的锁并继续执行时,可能已经过去了很长时间。在这段时间内线程等待的对象完全可能再次处于不可接受状态。这样,一般要将 wait()调用放在检查当前对象状态的循环中,不要假定因为线程得到了通知,对象现在就处于正确的状态。对象进入正确的状态之后,是否再也不会进入不正确的状态,如果对此无法保证,就要显式地进行检查。例如,下面显示了客户端线程如何等待日志文件项:

```
private List entries;
public void processEntry(){
    synchronized(entries){        // 必须对等待的对象同步
        while(entries.size() == 0){
            try{
                entries.wait();
                //停止等待,因为 entries.size()变为非 0
                //但是用户不知道它仍然是非 0,
                //所以再次通过循环检查它现在的状态
            }
            catch(InterruptedException ex){
                //如果被中断,则最后一项已经处理过,所以返回
                return;
            }
        }
        String entry = (String) entries.remove(entries.size() - 1);
        //处理这一项...
    }
}
```

6) 基于优先级的抢占

由于线程在优先级之间是抢占式的,因此不需要担心放弃时间会交给更高优先级的线程。高优先级线程会在准备运行时抢占低优先级线程。但是,当高优先级线程结束运行或阻塞时,一般不会是同一个低优先级线程接着运行。相反,大多数非实时 VM 使用循环(round-robin)调度器,这样等待时间最长的更低优先级线程会接着运行。

例如,假若有 A、B 和 C 3 个优先级 5 的线程,运行于一个协作式调度的虚拟机中。它们都不会放弃或阻塞。线程 A 首先启动它运行了一会儿,然后被优先级 6 的线程 D 抢占,

A停止运行,最后线程D阻塞,线程调度器查找下一个最高优先级的线程运行。它找到A、B和C 3个线程,线程A已经运行了一段时间,所以线程调度器选择了线程B(或者可能是线程C,这不必依照字母顺序选择)。线程B运行了一段时间,突然线程D不阻塞了。线程D仍有较高的优先级,所以虚拟机暂停线程B,让线程D运行一会儿。最后,D再次阻塞,线程调度器查找另一个线程来运行。它又一次找到A、B和C 3个线程,但这次,A线程运行了一段时间,B线程运行了一段时间,而C线程还没有运行,所以线程调度器选择线程C来运行。线程C运行,直到它又一次被线程D抢占。当线程D再次阻塞时,线程调度器找到3个准备运行的线程,但是3个线程中A在最早之前运行过,所以调度器选择线程A。此外,每次线程D抢占、阻塞,调度器需要新的线程运行时,它会按顺序运行线程A、B和C,线程C之后再循环到线程A。如果宁愿避免显式地放弃,可以使用更高优先级线程来强迫更低优先级线程放弃时间。

实际上,可以自己设计一个高优先级线程调度器,并设置所有线程都是抢占式的。这个技巧是运行一个高优先级的线程,它除了周期性地(如第100ms)休眠醒来,什么都不做。这将会把低优先级线程分为100ms的小块。完成这种分隔的线程没必要了解被抢占线程的任何信息,它存在并运行就够了。下面的示例展示了一个TimeSlicer类,允许低于某个固定优先级的线程每timeslice毫秒就进行抢占。

```java
public class TimeSlicer extends Thread{
    private long timeslice;
    public TimeSlicer(long milliseconds,int priority){
        this.timeslice = milliseconds;
        this.setPriority(priority);
        //如果这是所剩的最后一个线程,这不应当
        //阻止VM退出
        this.setDaemon(true);
    }
    //使用最高优先级
    public TimeSlicer(long milliseconds){
        this(milliseconds, 10);
    }
    //使用最高优先级和100ms时间片
    public void run(){
        while(true){
            try{
                Thread.sleep(timeslice);
            }
            catch(InterruptedException ex){
            }
        }
    }
}
```

7) 结束

线程要以系统的方式放弃CPU控制权,最后一种方法是结束(finishing)。当run()方法返回时,线程将销毁,其他线程就可以接管CPU。在网络应用程序中,这一般发生在阻塞

操作的线程,如从服务器下载文件,这样应用程序的其他部分就不会被阻塞。否则,如果run()方法太简单,总是很快就结束,而不需要阻塞,那就有一个很实际的问题,即生成一个线程有没有必要。虚拟机在构建和销毁线程时会有很大的开销。如果线程无论如何都会在极短的时间内结束,那么使用一次简单的方法调用而不是一个单独的线程,可能会结束得更快。

3.2.6　Java 同步块

Java 同步块(synchronized block)用来标记方法或者代码块是同步的,并避免竞争。本小节介绍以下内容。

1. Java 同步关键字(synchronized)

Java 中的同步块用 synchronized 标记,同步块在 Java 中是同步在某个对象上,所有同步在一个对象上的同步块同时只能被一个线程进入并执行操作。所有其他等待进入该同步块的线程将被阻塞,直到执行该同步块中的线程退出。有 4 种不同的同步块:实例方法同步、静态方法同步、实例方法中的同步块、静态方法中的同步块。上述同步块都同步在不同对象上,实际需要哪种同步块视具体情况而定。

1) 实例方法同步

下面是一个同步的实例方法:

```
public synchronized void add(int value){
    this.count += value;
}
```

注意:在方法声明中同步(synchronized)关键字,这告诉 Java 该方法是同步的。

Java 实例方法同步是同步在拥有该方法的对象上的。这样,每个实例其方法同步都同步在不同的对象上,即该方法所属的实例。只有一个线程能够在实例方法同步块中运行。如果有多个实例存在,那么一个线程一次可以在一个实例同步块中执行操作,一个实例一个线程。

2) 静态方法同步

静态方法同步和实例方法同步一样,也使用 synchronized 关键字。Java 静态方法同步如下示例:

```
public static synchronized void add(int value){
    count += value;
}
```

同样,这里 synchronized 关键字告诉 Java 这个方法是同步的。

静态方法的同步是指同步在该方法所在的类对象上,因为在 Java 虚拟机中一个类只能对应一个类对象,所以同时只允许一个线程执行同一个类中的静态同步方法。

对于不同类中的静态同步方法,一个线程可以执行每个类中的静态同步方法而无须等待。不管类中的那个静态同步方法被调用,一个类只能由一个线程同时执行。

3) 实例方法中的同步块

有时不需要同步整个方法而是同步方法中的一部分，Java 可以对方法的一部分进行同步。

在非同步的 Java 方法中的同步块的示例如下：

```java
public void add(int value){
    synchronized(this){
        this.count + = value;
    }
}
```

示例使用 Java 同步块构造器来标记一块代码是同步的，该代码在执行时和同步方法一样。

注意：Java 同步块构造器用括号将对象括起来。在上例中，使用了"this"，即为调用 add() 方法的实例本身。在同步构造器中用括号括起来的对象称为监视器对象。上述代码使用监视器对象同步，同步实例方法使用调用方法本身的实例作为监视器对象。

一次只有一个线程能够在同步于同一个监视器对象的 Java 方法内执行。

下面两个示例都同步它们所调用的实例对象上，因此它们在同步的执行效果上是等效的。

```java
public class MyClass {
    public synchronized void log1(String msg1, String msg2){
        log.writeln(msg1);
        log.writeln(msg2);
    }
    public void log2(String msg1, String msg2){
        synchronized(this){
            log.writeln(msg1);
            log.writeln(msg2);
        }
    }
}
```

在上例中，每次只有一个线程能够在两个同步块中任意一个方法内执行。如果第二个同步块不是同步在 this 实例对象上，那么两个方法可以被线程同时执行。

4) 静态方法中的同步块

静态方法同步的示例如下，这些方法同步在该方法所属的类对象上。

```java
public class MyClass {
    public static synchronized void log1(String msg1, String msg2){
        log.writeln(msg1);
        log.writeln(msg2);
    }
    public static void log2(String msg1, String msg2){
        synchronized(MyClass.class){
```

```
            log.writeln(msg1);
            log.writeln(msg2);
        }
    }
}
```

这两个方法不允许同时被线程访问,如果第二个同步块不是同步在 MyClass.class 这个对象上,那么这两个方法可以同时被线程访问。

2. Java 同步实例

在下面示例中,启动了两个线程,都调用 Counter 类同一个实例的 add()方法。因为同步在该方法所属的实例上,所以同时只能有一个线程访问该方法。

```java
public class Counter{
    long count = 0;
    public synchronized void add(long value){
        this.count += value;
    }
}
public class CounterThread extends Thread{
    protected Counter counter = null;
    public CounterThread(Counter counter){
        this.counter = counter;
    }
    public void run() {
    for(int i = 0; i < 10; i++){
        counter.add(i);
        }
    }
}
public class Example {
    public static void main(String[] args){
    Counter counter = new Counter();
    Thread threadA = new CounterThread(counter);
    Thread threadB = new CounterThread(counter);
    threadA.start();
    threadB.start();
    }
}
```

创建了两个线程,它们的构造器引用同一个 Counter 实例。Counter.add 方法是同步在实例上,是因为 add()方法是实例方法并且被标记上 synchronized 关键字。因此每次只允许一个线程调用该方法。另外一个线程必须要等到第一个线程退出 add()方法时,才能继续执行方法。

如果两个线程引用了两个不同的 Counter 实例,那么它们可以同时调用 add()方法。这些方法调用了不同的对象,因此这些方法也就同步在不同的对象上,这些方法调用将不会被阻塞,如下面的示例:

```
public class Example {
    public static void main(String[] args){
        Counter counterA = new Counter();
        Counter counterB = new Counter();
        Thread threadA = new CounterThread(counterA);
        Thread threadB = new CounterThread(counterB);
        threadA.start();
        threadB.start();
    }
}
```

注意：这两个线程 threadA 和 threadB 不再引用同一个 counter 实例，counterA 和 counterB 的 add() 方法同步在它们所属的对象上，调用 counterA 的 add() 方法将不会阻塞调用 counterB 的 add() 方法。

3.2.7 并发容器

JDK5 中添加了新的 concurrent 包，相对同步容器而言，并发容器通过一些机制改进了并发性能。因为同步容器将所有对容器状态的访问都串行化了，这样保证了线程的安全性，所以这种方法的代价就是严重降低了并发性，当多个线程竞争容器时，吞吐量严重降低。

因此 Java5.0 开始针对多线程并发访问设计，提供了并发性能较好的并发容器，引入了 java.util.concurrent 包。与 Vector 和 Hashtable、Collections.synchronizedXxx()同步容器等相比，util.concurrent 中引入的并发容器主要解决了两个问题：根据具体场景进行设计，尽量避免 synchronized，提供并发性；定义了一些并发安全的复合操作，并且保证并发环境下的迭代操作不会出错。

util.concurrent 中容器在迭代时，可以不封装在 synchronized 中，可以保证不抛出异常，但是未必每次看到的都是最新的、当前的数据。

下面是对并发容器的简单介绍。

ConcurrentHashMap 代替同步的 Map(Collections.synchronized(new HashMap()))，众所周知，HashMap 是根据散列值分段存储的，同步 Map 在同步的时候锁住了所有的段，而 ConcurrentHashMap 加锁的时候根据散列值锁住了散列值锁对应的那段，因此提高了并发性能。ConcurrentHashMap 也增加了对常用复合操作的支持，如若没有则添加 putIfAbsent()、替换 replace()。

CopyOnWriteArrayList 和 CopyOnWriteArraySet 分别代替 List 和 Set，主要是在遍历操作为主的情况下来代替同步的 List 和同步的 Set，这也就是上面所述的思路：迭代过程要保证不出错，除了加锁，另外一种方法就是"克隆"容器对象。ConcurrentLinkedQuerue 是一个先进先出的队列，也是非阻塞队列。ConcurrentSkipListMap 可以在高效并发中替代 SoredMap（如用 Collections.synchronzedMap 包装的 TreeMap），ConcurrentSkipListSet 可以在高效并发中替代 SoredSet（如用 Collections.synchronzedSet 包装的 TreeMap）。本小节着重讲解两个并发容器：ConcurrentHashMap 和 CopyOnWriteArrayList。

1. ConcurrentHashMap

众所周知，HashMap 是非线程安全的，Hashtable 是线程安全的，但是由于 Hashtable 是采用 synchronized 进行同步，相当于所有线程进行读写时都去竞争一把锁，导致效率非常低下。

ConcurrentHashMap 可以做到读取数据不加锁，并且其内部的结构可以让其在进行写操作的时候能够将锁的粒度保持尽量得小，而不用对整个 ConcurrentHashMap 加锁。为了提高本身的并发能力，ConcurrentHashMap 在内部采用了一个称为 Segment 的结构，一个 Segment 其实就是一个类 Hash Table 的结构，Segment 内部维护了一个链表数组，ConcurrentHashMap 的内部结构如图 3.3 所示。

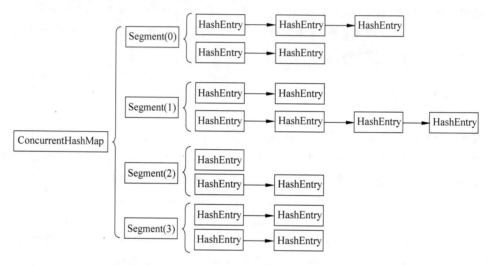

图 3.3　ConcurrentHashMap 的内部结构

由图 3.3 可知，ConcurrentHashMap 定位一个元素的过程需要进行两次 Hash 操作，第一次 Hash 定位到 Segment，第二次 Hash 定位到元素所在的链表的头部，因此这一种结构带来的副作用是 Hash 的过程要比普通的 HashMap 要长，但是带来的好处是写操作的时候可以只对元素所在的 Segment 进行加锁即可，不会影响到其他的 Segment，这样在最理想的情况下，ConcurrentHashMap 可以最高同时支持 Segment 数量大小的写操作（刚好这些写操作都非常平均地分布在所有的 Segment 上），所以通过这一种结构，ConcurrentHashMap 的并发能力可以大大提高。

ConcurrentHashMap 可以提供较好的并发解决方案，它的思想比 HashTable 和 synchronizedMap 更高明一些，它使用了几个技巧来获得高程度的并发以及避免锁定，包括为不同的 Hash Bucket（桶）使用多个写锁和使用 JMM 的不确定性来最小化锁被保持的时间或者根本避免获取锁。

ConcurrentHashMap 摒弃了单一的 map 范围的锁，取而代之的是由 32 个锁组成的集合，其中每个锁负责保护 Hash Bucket 的一个子集。锁主要由变化性操作（put()和 remove()）使用。具有 32 个独立的锁意味着最多可以有 32 个线程可同时修改 map。这并不一定是说在并发地对 map 进行写操作的线程数少于 32 时，另外的写操作不会被阻塞——32 对于写线程来说是理论上的并发限制数目，但是实际上可能达不到这个值，而且对于运行于目前这一代的计算机系统上的大多数应用程序来说已经足够了。

大多并发类使用同步来保证独占式访问一个数据结构（以及保持数据结构的一致性）。ConcurrentHashMap 没有采用独占性和一致性，它使用的链表是经过精心设计的，所以其可以检测到它的列表是否一致或者已经过时。如果检测到它的列表出现不一致或者过时，或者找不到要找的条目，它就会对适当的 bucket 锁进行同步并再次搜索整个链，这样做在一般的情况下可以优化查找。所谓的一般情况，是指大多数检索操作是成功的并且检索的次数多于插入和删除的次数。

以 get 方法为例：

```
V get(Object key, int hash) {
    if (count != 0) {                          // read-volatile
        HashEntry<K,V> e = getFirst(hash);
        while (e != null) {
            if (e.hash == hash && key.equals(e.key)) {
                V v = e.value;
                if (v != null)
                    return v;
                return readValueUnderLock(e); // recheck
            }
            e = e.next;
        }
    }
}
```

检索操作首先为目标 bucket 查找头指针，然后在不获取 bucket 锁的情况下遍历 bucket 链。如果不能发现要查找的值，就会同步并试图再次查找条目。

ConcurrentHashMap 对于很多并发应用程序来说是一个非常有用的类，而且对于理解 JMM 可以取得较高性能的微妙细节是一个很好的示例。

2. CopyOnWriteArrayList

CopyOnWrite 简称 COW，是一种用于程序设计中的优化策略。其基本思路是，从一开始大家都在共享同一个内容，当某个人想要修改这个内容时，才会真正把内容 Copy 出去形成一个新的内容然后再改，这是一种延时懒惰策略。从 JDK1.5 开始 Java 并发包里提供了两个使用 CopyOnWrite 机制实现的并发容器，它们分别是 CopyOnWriteArrayList 和 CopyOnWriteArraySet。CopyOnWrite 容器非常有用，可以在非常多的并发场景中使用到。

CopyOnWrite 容器即写时复制的容器。通俗的理解是当用户往一个容器添加元素时，不直接往当前容器添加，而是先将当前容器进行 Copy，复制出一个新的容器，然后在新的容器里添加元素，添加完元素之后，再将原容器的引用指向新的容器。这样做的好处是用户可以对 CopyOnWrite 容器进行并发的读，而不需要加锁，因为当前容器不会添加任何元素，所以 CopyOnWrite 容器也是一种读写分离的思想，读和写为不同的容器。

以下代码是向 CopyOnWriteArrayList 中 add()方法的实现（向 CopyOnWriteArrayList 里添加元素），可以发现在添加的时候是需要加锁的，否则写多线程的时候会 Copy 出 N 个副本出来。

```java
/**
 * Appends the specified element to the end of this list.
 * @param e element to be appended to this list
 * @return <tt>true</tt> (as specified by {@link Collection#add})
 */
Public boolean add(E e) {
    final ReentrantLock lock = this.lock;
    lock.lock();
        try {
            Object[] elements = getArray();
            int len = elements.length;
            Object[] newElements = Arrays.copyOf(elements, len + 1);
            newElements[len] = e;
            setArray(newElements);
             return true;
        } finally {
            lock.unlock();
        }
}
```

读的时候不需要加锁,如果读的时候有多个线程正在向 CopyOnWriteArrayList 添加数据,读还是会读到旧的数据,因为写的时候不会锁住旧的 CopyOnWriteArrayList。

```java
public E get(int index) {
    return get(getArray(), index);
}
```

JDK 中并没有提供 CopyOnWriteMap,可以参考 CopyOnWriteArrayList 来实现,基本代码如下:

```java
import java.util.Collection;
import java.util.Map;
import java.util.Set;
public class CopyOnWriteMap<K, V> implements Map<K, V>, Cloneable {
    private volatile Map<K, V> internalMap;
        public CopyOnWriteMap() {
            internalMap = new HashMap<K, V>();
        }
        public V put(K key, V value) {
            synchronized (this) {
            Map<K, V> newMap = new HashMap<K, V>(internalMap);
            V val = newMap.put(key, value);
            internalMap = newMap;
            return val;
            }
        }
        public V get(Object key) {
             return internalMap.get(key);
```

```java
            }
            public void putAll(Map<? extends K, ? extends V> newData) {synchronized (this) {
                Map<K, V> newMap = new HashMap<K, V>(internalMap);
                newMap.putAll(newData);
                internalMap = newMap;
            }
        }
}
```

实现很简单，只要了解了CopyOnWrite机制，就可以实现各种CopyOnWrite容器，并且在不同的应用场景中使用。

CopyOnWrite并发容器用于读多写少的并发场景，如白名单、黑名单、商品类目的访问和更新场景。假设有一个搜索网站，用户在这个网站的搜索框中输入关键字搜索内容，但是某些关键字不允许被搜索。这些不能被搜索的关键字会被放在一个黑名单中，黑名单每天晚上更新一次。当用户搜索时，会检查当前关键字在不在黑名单中，如果在，则提示不能搜索。实现代码如下：

```java
package com.ifeve.book;
import java.util.Map;
import com.ifeve.book.forkjoin.CopyOnWriteMap;
/**
 * 黑名单服务
 * @author fangtengfei
 */
public class BlackListServiceImpl {
private static CopyOnWriteMap<String,Boolean> blackListMap = new
CopyOnWriteMap<String, Boolean>( 1000);
        public static boolean isBlackList(String id) {
                return blackListMap.get(id) == null ? false : true;
        }
        public static void addBlackList(String id) {
                blackListMap.put(id, Boolean.TRUE);
        }
       /**
     * 批量添加黑名单
     */
    public static void addBlackList(Map<String,Boolean> ids) {
         blackListMap.putAll(ids);
     }
}
```

代码很简单，但是使用CopyOnWriteMap需要注意两件事情：第一件是要减少扩容开销，根据实际需要，初始化CopyOnWriteMap的大小，避免写时CopyOnWriteMap扩容的开销；第二件是要使用批量添加。因为每次添加，容器每次都会进行复制，所以减少添加次数，可以减少容器的复制次数，如使用上面代码里的addBlackList方法。

CopyOnWrite容器有很多优点，但是同时也存在两个问题，即内存占用问题和数据一致性问题。所以在开发的时候需要注意一下。

1) 内存占用问题

因为 CopyOnWrite 的写时复制机制，所以在进行写操作的时候，内存里会同时驻扎两个对象的内存，即旧的对象和新写入的对象。

注意：在复制的时候只是复制容器里的引用，只是在写的时候会创建新对象添加到新容器里，而旧容器的对象还在使用，所以有两份对象内存。

针对内存占用问题，可以通过压缩容器中的元素的方法来减少大对象的内存消耗。例如，如果元素全是十进制的数字，可以考虑把它压缩成三十六进制或六十四进制，或者不使用 CopyOnWrite 容器，而使用其他的并发容器，如 ConcurrentHashMap。

2) 数据一致性问题

CopyOnWrite 容器只能保证数据的最终一致性，不能保证数据的实时一致性。

3.2.8 线程池的使用

线程池的作用就是限制系统中执行线程的数量。根据系统的环境情况，可以自动或手动设置线程数量，达到运行的最佳效果，如果设置线程数量少就浪费了系统资源，如果设置线程数量多就造成系统拥挤效率不高。用线程池控制线程数量，其他线程排队等候。一个任务执行完毕，再从队列中取最前面的任务开始执行。若队列中没有等待进程，线程池的这一资源处于等待。当一个新任务需要运行时，如果线程池中有等待的工作线程，就可以开始运行了；否则进入等待队列。

使用线程池可以带来很多便利，如减少了创建和销毁线程的次数，每个工作线程都可以被重复利用，可执行多个任务；可以根据系统的承受能力，调整线程池中工作线程的数目，防止因为消耗过多的内存，而造成服务器死机（每个线程需要大约 1MB 内存，线程数目越多，消耗的内存也就越大，最后死机）。

Java 里面线程池的顶级接口是 Executor，但严格意义上讲 Executor 并不是一个线程池而只是一个执行线程的工具。真正的线程池接口是 ExecutorService。

比较重要的几个类如表 3.1 所示。

表 3.1 重要的类

类	描 述
ExecutorService	真正的线程池接口
ScheduledExecutorService	与 Timer/TimerTask 类似，解决那些需要任务重复执行的问题
ThreadPoolExecutor	ExecutorService 的默认实现
ScheduledThreadPoolExecutor	继承 ThreadPoolExecutor 的 ScheduledExecutorService 接口实现，周期性任务调度的类实现

要配置一个线程池是比较复杂的，尤其是在对于线程池的原理不是很清楚的情况下，很有可能配置的线程池不是较优的，因此在 Executors 类里面提供了一些静态工具，能帮助用户生成一些常用的线程池。

1. newSingleThreadExecutor

创建一个单线程的线程池，这个线程池只有一个线程在工作，也就是相当于单线程串行执行所有任务。如果这个唯一的线程因为异常结束,那么会有一个新的线程来替代它,此线程池保证所有任务的执行顺序按照任务的提交顺序执行。实例如下:

```java
MyThread.java
public class MyThread extends Thread {
    @Override
    public void run() {
        System.out.println(Thread.currentThread().getName() + "正在执行…");
    }
}

TestSingleThreadExecutor.java
public class TestSingleThreadExecutor {
    public static void main(String[] args) {
        // 创建一个可重用固定线程数的线程池
        ExecutorService pool = Executors.newSingleThreadExecutor();
        // 创建实现了 Runnable 接口对象,Thread 对象当然也实现了 Runnable 接口
        Thread t1 = new MyThread();
        Thread t2 = new MyThread();
        Thread t3 = new MyThread();
        Thread t4 = new MyThread();
        Thread t5 = new MyThread();
        // 将线程放入线程池中进行执行
        pool.execute(t1);
        pool.execute(t2);
        pool.execute(t3);
        pool.execute(t4);
        pool.execute(t5);
        // 关闭线程池
        pool.shutdown();
    }
}
```

输出结果:

```
pool-1-thread-1 正在执行…
pool-1-thread-1 正在执行…
pool-1-thread-1 正在执行…
pool-1-thread-1 正在执行…
pool-1-thread-1 正在执行…
```

2. newFixedThreadPool

创建固定大小的线程池,每次提交一个任务就创建一个线程,直到线程达到线程池的最大值。线程池的大小一旦达到最大值就会保持不变,如果某个线程因为执行异常而结束,那么线程池会补充一个新线程。实例如下:

```java
TestFixedThreadPool.Java
public class TestFixedThreadPool {
```

```java
        public static void main(String[] args) {
            // 创建一个可重用固定线程数的线程池
            ExecutorService pool = Executors.newFixedThreadPool(2);
            // 创建实现了 Runnable 接口对象,Thread 对象当然也实现了 Runnable 接口
            Thread t1 = new MyThread();
            Thread t2 = new MyThread();
            Thread t3 = new MyThread();
            Thread t4 = new MyThread();
            Thread t5 = new MyThread();
            // 将线程放入线程池中进行执行
            pool.execute(t1);
            pool.execute(t2);
            pool.execute(t3);
            pool.execute(t4);
            pool.execute(t5);
            // 关闭线程池
            pool.shutdown();
        }
}
```

输出结果:

```
pool-1-thread-1 正在执行…
pool-1-thread-2 正在执行…
pool-1-thread-1 正在执行…
pool-1-thread-2 正在执行…
pool-1-thread-1 正在执行…
```

3. newCachedThreadPool

创建一个可缓存的线程池,如果线程池的大小超过了处理任务所需要的线程,那么就会回收部分空闲(60s 不执行任务)的线程,当任务数增加时,此线程池又可以智能地添加新线程来处理任务。此线程池不会对线程池大小做限制,线程池大小完全依赖于操作系统(或者说 JVM)能够创建的最大线程大小。实例如下:

```java
TestCachedThreadPool.java
public class TestCachedThreadPool {
    public static void main(String[] args) {
        // 创建一个可重用固定线程数的线程池
        ExecutorService pool = Executors.newCachedThreadPool();
    // 创建实现了 Runnable 接口对象,Thread 对象当然也实现了 Runnable 接口
        Thread t1 = new MyThread();
        Thread t2 = new MyThread();
        Thread t3 = new MyThread();
        Thread t4 = new MyThread();
        Thread t5 = new MyThread();
        // 将线程放入线程池中进行执行
        pool.execute(t1);
```

```
            pool.execute(t2);
            pool.execute(t3);
            pool.execute(t4);
            pool.execute(t5);
            // 关闭线程池
            pool.shutdown();
    }
}
```

输出结果：

```
pool-1-thread-2 正在执行…
pool-1-thread-4 正在执行…
pool-1-thread-3 正在执行…
pool-1-thread-1 正在执行…
pool-1-thread-5 正在执行…
```

4．newScheduledThreadPool

创建一个大小无限的线程池，此线程池支持定时以及周期性执行任务的需求。实例如下：

```
TestScheduledThreadPoolExecutor.java
public class TestScheduledThreadPoolExecutor {
    public static void main(String[] args) {
    ScheduledThreadPoolExecutor exec = new ScheduledThreadPoolExecutor(1);
        exec.scheduleAtFixedRate(new Runnable() {// 每隔一段时间就触发异常
                @Override
                public void run() {
                    //throw new RuntimeException();
                    System.out.println("================");
                }
            }, 1000, 5000, TimeUnit.MILLISECONDS);
        exec.scheduleAtFixedRate(new Runnable() {
                // 每隔一段时间打印系统时间，证明两者是互不影响的
                @Override
                public void run() {
                    System.out.println(System.nanoTime());
                }
            }, 1000, 2000, TimeUnit.MILLISECONDS);
    }
}
```

输出结果：

```
================
8384644549516
8386643829034
8388643830710
```

```
================
8390643851383
8392643879319
8400643939383
```

3.3 Java 网络编程

3.3.1 Java 网络编程基础

Java 语言是在网络环境下诞生的,所以 Java 语言虽然不能说是对于网络编程的支持最好的语言,但是必须说是一种对于网络编程提供良好支持的语言,使用 Java 语言进行网络编程将是一件比较轻松的工作。

和网络编程有关的基本 API 位于 java.net 包中,该包中包含了基本的网络编程实现,该包是网络编程的基础。该包中既包含基础的网络编程类,也包含封装后的专门处理 Web 相关的处理类。在本节中,只介绍基础的网络编程类。

首先来介绍一个基础的网络类——InetAddress 类。该类的功能是代表一个 IP 地址,并且将 IP 地址和域名相关的操作方法包含在该类的内部。

关于该类的使用,下面通过一个基础的代码示例演示该类的使用:

```java
package inetaddressdemo;
import java.net.*;
/*演示 InetAddress 类的基本使用*/
package inetaddressdemo;
import java.net.*;
/*演示 InetAddress 类的基本使用*/
public class InetAddressDemo {
    public static void main(String[] args) {
        try{
            //使用域名创建对象
            InetAddress inet1 = InetAddress.getByName("www.163.com");
            System.out.println(inet1);
            //使用 IP 创建对象
            InetAddress inet2 = InetAddress.getByName("127.0.0.1");
            System.out.println(inet2);
            //获得本机地址对象
            InetAddress inet3 = InetAddress.getLocalHost();
            System.out.println(inet3);
            //获得对象中存储的域名
            String host = inet3.getHostName();
            System.out.println("域名:" + host);
            //获得对象中存储的 IP
            String ip = inet3.getHostAddress();
            System.out.println("IP:" + ip);
```

```
        }catch(Exception e){}
    }
}
```

在该示例代码中,演示了 InetAddress 类的基本使用,并使用了该类中的几个常用方法,该代码的执行结果是:

```
www.163.com/220.181.28.50
/127.0.0.1
chen/192.168.1.100
域名：chen
IP:192.168.1.100
```

说明：由于该代码中包含一个互联网的网址,因此运行该程序时需要联网,否则将产生异常。

在后续的使用中,经常包含需要使用 InetAddress 对象代表 IP 地址的构造方法,当然该类的使用不是必需的,也可以使用字符串来代表 IP 地址进行实现。

1. TCP 编程

在 Java 语言中,对于 TCP 方式的网络编程提供了良好的支持,在实际实现时,以 java.net.Socket 类代表客户端连接,以 java.net.ServerSocket 类代表服务器端连接。在进行网络编程时,底层网络通信的细节已经实现了比较高的封装,所以在程序员实际编程时,只需要指定 IP 地址和端口号码就可以建立连接了。正是由于这种高度的封装,一方面简化了 Java 语言网络编程的难度,另外也使得使用 Java 语言进行网络编程时无法深入到网络的底层,所以使用 Java 语言进行网络底层系统编程很困难,具体来说,Java 语言无法实现底层的网络嗅探以及获得 IP 包结构等信息。但是由于 Java 语言的网络编程比较简单,因此还是获得了广泛的使用。

在客户端网络编程中,首先需要建立连接,在 Java API 中以 java.net.Socket 类的对象代表网络连接,所以建立客户端网络连接也就是创建 Socket 类型的对象,该对象代表网络连接,示例如下：

```
Socket socket1 = new Socket("192.168.1.103",10000);
Socket socket2 = new Socket("www.sohu.com",80);
```

上面的代码中,socket1 实现的是连接到 IP 地址为 192.168.1.103 的计算机的 10000 号端口,而 socket2 实现的是连接到域名为 www.sohu.com 的计算机的 80 号端口,至于底层网络如何实现建立连接,对于程序员来说是完全透明的。如果建立连接时,本机网络不通或服务器端程序未开启,则会抛出异常。

连接一旦建立,则完成了客户端编程的第一步,紧接着的步骤就是按照"请求-响应"模型进行网络数据交换,在 Java 语言中,数据传输功能由 Java IO 实现,也就是说只需要从连接中获得输入流和输出流即可,然后将需要发送的数据写入连接对象的输出流中,在发送完成以后从输入流中读取数据即可。示例代码如下：

```
OutputStream os = socket1.getOutputStream();    //获得输出流
InputStream is = socket1.getInputStream();      //获得输入流
```

上面的代码中，分别从 socket1 这个连接对象获得了输出流和输入流对象，在整个网络编程中，后续的数据交换就变成了 IO 操作，也就是遵循"请求-响应"模型的规定，先向输出流中写入数据，这些数据会被系统发送出去，然后在从输入流中读取服务器端的反馈信息，这样就完成了一次数据交换过程，当然这个数据交换过程可以多次进行。

这里获得的只是最基本的输出流和输入流对象，还可以使用流的嵌套将这些获得到的基本流对象转换成需要的装饰流对象，从而方便数据的操作。

最后当数据交换完成以后，关闭网络连接，释放网络连接占用的系统端口和内存等资源，完成网络操作，示例代码如下：

```
socket1.close();
```

这就是最基本的网络编程功能介绍。下面是一个简单的网络客户端程序示例，该程序的作用是向服务器端发送一个字符串"Hello"，并将服务器端的反馈显示到控制台，数据交换只进行一次，当数据交换进行完成以后关闭网络连接，程序结束。实现的代码如下：

```java
package tcp;
import java.io.*;
import java.net.*;
/**
 * 简单的 Socket 客户端
 * 功能为：发送字符串"Hello"到服务器端，并打印出服务器端的反馈
 */
public class SimpleSocketClient {
    public static void main(String[] args) {
        Socket socket = null;
        InputStream is = null;
        OutputStream os = null;
        //服务器端 IP 地址
        String serverIP = "127.0.0.1";
        //服务器端端口号
        int port = 10000;
        //发送内容
        String data = "Hello";
        try {
            //建立连接
            socket = new Socket(serverIP, port);
            //发送数据
            os = socket.getOutputStream();
            os.write(data.getBytes());
            //接收数据
            is = socket.getInputStream();
            byte[] b = new byte[1024];
            int n = is.read(b);
            //输出反馈数据
```

```
                System.out.println("服务器反馈: " + new String(b,0,n));
            } catch (Exception e) {
                e.printStackTrace(); //打印异常信息
            }finally{
                try {
                            //关闭流和连接
                            is.close();
                            os.close();
                            socket.close();
                } catch (Exception e2) {}
            }
    }
}
```

在该示例代码中建立了一个连接到 IP 地址为 127.0.0.1、端口号码为 10000 的 TCP 类型的网络连接,然后获得连接的输出流对象,将需要发送的字符串"Hello"转换为 byte 数组写入到输出流中,由系统自动完成将输出流中的数据发送出去,如果需要强制发送,可以调用输出流对象中的 flush 方法实现。在数据发送出去以后,从连接对象的输入流中读取服务器端的反馈信息,读取时可以使用 I/O 中的各种读取方法进行读取,这里使用最简单的方法进行读取,从输入流中读取到的内容就是服务器端的反馈,并将读取到的内容在客户端的控制台进行输出,最后依次关闭打开的流对象和网络连接对象。

如果需要在控制台下面编译和运行该代码,首先需要在控制台下切换到源代码所在的目录,然后依次输入编译和运行命令:

```
javac -d . SimpleSocketClient.java
java tcp.SimpleSocketClient
```

和下面将要介绍的 SimpleSocketServer 服务器端组合运行时,程序的输出结果为:

```
服务器反馈: Hello
```

在服务器端程序编程中,由于服务器端实现的是被动等待连接,因此服务器端编程的第一个步骤是监听端口,也就是监听是否有客户端连接到达。实现服务器端监听的代码为:

```
ServerSocket ss = new ServerSocket(10000);
```

该代码实现的功能是监听当前计算机的 10000 号端口,如果在执行该代码时,10000 号端口已经被别的程序占用,那么将抛出异常;否则将实现监听。

服务器端编程的第二个步骤是获得连接。该步骤的作用是当有客户端连接到达时,建立一个和客户端连接对应的 Socket 连接对象,从而释放客户端连接对于服务器端端口的占用。通过获得连接,使得客户端的连接在服务器端获得了保持,另外使得服务器端的端口释放出来,可以继续等待其他的客户端连接。实现获得连接的代码是:

```
Socket socket = ss.accept();
```

该代码实现的功能是获得当前连接到服务器端的客户端连接。需要说明的是，accept 和前面 I/O 部分介绍的 read 方法一样，都是一个阻塞方法，也就是当无连接时，该方法将阻塞程序的执行，直到连接到达时才执行该行代码。另外获得的连接会在服务器端的该端口注册，这样以后就可以通过在服务器端的注册信息直接通信，而注册以后服务器端的端口就被释放出来，又可以继续接受其他的连接了。

连接获得以后，后续的编程就和客户端的网络编程类似了，这里获得的 Socket 类型的连接和客户端的网络连接一样，只是服务器端需要首先读取发送过来的数据，进行逻辑处理以后再发送给客户端，也就是交换数据的顺序和客户端交换数据的步骤刚好相反。

最后在服务器端通信完成以后，关闭服务器端连接。实现的代码为：

```
ss.close();
```

这就是基本的 TCP 类型的服务器端编程步骤。下面以一个简单的 echo 服务实现为例，echo 服务器端实现的功能就是将客户端发送的内容再原封不动地反馈给客户端。实现的代码如下：

```java
package tcp;
import java.io.*;
import java.net.*;
/**
 * echo 服务器
 * 功能：将客户端发送的内容反馈给客户端
 */
public class SimpleSocketServer {
        public static void main(String[] args) {
                ServerSocket serverSocket = null;
                Socket socket = null;
                OutputStream os = null;
                InputStream is = null;
                //监听端口号
                int port = 10000;
                try {
                        //建立连接
                        serverSocket = new ServerSocket(port);
                        //获得连接
                        socket = serverSocket.accept();
                        //接收客户端发送内容
                        is = socket.getInputStream();
                        byte[] b = new byte[1024];
                        int n = is.read(b);
                        //输出
                        System.out.println("客户端发送内容为：" + new String(b,0,n));
                        //向客户端发送反馈内容
                        os = socket.getOutputStream();
                        os.write(b, 0, n);
                } catch (Exception e) {
```

```
                    e.printStackTrace();
            }finally{
                try{
                            //关闭流和连接对象
                            os.close();
                            is.close();
                            socket.close();
                            serverSocket.close();
                }catch(Exception e){}
            }
        }
}
```

在该示例代码中建立了一个监听当前计算机 10000 号端口的服务器端 Socket 连接，然后获得客户端发送过来的连接，如果有连接到达时，读取连接中发送过来的内容，并将发送的内容在控制台进行输出，输出完成以后将客户端发送的内容再反馈给客户端。最后关闭流和连接对象，结束程序。

在控制台中编译和运行该程序的命令与客户端部分的类似。

这样就以一个很简单的示例演示了 TCP 类型的网络编程在 Java 语言中的基本实现，这个示例只是演示了网络编程的基本步骤以及各个功能方法的基本使用，为网络编程打下基础。为了进一步地掌握网络编程还需要深入研究网络编程深层次的一些知识。

2. UDP 编程

网络通信的方式除了 TCP 方式以外，还有一种实现的方式就是 UDP 方式。UDP（User Datagram Protocol），中文意思是用户数据报协议，方式类似于发短信息，是一种物美价廉的通信方式，使用该种方式无须建立专用的虚拟连接。由于无须建立专用的连接，因此对于服务器的压力要比 TCP 小很多，所以也是一种常见的网络编程方式。但是使用该种方式最大的不足是传输不可靠，当然也不是说经常丢失，就像大家发短信息一样，理论上存在收不到的可能，这种可能性可能是 1%，反正比较小，但是由于这种可能的存在，因此平时人们都觉得重要的事情还是打个电话吧（类似 TCP 方式），一般的事情才发短信息（类似 UDP 方式）。网络编程中也是这样，必须要求可靠传输的信息一般使用 TCP 方式实现，一般的数据才使用 UDP 方式实现。

UDP 方式的网络编程也在 Java 语言中获得了良好的支持，由于其在传输数据的过程中不需要建立专用的连接等特点，因此在 Java API 中设计的实现结构和 TCP 方式不太一样。当然，需要使用的类还是包含在 java.net 包中。

在 Java API 中，实现 UDP 方式的编程，包含客户端网络编程和服务器端网络编程，主要由 DatagramSocket 和 DatagramPacket 两个类实现。

1) DatagramSocket

DatagramSocket 类实现网络连接，包括客户端网络连接和服务器端网络连接。虽然 UDP 方式的网络通信不需要建立专用的网络连接，但是毕竟还是需要发送和接收数据，DatagramSocket 实现的就是发送数据时的发射器，以及接收数据时的监听器的角色。类比于 TCP 中的网络连接，该类既可以用于实现客户端连接，也可以用于实现服务器端连接。

2) DatagramPacket

DatagramPacket 类实现对于网络中传输的数据封装,也就是说,该类的对象代表网络中交换的数据。在 UDP 方式的网络编程中,无论是需要发送的数据还是需要接收的数据,都必须被处理成 DatagramPacket 类型的对象,该对象中包含发送到的地址、发送到的端口号以及发送的内容等。其实 DatagramPacket 类的作用类似于现实中的信件,在信件中包含信件发送到的地址以及接收人,还有发送的内容等,邮局只需要按照地址传递即可。在接收数据时,接收到的数据也必须被处理成 DatagramPacket 类型的对象,在该对象中包含发送方的地址、端口号等信息,也包含数据的内容。和 TCP 方式的网络传输相比,I/O 编程在 UDP 方式的网络编程中变得不是必须的内容,结构也要比 TCP 方式的网络编程简单一些。

UDP 方式的网络编程,编程的步骤和 TCP 方式类似,只是使用的类和方法存在比较大的区别,UDP 客户端编程涉及的步骤也是 4 个部分:建立连接、发送数据、接收数据和关闭连接。

首先介绍 UDP 方式的网络编程中建立连接的实现。其中 UDP 方式的建立连接和 TCP 方式不同,只需要建立一个连接对象即可,不需要指定服务器的 IP 和端口号码。实现的代码为:

```
DatagramSocket ds = new DatagramSocket();
```

这样就建立了一个客户端连接,该客户端连接使用系统随机分配的一个本地计算机的未用端口号。在该连接中,不指定服务器端的 IP 和端口,所以 UDP 方式的网络连接更像一个发射器,而不是一个具体的连接。

当然,可以通过制定连接使用的端口号来创建客户端连接。

```
DatagramSocket ds = new DatagramSocket(5000);
```

这样就是使用本地计算机的 5000 号端口建立了一个连接,一般在建立客户端连接时没有必要指定端口号码。

在 UDP 方式的网络编程中,I/O 技术不是必需的,在发送数据时,需要将发送的数据内容首先转换为 byte 数组,然后将数据内容、服务器 IP 和服务器端口号一起构造成一个 DatagramPacket 类型的对象,这样数据的准备就完成了,发送时调用网络连接对象中的 send()方法发送该对象即可。例如,将字符串"Hello"发送到 IP 为 127.0.0.1、端口号为 10001 的服务器,则实现发送数据的代码如下:

```
String s = "Hello";
String host = "127.0.0.1";
int port = 10001;
//将发送的内容转换为 byte 数组
byte[] b = s.getBytes();
//将服务器 IP 转换为 InetAddress 对象
InetAddress server = InetAddress.getByName(host);
//构造发送的数据包对象
DatagramPacket sendDp = new DatagramPacket(b,b.length,server,port);
```

```
//发送数据
ds.send(sendDp);
```

在该示例代码中，不管发送的数据内容是什么，都需要转换为 byte 数组，然后将服务器端的 IP 地址构造成 InetAddress 类型的对象，在准备完成以后，将这些信息构造成一个 DatagramPacket 类型的对象，在 UDP 编程中，发送的数据内容、服务器端的 IP 和端口号都包含在 DatagramPacket 对象中。准备就绪后，调用连接对象 ds 的 send 方法把 DatagramPacket 对象发送出去即可。

按照 UDP 协议的约定，在进行数据传输时，系统只是尽全力传输数据，但是并不保证数据一定被正确传输，如果数据在传输过程中丢失，那就丢失了。

UDP 方式在进行网络通信时，也遵循"请求-响应"模型，在发送数据完成以后，就可以接收服务器端的反馈数据了。

当数据发送出去以后，就可以接收服务器端的反馈信息了。接收数据在 Java 语言中的实现是这样的：首先构造一个数据缓冲数组，该数组用于存储接收的服务器端反馈数据，该数组的长度必须大于或等于服务器端反馈的实际有效数据的长度。然后以该缓冲数组为基础构造一个 DatagramPacket 数据包对象，最后调用连接对象的 receive 方法接收数据即可。接收到的服务器端反馈数据存储在 DatagramPacket 类型的对象内部。实现接收数据以及显示服务器端反馈内容的示例代码如下：

```
//构造缓冲数组
byte[] data = new byte[1024];
//构造数据包对象
DatagramPacket received = new DatagramPacket(data,data.length);
//接收数据
ds.receive(receiveDp);
//输出数据内容
byte[] b = receiveDp.getData();        //获得缓冲数组
int len = receiveDp.getLength();       //获得有效数据长度
String s = new String(b,0,len);
System.out.println(s);
```

在该代码中，首先构造缓冲数组 data，这里设置的长度 1024 是预估的接收到的数据长度，要求该长度必须大于或等于接收到的数据长度，然后以该缓冲数组为基础，构造数据包对象，使用连接对象 ds 的 receive 方法接收反馈数据，由于在 Java 语言中，除 String 以外的其他对象都是按照地址传递，因此在 receive 方法内部可以改变数据包对象 receiveDp 的内容，这里的 receiveDp 的功能和返回值类似。数据接收到以后，只需要从数据包对象中读取出来就可以了，使用 DatagramPacket 对象中的 getData 方法可以获得数据包对象的缓冲区数组，但是缓冲区数组的长度一般大于有效数据的长度，换句话说，也就是缓冲区数组中只有一部分数据是反馈数据，所以需要使用 DatagramPacket 对象中的 getLength 方法获得有效数据的长度，则有效数据就是缓冲数组中的前有效数据长度内容，这些才是真正的服务器端反馈的数据的内容。

UDP 方式客户端网络编程的最后一个步骤就是关闭连接。虽然 UDP 方式不建立专用的虚拟连接，但是连接对象还是需要占用系统资源，所以在使用完成以后必须关闭连接。关闭连接使用连接对象中的 close 方法即可，实现的代码如下：

```
ds.close();
```

需要说明的是，和 TCP 建立连接的方式不同，UDP 方式的同一个网络连接对象可以发送到达不同服务器端 IP 或端口的数据包，这是 TCP 方式无法做到的。

UDP 方式网络编程的服务器端实现和 TCP 方式的服务器端实现类似，也是服务器端监听某个端口，然后获得数据包，进行逻辑处理以后的结果反馈给客户端，最后关闭网络连接。

首先 UDP 方式服务器端网络编程需要建立一个连接，该连接监听某个端口，实现的代码为：

```
DatagramSocket ds = new DatagramSocket(10010);
```

由于服务器端的端口需要固定，因此一般在建立服务器端连接时，都指定端口号。例如，该示例代码中指定 10010 端口为服务器端使用的端口号，客户端在连接服务器端时连接该端口号即可。

接着服务器端就开始接收客户端发送过来的数据，其接收的方法和客户端接收的方法一样，其中 receive 方法的作用类似于 TCP 方式中 accept 方法的作用，该方法也是一个阻塞方法，其作用是接收数据。

接收到客户端发送过来的数据以后，服务器端对该数据进行逻辑处理，然后将处理以后的结果再发送给客户端，在这里发送时就比客户端要麻烦一些，因为服务器端需要获得客户端的 IP 和客户端使用的端口号，这个都可以从接收到的数据包中获得。示例代码如下：

```
//获得客户端的 IP
InetAddress clientIP = receiveDp.getAddress();
//获得客户端的端口号
Int clientPort = receiveDp.getPort();
```

使用以上代码，就可以从接收到的数据包对象 receiveDp 中获得客户端的 IP 地址和客户端的端口号，这样就可以在服务器端中将处理以后的数据构造成数据包对象，然后反馈给客户端。

最后，当服务器端实现完成以后，关闭服务器端连接，实现的方式是调用连接对象的 close 方法，示例代码如下：

```
ds.close();
```

介绍完了 UDP 方式下的客户端编程和服务器端编程的基础知识以后。下面通过一个简单的示例演示 UDP 网络编程的基本使用。

该示例的功能是实现将客户端程序的系统时间发送给服务器端，服务器端接收到时间以后，向客户端反馈字符串"OK"。实现该功能的客户端代码如下：

```java
package udp;
import java.net.*;
import java.util.*;
/**
 * 简单的UDP客户端,实现向服务器端发生系统时间功能
 */
public class SimpleUDPClient {
    public static void main(String[] args) {
        DatagramSocket ds = null;              //连接对象
        DatagramPacket sendDp;                 //发送数据包对象
        DatagramPacket receiveDp;              //接收数据包对象
        String serverHost = "127.0.0.1";       //服务器IP
        int serverPort = 10010;                //服务器端口号
        try{
            //建立连接
            ds = new DatagramSocket();
            //初始化发送数据
            Date d = new Date();                //当前时间
            String content = d.toString();      //转换为字符串
            byte[] data = content.getBytes();
            //初始化发送包对象
            InetAddress address = InetAddress.getByName(serverHost);
            sendDp = new DatagramPacket(data,data.length,address,serverPort);
            //发送
            ds.send(sendDp);
            //初始化接收数据
            byte[] b = new byte[1024];
            receiveDp =
                    new DatagramPacket(b,b.length);
            //接收
            ds.receive(receiveDp);
            //读取反馈内容,并输出
            byte[] response = receiveDp.getData();
            int len = receiveDp.getLength();
            String s = new String(response,0,len);
            System.out.println("服务器端反馈为:" + s);
        }catch(Exception e){
            e.printStackTrace();
        }finally{
            try{
                //关闭连接
                ds.close();
            }catch(Exception e){}
        }
    }
}
```

在该示例代码中,首先建立UDP方式的网络连接,然后获得当前系统时间,再将时间字符串以及服务器端的IP和端口构造成发送数据包对象,调用连接对象ds的send方法发

送出去。在数据发送出去以后,构造接收数据的数据包对象,调用连接对象 ds 的 receive 方法接收服务器端的反馈,并输出在控制台。最后在 finally 语句块中关闭客户端网络连接。

和下面将要介绍的服务器端一起运行时,客户端程序的输出结果为:

```
服务器端反馈为:OK
```

下面是该示例程序的服务器端代码实现:

```java
package udp;
import java.net.*;
/**
 * 简单 UDP 服务器端,实现功能是输出客户端发送数据,并反馈字符串"OK"给客户端
 */
public class SimpleUDPServer {
    public static void main(String[] args) {
        DatagramSocket ds = null;          //连接对象
        DatagramPacket sendDp;             //发送数据包对象
        DatagramPacket receiveDp;          //接收数据包对象
        final int PORT = 10010;            //端口
        try{
            //建立连接,监听端口
            ds = new DatagramSocket(PORT);
            System.out.println("服务器端已启动:");
            //初始化接收数据
            byte[] b = new byte[1024];
            receiveDp = new DatagramPacket(b,b.length);
            //接收
            ds.receive(receiveDp);
            //读取反馈内容,并输出
            InetAddress clientIP = receiveDp.getAddress();
            int clientPort = receiveDp.getPort();
            byte[] data = receiveDp.getData();
            int len = receiveDp.getLength();
            System.out.println("客户端IP: " + clientIP.getHostAddress());
            System.out.println("客户端端口: " + clientPort);
            System.out.println("客户端发送内容: " + new String(data,0,len));
            //发送反馈
            String response = "OK";
            byte[] bData = response.getBytes();
            sendDp = new DatagramPacket(bData,bData.length,clientIP,clientPort);
            //发送
            ds.send(sendDp);
        }catch(Exception e){
            e.printStackTrace();
        }finally{
            try{
                //关闭连接
                ds.close();
            }catch(Exception e){}
        }
    }
}
```

在该服务器端实现中,首先监听 10010 号端口,和 TCP 方式的网络编程类似,服务器端的 receive 方法是阻塞方法,如果客户端不发送数据,则程序会在该方法处阻塞。当客户端发送数据到达服务器端时,则接收客户端发送过来的数据,然后将客户端发送的数据内容读取出来,并在服务器端程序中打印客户端的相关信息,从客户端发送过来的数据包中可以读取出客户端的 IP 以及客户端端口号,将反馈数据字符串"OK"发送给客户端,最后关闭服务器端连接,释放占用的系统资源,完成程序功能示例。

3.3.2 非阻塞式的 Socket 编程

传统阻塞方式的 Socket 编程,在读取或者写入数据时,TCP 程序会阻塞直到客户端和服务端成功连接,UDP 程序会阻塞直到读取到数据或写入数据。阻塞方式会影响程序性能,JDK5 之后的 NIO 引入了非阻塞方式的 Socket 编程,非阻塞方式的 Socket 编程主要是使用 Socket 通道和 Selector 通道选择器,将 Socket 通道注册到通道选择器上,通过通道选择器选择通道已经准备好的事件进行相应操作。

NIO Socket 简单示例如下:

```java
[java] view plaincopy
import java.net.*;
import java.nio.channels.*;
import java.util.*;
import java.io.*;

public class NIOSocket{
    private static final int CLINET_PORT = 10200;
    private static final int SEVER_PORT = 10201;
    //面向流的连接套接字的可选择通道
    private SocketChannel ch;
    //通道选择器
    private Selector sel;
    public static void main(String[] args) throws IOException{
        //打开套接字通道
            ch = SocketChannel.open();
            //打开一个选择器
            sel = Selector.open();
            try{
                //获取与套接字通道关联的套接字,并将该套接字绑定到本机指定端口
                ch.socket().bind(new InetSocketAddress(CLINET_PORT));
                //调整此通道为非阻塞模式
                ch.configureBlocking(false);
                //为通道选择器注册通道,并指定操作的选择键集
                ch.register(sel, SelectionKey.OP_READ | SelectionKey.OP_WRITE | SelectionKey.OP_CONNECT);
                //选择通道上注册的事件,其相应通道已为 I/O 操作准备就绪
                sel.select();
                //返回选择器的已选择键集
```

```
                    Iterator it = sel.selectedKeys().iterator();
                    while(it.hasNext()){
                            //获取通道的选择器的键
                            SelectionKey key = (SelectionKey)it.next();
                            it.remove();
                            //如果该通道已经准备好套接字连接
                            if(key.isConnectable()){
                                    InetAddress addr = InetAddress.getLocalHost();
                                    System.out.println("Connect will not block");
//调用此方法发起一个非阻塞的连接操作,如果立即建立连接,则此方法返回true,否则返回false,
且必须在以后使用finishConnect()完成连接操作
//此处建立和服务端的Socket连接
    if(!ch.connect(new InetSocketAddress(addr, SEVER_PORT))){
                                    //完成非立即连接操作
                                    ch.finishConnect();
}
}
//此通道已准备好进行读取
if(key.isReadable()){
                                    System.out.println("Read will not block");
}
//此通道已准备好进行写入
if(key.isWritable()){
                                    System.out.println("Write will not block");
                            }
                    }
            } finally{
                    ch.close();
                    sel.close();
            }
    }
}
```

NIO Socket 编程中有一个主要的类 Selector,这个类似一个观察者,只要用户把需要探知的套接字通道 socketchannel 注册到 Selector,程序不用阻塞等待,可以并行做别的事情,当有事件发生时,Selector 会通知程序,传回一组 SelectionKey,程序读取这些 Key,就会获得注册过的 socketchannel,然后从这个 Channel 中读取和处理数据。

Selector 内部原理实际是在做一个对所注册的 channel 的轮询访问,不断地轮询(目前就这一个算法),一旦轮询到一个 channel 有所注册的事情发生,如有数据发送过来了,它就会报告并交出一把钥匙,让用户通过这把钥匙来读取 channel 的内容。

下面通过一个简单的客户端/服务端程序说明一下 NIO Socket 的基本 API 和步骤。

服务端程序:

```java
[java] view plaincopy
import java.net.*;
import java.util.*;
import java.io.*;
```

```java
import java.nio.*;
import java.nio.channels.*;
import java.nio.charset.*;

public class NIOSocketServer{
    public static final int PORT = 8080;
    public static void main(String[] args)throws IOException{
        //NIO 的通道 channel 中内容读取到字节缓冲区 ByteBuffer 时是字节方式存储的,
        //对于以字符方式读取和处理的数据必须要进行字符集编码和解码
        String encoding = System.getProperty("file.encoding");
        //加载字节编码集
        Charset cs = Charset.forName(encoding);
        //分配两个字节大小的字节缓冲区
        ByteBuffer buffer = ByteBuffer.allocate(16);
        SocketChannel ch = null;
        //打开服务端的套接字通道
        ServerSocketChannel ssc = ServerSocketChannel.open();
        //打开通道选择器
        Selector sel = Selector.open();
        try{
            //将服务端套接字通道连接方式调整为非阻塞模式
            ssc.configureBlocking(false);
            //将服务端套接字通道绑定到本机服务端端口
            ssc.socket().bind(new InetSocketAddress(PORT));
            //将服务端套接字通道 OP_ACCEP 事件注册到通道选择器上
            SelectionKey key = ssc.register(sel, SelectionKey.OP_ACCEPT);
            System.out.println("Server on port:" + PORT);
            while(true){
                //通道选择器开始轮询通道事件
                sel.select();
                Iterator it = sel.selectedKeys().iterator();
                while(it.hasNext()){
                    //获取通道选择器事件键
                    SelectionKey skey = (SelectionKey)it.next();
                    it.remove();
                    //服务端套接字通道发送客户端连接事件
                    //客户端套接字通道尚未连接
                    if(skey.isAcceptable()){
                        //获取服务端套接字通道上连接的客户端套接字通道
                        ch = ssc.accept();
                        System.out.println("Accepted connection from:" + ch.socket());
                        //将客户端套接字通过连接模式调整为非阻塞模式
                        ch.configureBlocking(false);
                        //将客户端套接字通道 OP_READ 事件注册到通道选择器上
                        ch.register(sel, SelectionKey.OP_READ);
                    }
                    //客户端套接字通道已经连接
                    else{
                        //获取创建此通道选择器事件键的套接字通道
```

```java
                    ch = (SocketChannel)skey.channel();
                    //将客户端套接字通道数据读取到字节缓冲区中
                    ch.read(buffer);
                    //使用字符集解码字节缓冲区数据
                    CharBuffer cb = cs.decode((ByteBuffer)buffer.flip());
                    String response = cb.toString();
                    System.out.println("Echoing:" + response);
                    //重绕字节缓冲区,继续读取客户端套接字通道数据
                    ch.write((ByteBuffer)buffer.rewind());
                    if(response.indexOf("END") != -1) ch.close();
                    buffer.clear();
                }
            }
        }
    }finally{
            if(ch != null) ch.close();
            ssc.close();
            sel.close();
        }
    }
}
```

客户端程序:

```java
[java] view plaincopy
import java.net.*;
import java.util.*;
import java.io.*;
import java.nio.*;
import java.nio.channels.*;
import java.nio.charset.*;

public class NIOSocketClient{
    private static final int CLIENT_PORT = 10200;
    public static void main(String[] args) throws IOException{
        SocketChannel sc = SocketChannel.open();
        Selector sel = Selector.open();
        try{
            sc.configureBlocking(false);
        sc.socket.bind(new InetSocketAddress(CLIENT_PORT));
            sc.register(sel, SelectionKey.OP_READ | SelectionKey.OP_WRITE
| SelectionKey.OP_CONNECT);
            int i = 0;
            boolean written = false;
            boolean done = false;
            String encoding = System.getProperty("file.encoding");
            Charset cs = Charset.forName(encoding);
            ByteBuffer buf = ByteBuffer.allocate(16);
            while(!done){
```

```java
            sel.select();
            Iterator it = sel.selectedKeys().iterator();
            while(it.hasNext()){
                SelectionKey key = (SelectionKey)it.next();
                It.remove();
                //获取创建通道选择器事件键的套接字通道
                sc = (SocketChannel)key.channel();
        //当前通道选择器产生连接已经准备就绪事件,并且客户端套接字
        //通道尚未连接到服务端套接字通道
                if(key.isConnectable() && !sc.isConnected()){
                    InetAddress addr = InetAddress.getByName(null);
                    //客户端套接字通道向服务端套接字通道发起非阻塞连接
                    boolean success = sc.connect(new InetSocketAddress(addr,
NIOSocketServer.PORT));
                    //若客户端没有立即连到服务端,则客户端完成非立即连接操作
                    f(!success) sc.finishConnect();
}
//若通道选择器产生读取操作已准备好事件,且已向通道写入数据
if(key.isReadable() && written){
                    if(sc.read((ByteBuffer)buf.clear()) > 0){
                        written = false;
                        //从套接字通道中读取数据
                        String response =
                        cs.decode((ByteBuffer)buf.flip()).toString();
                        System.out.println(response);
                        if(response.indexOf("END") != -1) done = true;
}
}
//若通道选择器产生写入操作已准备好事件且尚未向通道写入数据
if(key.isWritable() && !written){
                //向套接字通道中写入数据
            if(i < 10)
                    sc.write(ByteBuffer.wrap(new String("howdy" + i +   '\n').getBytes
()));
else if(i == 10)sc.write(ByteBuffer.wrap(newString("END"). getBytes()));
                    written = true;
                    i++;
    }
        }
            }
        }finally{
                sc.close();
                sel.close();
        }
            }
        }
```

3.3.3 安全网络通信

SSL(Server Socket Layer)是一种保证网络上的两个结点进行安全通信的协议。IETF(Internet Engineering Task Force)对 SSL 做了标准化,制定了 RFC2246 规范,并将其称为 TLS(Transport Layer Security)。

建立在 SSL 协议上的 HTTP 被称为 HTTPS 协议。HTTP 使用的默认端口为 80,而 HTTPS 使用的默认端口为 443。SSL 和 TLS 与 TCP/IP 所在的协议层,如表 3.2 所示。

表 3.2　协议层对应的协议

协议层	协议
应用层	HTTP、IMAP、NNTP、Telnet、FTP 等
安全套接字层	SSL、TLS
传输层	TCP
网络层	IP

SSL 采用加密技术来实现安全通信,保证通信数据的保密性和完整性,并且保证通信双方可以验证对方的身份。加密技术的基本原理是:数据从一端发送到另一端时,发送者先对数据加密,然后再把它发送给接收者,这样在网络上传输的是经过加密的数据,如果有人在网络上非法截获了这批数据,由于没有解密的密钥,就无法获得真正的原始数据;接收者接收到加密的数据后,先对数据解密,然后再处理。SSL 加密通信过程如图 3.4 所示。

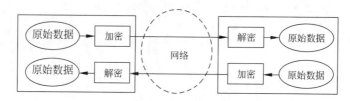

图 3.4　SSL 加密通信过程

JSSE 封装了底层复杂的安全通信细节,使得开发人员能方便地利用它来开发安全的网络应用程序。JSSE 主要包括以下 4 个包。

(1) javax.net.ssl. 包:包括进行安全通信类,如 SSLServerSocket 和 SSLSocket 类。

(2) javax.net 包:包括安全套接字的工厂类,如 SSLServerSocketFactory 和 SSLSocketFactory 类。

(3) java.security.cert 包:包括处理安全证书的类,如 X509Certificate 类。X.509 是由国际电信联盟(ITU-T)制定的安全证书的标准。

(4) com.sun.net.ssl 包:包括 Sun 公司提供的 JSSE 的实现类。

JSSE API 的主要类框图如图 3.5 所示。

JSSE 中负责安全通信的最核心的类是 SSLServerSocket 类与 SSLSocket 类,它们分别是 ServerSocket 与 Socket 类的子类。

SSLSocket 对象由 SSLSocketFactory 创建,此外 SSLServerSocket 的 accept() 方法也会创建 SSLSocket。

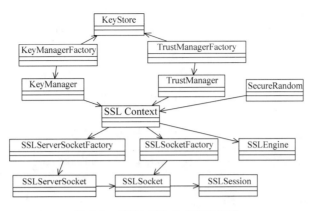

图 3.5　JSSE API 的主要类框图

SSLServerSocket 对象由 SSLServerSocketFactory 创建。

SSLSocketFactory、SSLServerSocketFactory 及 SSLEngine 对象都由 SSLContext 对象创建。

SSLEngine 类用于支持非阻塞的安全通信。

在进行安全通信时，要求客户端与服务器端都支持 SSL 或 TCL 协议。客户端与服务器端可能都需要设置用于证实自身身份的安全证书，还要设置信任对方的那些安全证书。下面讲解以下几个重要的类。

1. KeyStore、KeyManager 与 TrustManager 类

KeyStore 类用于存放安全证书。以下程序代码创建了一个 KeyStore 对象，它从 test.keys 文件中加载安全证书。

```
String passphrase = "654321";
//JKS 是 Sun 支持的 KeyStore 的类型
KeyStore keyStore = KeyStore.getInstance("JKS");
char[] password = passphrase.toCharArray();
//password 参数用于打开安全证书
keyStore.load(new FileInputStream("test.keys"), password);
```

KeyManager 接口的任务是选择用于证实自身身份的安全证书，把它发送给对方。KeyManagerFactory 负责创建 KeyManager 对象，例如：

```
KeyManagerFactory keyManagerFactory = KeyManagerFactory.getInstance("SunX509");
keyManagerFactory.init(keyStore, password);
KeyManager[] keyManagers = keyManagerFactory.getKeyManagers();
```

TrustManager 接口的任务是决定是否信任对方的安全证书，TruesManagerFactory 负责创建 TrustManager 对象，例如：

```
TrustManagerFactory trustManagerFactory = TrustManagerFactory.getInstance("SunX509");
trustManagerFactory.init(keyStore);
TrustManager[] trustManagers = trustManagerFactory.getTrustManagers();
```

2. SSLContext 类

SSLContext 类负责设置与安全通信有关的各种信息，如使用的协议（SSL 或者 TLS）、自身的安全证书以及对方的安全证书。SSLContext 还负责构造 SSLServerSocketFactory、SSLSocketFactory 和 SSLEngine 对象。以下程序代码创建并初始化了一个 SSLContext 对象，然后由它创建了一个 SSLServerSocketFactory 对象：

```
SSLContext sslCtx = SSLContext.getInstance("TLS");    //采用 TLS 协议
sslCtx.init(kmf.getKeyManagers(), tmf.getTrustManagers(), null);
SSLServerSocketFactory ssf = sslCtx.getServerSocketFactory();
```

3. SSLServerSocketFactory 类

SSLServerSocketFactory 类负责创建 SSLServerSocket 对象：

```
SSLServerSocket serverSocket =
(SSLServerSocket) sslServerSocketFactory.createServerSocket(8000);    //监听端口 8000
```

SSLServerSocketFactory 对象有两种创建方法：一种是调用 SSLContext 类的 getServerSocketFactory() 方法；另一种是调用 SSLServerSocketFactory 类的静态 getDefault() 方法。

4. SSLSocketFactory 类

SSLSocketFactory 类负责创建 SSLSocket 对象：

```
SSLSocket socket = (SSLSocket) sslSocketFactory.createSocket("localhost",8000);
```

SSLSocketFactory 对象有两种创建方法：一种是调用 SSLContext 类的 getSocketFactory() 方法；另一种是调用 SSLSocketFactory 类的静态 getDefault() 方法。

5. SSLSocket 类

SSLSocket 类是 Socket 类的子类，因此两者的用法有许多相似之处。SSLSocket 类还具有与安全通信有关的方法：设置加密套件、处理握手结束事件、管理 SSL 会话、客户端模式。

1）设置加密套件

SSLSocket 类的 getSupportedCipherSuites() 方法返回一个字符串数组，它包含当前 SSLSocket 对象所支持的加密套件组。SSLSocket 类的 setEnabledCipherSuites(String[] suites) 方法设置当前 SSLSocket 对象的可使用的加密套件组。可使用的加密套件组应该是所支持的加密套件组的子集。

2）处理握手结束事件

SSL 握手需要花很长的时间，当 SSL 握手完成，会发出一个 HandshakeCompletedEvent 事件，该事件由 HandshakeCompletedListener 负责监听。SSLSocket 类的 addHandshakeCompletedListener() 方法负责注册 HandshakeCompletedListener 监听器。

HandshakeCompletedEvent 类提供了获取与握手事件相关的信息的方法：

```
public SSLSession getSession()          //获得会话
public String getCipherSuite()          //获得实际使用的加密套件
public SSLSocket getSocket()            //获得发出该事件的套接字
```

HandshakeCompletedListener 接口的以下方法负责处理握手结束事件：

```
public void handshakeCompleted(HandshakeCompletedEvent event)
```

3) 管理 SSL 会话

为了提高安全通信的效率，SSL 协议允许多个 SSLSocket 共享同一个 SSL 会话。在同一个会话中，只有第一个打开的 SSLSocket 需要进行 SSL 握手，负责生成密钥以及交换密钥，其余的 SSLSocket 都共享密钥信息。

SSLSession 接口表示 SSL 会话，它具有以下方法。

```
byte[] getId()                  //获得会话 ID,每个会话都有唯一的 ID
String getCipherSuite()         //获得实际使用的加密套件
long getCreationTime()          //获得创建会话的时间
long getLastAccessedTime()      //获得最近一次访问会话的时间。访问会话是指程序创建一个使用该
                                //会话的 SSLSocket
String getPeerHost()            //获得通信对方的主机
int getPeerPort()               //获得通信对方的端口
void invalidate()               //使会话失效
boolean isValid()               //判断会话
```

SSLSocket 的 getSession() 方法返回 SSLSocket 所属的会话。

SSLSocket 的 setEnableSessionCreation(boolean flag) 方法决定 SSLSocket 是否允许创建新的会话，flag 参数的默认值为 true。

如果 flag 参数为 true，那么对于新创建的 SSLSocket；如果当前已经有可用的会话，就直接加入该会话；如果没有可用的会话，就创建一个新的会话。

如果 flag 参数为 false，那么对于新创建的 SSLSocket；如果当前已经有可用的会话；就直接加入该会话；如果没有可用的会话，那么该 SSLSocket 无法与对方进行安全通信。

SSLSocket 的 startHandshake() 方法显式执行一次 SSL 握手，该方法具有以下用途。

(1) 使得会话使用新的密钥。

(2) 使得会话使用新的加密套件。

(3) 重新开始一个会话。为了保证不重用原先的会话，应该先将原先的会话失效：

```
socket.getSession().invalidate();
socket.startHandshake();
```

4) 客户端模式

由于多数情况下客户端无须向服务器证实自己的身份，因此当一个通信端无须向对方证实自己身份就称它处于客户模式，否则称它处于服务器模式。

SSLSocket 的 setUseClientMode(boolean mode) 方法用来设置客户模式或者服务器模式。如果 mode 参数为 true，就表示客户模式，即无须向对方证实自己的身份；如果 mode

参数为 false,就表示服务器模式,即需要向对方证实自己的身份。

当 SSLSocket 处于服务器模式,还可以通过以下方法来决定是否要求对方提供身份认证。

(1) setWantClientAuth(boolean want):当 want 参数为 true,表示希望对方提供身份认证。如果对方未出示安全证书,连接不会中断,通信继续进行。

(2) setNeedClientAuth(boolean need):当 need 参数为 true,表示要求对方必须提供身份认证。如果对方未出示安全证书,连接中断,通信无法继续。

6. SSLServerSocket 类

SSLServerSocket 类是 ServerSocket 类的子类,因此两者的用法有许多相似之处。此外,SSLServerSocket 类还具有与安全通信有关的方法。这些方法与 SSLSocket 类中的同名方法具有相同的作用。

1) 设置加密套件的方法

(1) String[] getSupportedCipherSuites():返回一个字符串数组,它包含当前 SSLServerSocket 对象所支持的加密套件组。

(2) void setEnabledCipherSuites(String[] suites):设置当前 SSLServerSocket 对象可使用的加密套件组。

(3) String[] getEnabledCipherSuites():返回一个字符串数组,它包含当前 SSLServerSocket 对象可使用的加密套件组。

2) 管理 SSL 会话的方法

(1) void setEnableSessionCreation(boolean flag):决定由当前 SSLServerSocket 对象创建的 SSLSocket 对象是否允许创建新的会话。

(2) boolean getEnableSessionCreation():判断由当前 SSLServerSocket 对象创建的 SSLSocket 对象是否允许创建新的会话。

3) 设置客户端模式的方法

(1) void setUseClientMode(boolean mode):当 mode 参数为 true,表示客户端模式。

(2) void setWantClientAuth(boolean want):当 want 参数为 true,表示希望对方提供身份认证。

(3) void setNeedClientAuth(boolean need):当 need 参数为 true,表示要求对方必须提供身份认证。

7. SSLEngine 类

SSLEngine 类与 SocketChannel 类联合使用,就能实现非阻塞的安全通信,通信过程如图 3.6 所示。SSLEngine 类封装了与安全通信有关的细节,把应用程序发送的应用数据打包为网络数据,打包就是指对应用数据进行加密,加入 SSL 握手数据,把它变为网络数据。SSLEngine 类还能把接收到的网络数据展开为应用数据,展开就是指对网络数据解密。SSLEngine 类的 wrap() 方法负责打包应用数据,unwrap() 方法负责展开网络数据。SocketChannel 类负责发送和接收网络数据,SSLEngine 类负责网络数据与应用数据之间的转换。

SSLEngine 类的 wrap() 与 unwrap() 方法都返回一个 SSLEngineResult 对象,它描述执行 wrap() 或 unwrap() 方法的结果。SSLEngineResult 类的 getHandshakeStatus() 方法

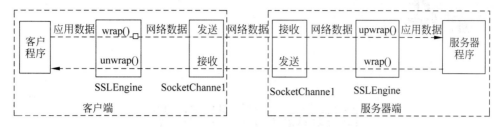

图 3.6　SSLEngine 类与 SocketChannel 类实现非阻塞的安全通信

返回 SSL 握手的状态，如果取值为 HandshakeStatus.NEED_TASK，表明握手没有完成，应该继续完成握手任务：

```
if(result.getHandshakeStatus() == HandshakeStatus.NEED_TASK){
Runnable runnable;
while((runnable = engine.getDelegatedTask()) != null) {
        runnable.run();
    }
}
```

第 4 章

Django 应用框架

4.1 Django 概述

1. Django 的定义

Django 是一个可以使 Web 开发工作愉快并且高效的 Web 开发框架。使用 Django，能够以最小的代价构建和维护高质量的 Web 应用。

从好的方面来看，Web 开发激动人心且富于创造性；但从另一面来看，它却是份烦琐而令人生厌的工作。Django 通过减少重复的代码，使用户能够专注于 Web 应用上有趣的关键性的东西。为了达到这个目标，Django 提供了通用 Web 开发模式的高度抽象、提供了频繁进行的编程作业的快速解决方法，以及为"如何解决问题"提供了清晰明了的约定。同时，Django 尝试留下一些方法，来让用户根据需要在 Framework 之外来开发。

2. Django 的发展历史

在讨论代码之前需要先了解一下 Django 的发展历史。本章将展示如何不使用捷径来完成工作，以便能更好地理解捷径的原理。同样，理解 Django 产生的背景、历史有助于理解 Django 的实现方式。

如果用户曾编写过网络应用程序，那么一定很熟悉 CGI 的例子。

(1) 从头开始编写网络应用程序。

(2) 从头编写另一个网络应用程序。

(3) 从第一步中总结（找出其中通用的代码），并运用在第二步中。

(4) 重构代码使得能在第二个程序中使用第一个程序中的通用代码。

(5) 重复(2)~(4)步骤若干次。

(6) 意识到发明了一个框架。

这正是为什么 Django 建立的原因。

Django 是从真实世界的应用中成长起来的，它是由堪萨斯（Kansas）州 Lawrence 城中的一个网络开发小组编写的。它诞生于 2003 年秋天，那时 Lawrence Journal-World 报纸的程序员 Adrian Holovaty 和 Simon Willison 开始用 Python 来编写程序。

当时他们的 World Online 小组制作并维护当地的几个新闻站点,并在以新闻界特有的快节奏开发环境中逐渐发展。这些站点包括 LJWorld.com、Lawrence.com 和 KUsports.com,记者(或管理层)要求增加的特征或整个程序都能在计划时间内快速地被建立,这些时间通常只有几天或几个小时。因此,Adrian 和 Simon 开发了一种节省时间的网络程序开发框架,这是他们当时在截止时间前能完成程序的唯一途径。

2005 年的夏天,当这个框架开发完成时,它已经用来制作了很多个 World Online 的站点。当时 World Online 小组中的 Jacob Kaplan-Moss 决定把这个框架发布为一个开源软件。从今往后的数年,Django 变成一个有着数以万计的用户和贡献者,在世界广泛传播的完善开源项目。原来的 World Online 的两个开发者(Adrian and Jacob)仍然掌握着 Django,但是其发展方向受社区团队的影响更大。

这些历史都是相关联的,因为它们帮助解释了很重要的两点。

第一,Django 最可爱的地方。Django 诞生于新闻网站的环境中,因此它提供了很多特性,非常适合内容类的网站,如 Amazon.com、craigslist.org 和 washingtonpost.com,这些网站提供动态的、数据库驱动的信息。尽管 Django 擅长于动态内容管理系统,但并不表示 Django 主要的目的就是用来创建动态内容的网站,Django 在其他方面也同样高效。

第二,Django 的起源造就了它的开源社区的文化。因为 Django 来自于真实世界中的代码,而不是来自于一个科研项目或者商业产品,它主要集中力量来解决 Web 开发中遇到的问题,同样也是 Django 的开发者经常遇到的问题。这样,Django 每天在现有的基础上进步。框架的开发者对于让开发人员节省时间,编写更加容易维护的程序,同时保证程序运行的效率具有极大的兴趣,使开发者动力来源于自己的目标:节省时间,快乐工作。

4.2 安装

由于现代 Web 开发环境由多个部件组成,安装 Django 需要几个步骤,因为 Django 就是纯 Python 代码,它运行在任何 Python 可以运行的环境,甚至是手机上,但是本节只提及 Django 安装的通用脚本。

1. Python 安装

Django 本身是纯 Python 编写的,所以安装框架的第一步是确保用户已经安装了 Python。

如果使用的是 Linux 或 Mac OS X,系统可能已经预装了 Python。在命令行窗口中输入"python"(或是在 OS X 的程序/工具/终端中),如果用户看到这样的信息,说明 Python 已经安装好了。

```
Python 2.4.1 (#2, Mar 31 2005, 00:05:10)
[GCC 3.3 20030304 (Apple Computer, Inc. build 1666)] on darwin
Type "help", "copyright", "credits" or "license" for more information.
>>>
```

否则,ubuntu 用户可使用如下命令安装 Python:

```
sudo apt-get install python2.7
```

2. Django 安装

本书中使用的 Django 版本为 1.4,可在官方网站(https://www.djangoproject.com/download/)下载。源码目录如图 4.1 所示,可通过 sudo python setup.py install 安装。

图 4.1　Django 源码目录

3. 测试 Django 安装

接下来去测试 Django 是否安装成功、工作是否良好,同时也可以了解到一些明确的安装后的反馈信息。在 Shell 中,更换到另外一个目录(不是包含 Django 的目录),然后输入"python"来打开 Python 的交互解释器。如果安装成功,用户应该可以导入 Django 模块了:

```
>>> import django
>>> django.VERSION
(1, 4, 0, final', 0)
```

4. PyCharm

PyCharm 是一种 Python IDE,带有一整套可以帮助用户在使用 Python 语言开发时提高其效率的工具,如调试、语法高亮、Project 管理、代码跳转、智能提示、自动完成、单元测试、版本控制。此外,该 IDE 提供了一些高级功能,以用于支持 Django 框架下的专业 Web 开发。

1) 主要功能

(1) 编码协助。提供了一个带编码补全、代码片段、支持代码折叠和分割窗口的智能、可配置的编辑器,可帮助用户更快更轻松地完成编码工作。

(2) 项目代码导航。该 IDE 可帮助用户即时从一个文件导航至另一个文件,从一个方法至其申明或者用法甚至可以穿过类的层次。

(3) 代码分析。用户可使用其编码语法、错误高亮、智能检测及一键式代码快速补全建议,使得编码更优化。

(4) Python 重构。有了该功能,用户便能在项目范围内轻松进行重命名、提取方法/超类、导入域/变量/常量、移动和前推/后退重构。

(5) 支持 Django。有它自带的 HTML、CSS 和 JavaScript 编辑器,用户可以更快速地通过 Djang 框架进行 Web 开发。此外,其还能支持 CoffeeScript、Mako 和 Jinja2。

(6) 支持 Google App 引擎。用户可选择使用 Python 2.5 或者 2.7 运行环境,为 Google App 引擎进行应用程序的开发,并执行例行程序部署工作。

(7) 集成版本控制。登入、视图拆分与合并,所有这些功能都能在其统一的 VCS 用户界面(可用于 Mercurial、Subversion、Git、Perforce 和其他的 SCM)中得到。

(8) 图形页面调试器。用户可以用其自带的功能全面的调试器对 Python 或者 Django 应用程序以及测试单元进行调整,该调试器带断点、步进、多画面视图、窗口以及评估表达式。

（9）集成的单元测试。用户可以在一个文件夹运行一个测试文件、单个测试类、一个方法或者所有测试项目。

（10）可自定义与可扩展。可绑定了 Textmate、NetBeans、Eclipse 与 Emacs 键盘主盘，以及 Vi/Vim 仿真插件。

2）安装

登录官方网站（https://www.jetbrains.com/pycharm/）下载最新版，解压后直接运行 bin 目录下的 pycharm.sh 即可。

为使用方便，PyCharm 提供了创建系统命令和桌面快捷方式的工具，可在菜单栏中的 Tools 菜单下单击 Create command-line Launcher 和 Create Desktop Entry，退出 PyCharm 后即可单击图标再次运行。

3）创建项目

作为 PyCharm 编辑器的起步，理所当然地先编写一个 HelloWord，并运行它。

（1）新建一个项目。执行 File→New Project 命令，在弹出的对话框中进行创建新的工程，如图 4.2 所示。

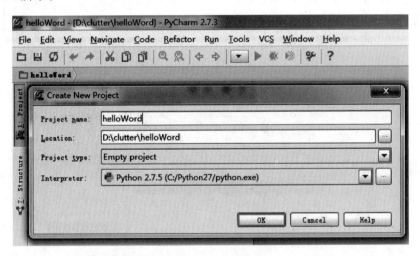

图 4.2　新建项目

（2）选择 Python 解释器。可以看到，一旦添加了 Python 解释器，PyCharm 就会扫描出已经安装的 Python 扩展包和这些扩展包的最新版本，如图 4.3 所示。

（3）新建一个文件。右击刚建好的 HelloWord 项目，选择 New→Python File 选项，如图 4.4 所示。

（4）输入文件名。在弹出的对话框中输入文件名，如图 4.5 所示。

（5）进入编辑界面。PyCharm 的默认编辑界面会自动生成一行"__ author __ ="作者""的文件头，而比较常用的文件头，如"♯coding=utf-8"等，反而没有自动生成，如图 4.6 所示。然后输入如下代码：

```
print "Hello word!"
```

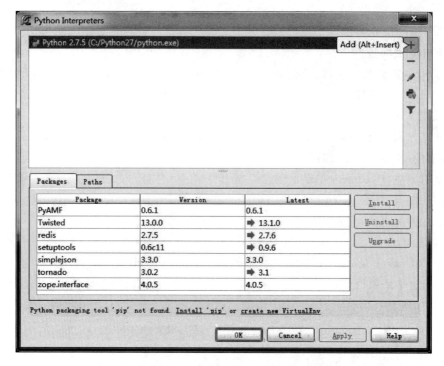

图 4.3　选择 Python 解释器

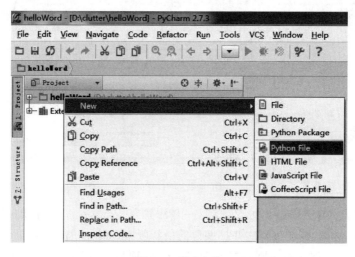

图 4.4　新建文件

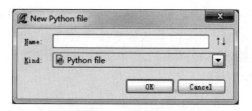

图 4.5　输入文件名

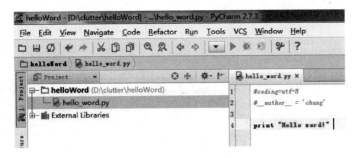

图 4.6　PyCharm 编辑界面

（6）设置控制台。运行之前，用户会发现快捷菜单上的"运行"和"调试"都是不可触发状态，因此需要先配置一下控制台。

单击运行旁边的黑色倒三角形按钮（图 4.7）或者执行 Run→Edit Configurations 命令，进入 Run/Debug Configurations 配置界面。

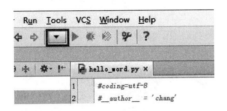

图 4.7　设置控制台

在 Run/Debug Configurations 配置界面中，单击加号图标，新建一个配置项，并选择"Python"选项，如图 4.8 所示。

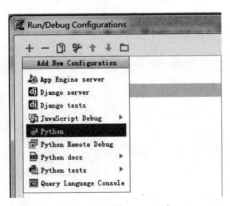

图 4.8　Add New Configuration 配置界面

在右边的配置界面"Name"文本框中输入名称，如"Hello"，然后单击 Script 文本框后面的按钮，在弹出的对话框中找到刚才编写的"hello_word.py"，如图 4.9 所示。

单击 OK 按钮，自动返回到编辑界面，这时"运行"与"调试"按钮全部变成可触发状态，如图 4.10 所示。

（7）运行。单击运行旁边的下三角按钮，观看输出的结果如图 4.11 所示。

这样，Django 框架、Python 及其开发环境 PyCharm 就安装完毕，并且可以进行 Web 开发了，下一节将会讲述 Django 框架如何创建 Web 应用。

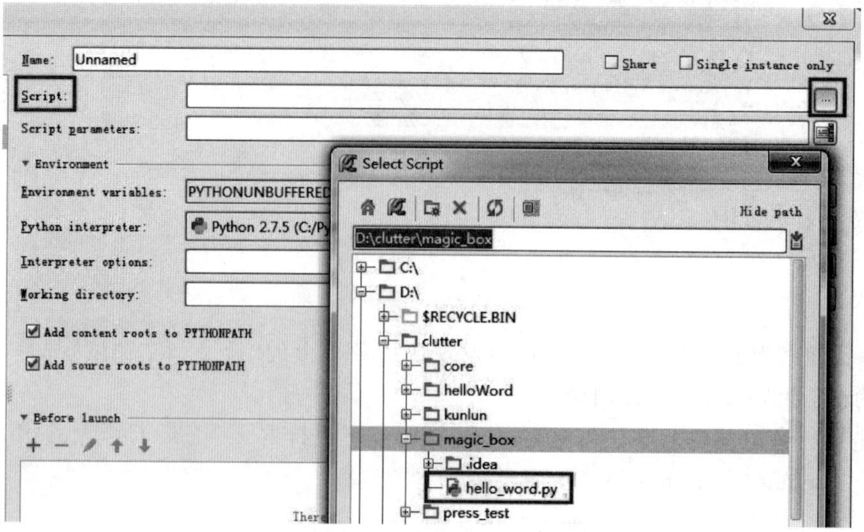

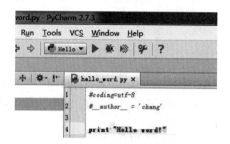

图 4.9 "hello_word.py"选项

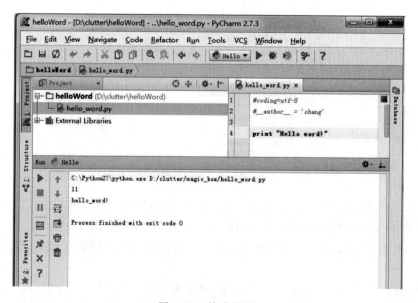

图 4.10 运行调试设置成功

图 4.11 输出结果

4.3 视图(View)和统一资源定位符(URL)

如果曾经发布过 Hello World 页面,但是没有使用网页框架,只是简单地在 hello.html 文本文件中输入"Hello World",然后上传到任意的一个网页服务器上。注意,在这个过程中,已经说明了两个关于这个网页的关键信息:它包括的内容(字符串"Hello World")和它的 URL(http://www.example.com/hello.html,如果把文件放在子目录,也可能是 http://www.example.com/files/hello.html)。

使用 Django,将会用不同的方法来说明这两件事,页面的内容是由 view function(视图函数)来产生的,URL 定义在 URLconf 中。

4.3.1 创建视图

在上一节使用 django-admin.py startproject 制作的 mysite 文件夹中,创建一个 views.py 的空文件。这个 Python 模块将包含所创建视图。Django 对于 view.py 的文件命名没有特别的要求,但是根据约定,把它命名成 view.py,这样有利于其他开发者读懂程序代码。

Hello World 视图非常简单。下面是完整的函数和导入声明,需要输入到 views.py 文件:

```
from django.http import HttpResponse
def hello(request):
    return HttpResponse("Hello World")
```

下面来分析一下这段代码。

首先从 django.http 模块导入(import) HttpResponse 类,然后定义一个 hello 的视图函数。

每个视图函数至少要有一个参数,通常被称为 request。这是一个触发视图、包含当前 Web 请求信息的对象,是类 django.http.HttpRequest 的一个实例。在这个示例中,虽然不用 request 做任何事情,然而它仍必须是这个视图的第一个参数。

注意:视图函数的名称并不重要,并不一定非得以某种特定的方式命名才能让 Django 识别它。在这里把它命名为 hello,是因为这个名称清晰地显示了视图的用意。同样地,也可以用诸如 hello_wonderful_beautiful_world 来给它命名。在下一小节(Your First URLconf),将会解释 Django 是如何找到这个函数的。

这个函数只有简单的一行代码:它仅仅返回一个 HttpResponse 对象,这个对象包含了文本"Hello World"。

这里主要讲的是:一个视图就是 Python 的一个函数,这个函数第一个参数的类型是 HttpRequest;它返回一个 HttpResponse 实例。为了使一个 Python 的函数成为一个 Django 可识别的视图,它必须满足这两个条件。

4.3.2 创建 URLconf

现在如果再运行 python manage.py runserver,将看到 Django 的欢迎页面,而看不到之前写的 Hello World 显示页面。这是因为 mysite 项目还对 hello 视图一无所知,需要通过一个详细描述的 URL 来显式地告诉它并且激活这个视图(继续刚才类似发布静态 HTML 文件的例子。现在已经创建了 HTML 文件,但还没有把它上传至服务器的目录)。为了绑定视图函数和 URL,使用 URLconf。

URLconf 的本质是 URL 模式以及要为该 URL 模式调用的视图函数之间的映射表,开发者就是以这种方式告诉 Django。例如,当用户访问/foo/时,调用视图函数 foo_view(),这个视图函数存在于 Python 模块文件 view.py 中。

在执行 django-admin.py startproject 时,该脚本会自动建了一个 URLconf(即 urls.py 文件)。默认的 urls.py 文件代码如下:

```
from django.conf.urls.defaults import patterns, include, url
# Uncomment the next two lines to enable the admin:
# from django.contrib import admin
# admin.autodiscover()
urlpatterns = patterns('',
    # Example:
    # url(r'^mysite/', include('mysite.foo.urls')),
    # Uncomment the admin/doc line below to enable admin documentation:
    # to INSTALLED_APPS to enable admin documentation:
    # url(r'^admin/doc/', include('django.contrib.admindocs.urls')),
    # Uncomment the next line to enable the admin:
    # url (r'^admin/', include(admin.site.urls)),
)
```

默认的 URLconf 包含了一些被注释起来的 Django 中常用的功能,仅仅只需去掉这些注释就可以开启这些功能。下面是 URLconf 中忽略被注释的行后的实际内容。

```
from django.conf.urls import patterns, include.url
urlpatterns = patterns('',
)
```

下面来解释一下这段代码。

第一行导入 django.conf.urls.defaults 下的所有模块,它们是 Django URLconf 的基本构造。这包含了一个 patterns 函数、include 函数、url 函数。

第二行调用 patterns()函数并将返回结果保存到 urlpatterns 变量。patterns()函数当前只有一个参数——一个空的字符串(这个字符串可以被用来表示一个视图函数的通用前缀)。当前应该注意是 urlpatterns 变量,Django 期望能从 ROOT_URLCONF 模块中找到它。该变量定义了 URL 以及用于处理这些 URL 的代码之间的映射关系。默认情况下,URLconf 所有内容都被注释起来了——Django 应用程序显示欢迎页面(这也是 Django 显示欢迎页面的原因，如果URLconf为空，Django会认定开发者才创建好新项目，因此也就显示这种信息）。

如果想在URLconf中加入URL和View，只需增加映射URL模式和View功能的Python tuple即可。这里演示如何添加View中hello功能：

```
from django.conf.urls.defaults import patterns,include.url
from mysite.views import hello
urlpatterns = patterns('',
    url('^hello/$', hello),
)
```

这里做了两处修改。

首先从模块（在Python的import语法中，mysite/views.py转译为mysite.views）中引入了hello视图（这假设mysite/views.py在Python搜索路径上，关于搜索路径的解释请参见下文）。

然后为urlpatterns加上一行"('^hello/$', hello)"，这行被称为URLpattern，是一个Python的元组。元组中第一个元素是模式匹配字符串（正则表达式）；第二个元素是模式将使用的视图函数。

简单来说，这样只是告诉Django，所有指向"URL/hello/"的请求都应由hello视图函数来处理。

另外，Python搜索路径就是使用import语句时，Python所查找的系统目录清单。例如，假定将Python路径设置为['','/usr/lib/python2.4/site-packages','/home/username/djcode/']。如果执行代码"from foo import bar"，Python将会首先在当前目录查找foo.py模块（Python路径第一项的空字符串表示当前目录）。如果文件不存在，Python将查找/usr/lib/python2.4/site-packages/foo.py文件。如果想看Python搜索路径的值，运行Python交互解释器，然后输入：

```
>>> import sys
>>> print sys.path
```

通常不必关心Python搜索路径的设置，Python和Django会在后台自动处理好。

URLpattern的语法是值得讨论的，因为它不是显而易见的。虽然想匹配地址"/hello/"，但是URL模式与这有点差别，这是因为Django在检查URL模式前，需移除每一个申请的URL开头的斜杠(/)，这意味着为"/hello/"编写URL模式不用包含斜杠(/)。模式包含了一个尖号(^)和一个美元符号($)，这些都是正则表达式符号，并且有特定的含义：尖号(^)要求表达式对字符串的头部进行匹配，美元符号($)则要求表达式对字符串的尾部进行匹配。

最好还是用范例来说明一下这个概念。如果用尾部不是$的模式"^hello/"，那么任何以"/hello/"开头的URL将会匹配，如"/hello/foo"和"/hello/bar"。类似地，如果忽略了尖号(^)，即"hello/$"，那么任何以"hello/"结尾的URL将会匹配，如"/foo/bar/hello/"。如果简单使用"hello/"，即没有"^"开头和"$"结尾，那么任何包含"hello/"的URL将会匹配，如"/foo/hello/bar"。因此，使用这两个符号以确保只有"/hello/"匹配。大多数的URL模式会以"^"开始、以"$"结束，但是拥有复杂匹配的灵活性会更好。

这里读者可能会问：如果有人申请访问"/hello"（尾部没有斜杠/)会怎样？因为URL模式要求尾部有一个斜杠(/)，所以那个申请URL将不匹配。然而，默认地，任何不匹配或尾部没有斜杠(/)的申请URL，将被重定向至尾部包含斜杠的相同字符的URL。

如果是喜欢所有URL都以"/"结尾的开发者（Django开发者的偏爱），那么只需要在每个URL后添加斜杠，并且在setting中设置"APPEND_SLASH"为"True"；如果不喜欢URL以斜杠结尾或者根据每个URL来决定，那么需要设置"APPEND_SLASH"为"False"，并且根据自己的意愿来添加结尾斜杠"/"在URL模式后。

另外需要注意的是，把hello视图函数作为一个对象传递，而不是调用它。这是Python（及其他动态语言的）的一个重要特性：函数是一级对象（first-class objects），也就是说可以像传递其他变量一样传递它们。

启动Django开发服务器来测试修改好的URLconf，运行命令行python manage.py runserver(如果让它一直运行也可以，开发服务器会自动监测代码改动并自动重新载入，所以不需要手工重启)。开发服务器的地址是http://127.0.0.1:8000/，打开浏览器访问http://127.0.0.1:8000/hello/，就可以看到输出结果了。开发服务器将自动检测Python代码的更改来做必要的重新加载，所以不需要重启Server在代码更改之后。服务器运行地址http://127.0.0.1:8000/，打开浏览器输入http://127.0.0.1:8000/hello/，将看到由Django视图输出的Hello World。

至此已经创建了第一个Django的Web页面。

4.3.3 正则表达式

正则表达式是对字符串操作的一种逻辑公式，就是用事先定义好的一些特定字符及这些特定字符的组合，组成一个"规则字符串"，这个"规则字符串"用来表达对字符串的一种过滤逻辑。

给定一个正则表达式和另一个字符串，可以达到如下的目的。

(1) 给定的字符串是否符合正则表达式的过滤逻辑（称为"匹配"）。

(2) 可以通过正则表达式，从字符串中获取想要的特定部分。

1. 正则表达式的特点

(1) 灵活性、逻辑性和功能性非常的强。

(2) 可以迅速地用极简单的方式达到字符串的复杂控制。

(3) 对于刚接触的人来说，比较晦涩难懂。

正则表达式是通用的文本模式匹配的方法。Django URLconfs允许用户使用任意的正则表达式来做强有力的URL映射，不过通常用户实际上可能只需要使用很少的一部分功能。

2. 速记理解技巧

1) [ ] ^ $

4个字符是所有语言都支持的正则表达式，所以这4个字符是基础的正则表达式。正则表达式难理解因为里面有一个"等价"的概念,这个概念大大增加了理解难度,如果把等价都恢复成原始写法,自己书写正则表达式就比较简单了。

2) 等价

等价正则符号如表 4.1 所示。

表 4.1 等价正则符号

符 号	定 义
?、*、+、\d、\w	都是等价字符
?	等价于匹配长度{0,1}
*	等价于匹配长度{0,}
+	等价于匹配长度{1,}
\d	等价于[0-9]
\w	等价于[A-Z a-z 0-9]

3) 常用运算符与表达式

常用运算符与表达式如表 4.2 所示。

表 4.2 常用运算符与表达式

符 号	定 义
^	开始
()	域段
[]	包含,默认是一个字符长度
[^]	不包含,默认是一个字符长度
{n,m}	匹配长度
.	任何单个字符(\. 字符点)
|	或
\	转义
$	结尾
[A-Z]	26 个大写字母
[a-z]	26 个小写字母
[0-9]	0 至 9 数字
[A-Za-z0-9]	26 个大写字母、26 个小写字母和 0 至 9 数字
,	分割

4) 分割语法

分割语法如表 4.3 所示。

表 4.3 分割语法

符 号	定 义
[A,H,T,W]	包含 A 或 H 或 T 或 W 字母
[a,h,t,w]	包含 a 或 h 或 t 或 w 字母
[0,3,6,8]	包含 0 或 3 或 6 或 8 数字

5) 语法与释义

(1) 基础语法"^([]{})([]{})([]{})$"。

正则字符串＝"开始([包含内容]{长度})([包含内容]{长度})([包含内容]{长度})结束"
（2）?、*、+、\d、\w 这些都是简写的,完全可以用"[]"和"{}"代替,在(?:)(?=)(?!)(?<=)(?<!)(?i)(*?)(+?)这种特殊组合情况下除外。初学者可以忽略?、*、+、\d、\w 一些简写标识符,学会了基础规则后就自己去等价替换。

6）实例
（1）字符串：

```
tel:086-0666-88810009999
```

（2）原始正则：

```
"^tel:[0-9]{1,3}-[0][0-9]{2,3}-[0-9]{8,11}$"
```

（3）速记理解：

"开始"tel:普通文本"[0-9数字]{1至3位}"-普通文本"[0数字][0-9数字]{2至3位}"-普通文本"[0-9数字]{8至11位}结束"

（4）等价简写后正则写法：

```
"^tel:\d{1,3}-[0]\d{2,3}-\d{8,11}$"
```

简写语法不是所有语言都支持。

4.3.4　Django 请求处理方式

在继续第二个视图功能之前,暂停一下去了解更多一些有关 Django 怎么工作的知识。具体来说,当通过在浏览器中输入"http://127.0.0.1:8000/hello/"来访问 Hello World 消息时,Django 在后台有哪些动作?

所有均开始于 setting 文件,当运行 python manage.py runserver,脚本将在于 manage.py 同一个目录下查找名为 setting.py 的文件。这个文件包含了所有有关 Django 项目的配置信息(均大写),如 TEMPLATE_DIRS、DATABASE_NAME 等。最重要的设置是 ROOT_URLCONF,它将作为 URLconf 告诉 Django 在这个站点中哪些 Python 的模块将被用到。

前面使用 django-admin.py startproject 创建文件 settings.py 和 urls.py,其中自动创建的 settings.py 包含一个 ROOT_URLCONF 配置用来指向自动产生的 urls.py。打开文件 settings.py 将看到如下代码：

```
ROOT_URLCONF = 'mysite.urls'
```

相对应的文件是 mysite/urls.py。当访问 URL /hello/时,Django 根据 ROOT_URLCONF 的设置装载 URLconf。然后按顺序逐个匹配 URLconf 里的 URLpatterns,直到找到一个匹配的。当找到这个匹配的 URLpatterns 就调用相关联的 view 函数,并把 HttpRequest 对象作为第一个参数。

正如在第一个视图示例中看到的,一个视图功能必须返回一个 HttpResponse,Django

将完成剩余的转换 Python 的对象到一个合适的带有 HTTP 头和 body 的 Web Response（如网页内容）。

综上所述，具体的步骤如下。

（1）进来的请求转入/hello/。
（2）Django 通过在 ROOT_URLCONF 配置来决定根 URLconf。
（3）Django 在 URLconf 中的所有 URL 模式中，查找第一个匹配/hello/的条目。
（4）如果找到匹配，将调用相应的视图函数。
（5）视图函数返回一个 HttpResponse。
（6）Django 转换 HttpResponse 为一个适合的 HTTP Response，以 Web Page 显示出来。

现在弄清楚了怎么做一个 Django-powered 页面了，只需要调用相应的视图函数并用 URLconfs 把它们和 URLs 对应起来。虽然可能会认为用一系列正则表达式将 URLs 映射到函数也许会比较慢，但事实并非如此。

4.3.5 关于 Request 与 Response

前面介绍了关于 Django 请求（Request）处理的流程分析，也了解到 Django 是围绕着 Request 与 Response 进行处理，也就是"求"与"应"。

当请求一个页面时，Django 把请求的 metadata 数据包装成一个 HttpRequest 对象，然后 Django 加载合适的 view 方法，把这个 HttpRequest 对象作为第一个参数传给 view 方法。任何 view 方法都应该返回一个 HttpResponse 对象，如图 4.12 所示。

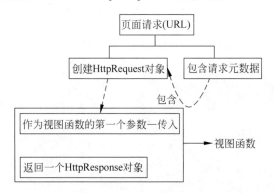

图 4.12　Request 与 Response

1. HttpRequest

HttpRequest 对象表示来自某客户端的一个单独的 HTTP 请求。HttpRequest 对象是 Django 自动创建的。

它的属性有很多，可以参考 DjangoBook，比较常用的有以下几个。

（1）method 请求方法，如：

```
if request.method == "POST":
    ...
elif request.mehtod == "GET":
    ...
```

（2）类字典对象 GET、POST。

（3）COOKIES，字典形式。

（4）user。一个 django.contrib.auth.models.User 对象表示当前登录用户,若当前用户尚未登录,user 会设为 django.contrib.auth.models.AnonymousUser 的一个实例。可以将它们与 is_authenticated()区分开:

```
if request.user.is_authenticated():
    ...
else:
    ...
```

（5）session,字典形式。

（6）request.META。request.META 是一个 Python 字典,包含了所有本次 HTTP 请求的 Header 信息,如用户 IP 地址和用户 Agent(通常是浏览器的名称和版本号)。注意,Header 信息的完整列表取决于用户所发送的 Header 信息和服务器端设置的 Header 信息。这个字典中几个常见的键值如下。

① HTTP_REFERRER：进站前链接网页。

② HTTP_USER_AGENT：用户浏览器的 user-agent 字符串,例如:

```
"Mozilla/5.0 (X11; U; Linux i686; fr-FR; rv:1.8.1.17) Gecko/20080829 Firefox/2.0.0.17"
```

③ REMOTE_ADDR：客户端 IP,如"12.345.67.89"(如果申请是经过代理服务器,那么它可能是以逗号分隔的多个 IP 地址,如"12.345.67.89,23.456.78.90")。

```
...
def request_test(request):
    context = {}
    try:
        http_referer = request.META['HTTP_REFERRER']
        http_user_agent = request.META['HTTP_USER_AGENT']
        remote_addr = request.META['REMOTE_ADDR']
        return HttpResponse('[http_user_agent]:%s,[remote_addr] = %s' % (http_user_agent, remote_addr))
    except Exception, e:
        return HttpResponse("Error:%s" % e)
```

注意：GET、POST 属性都是 django.http.QueryDict 的实例,在 DjangoBook 文件中可具体了解。

2. HttpResponse

Request 和 Response 对象起到了服务器与客户机之间的信息传递作用。Request 对象用于接收客户端浏览器提交的数据,而 Response 对象的功能则是将服务器端的数据发送到客户端浏览器。例如,在 view 层,一般都是以下列代码结束一个 def:

```
return HttpResponse(html)
return render_to_response('nowamagic.html', {'data': data})
```

对于 HttpRequest 对象来说,是由 Django 自动创建的,但是 HttpResponse 对象就必须由用户自己创建。每个 view 方法必须返回一个 HttpResponse 对象,HttpResponse 类在 django.http.HttpResponse 文件中。

3. 构造 HttpRequest

HttpResponse 类存在于 django.http.HttpResponse,以字符串的形式传递给页面。一般来说,可以通过给 HttpResponse 的构造函数传递字符串表示的页面内容来构造 HttpResponse 对象:

```
>>> response = HttpResponse("Welcome to nowamagic.net.")
>>> response = HttpResponse("Text only, please.", mimetype = "text/plain")
```

但是如果想要增量添加内容,可以把 response 当作 filelike 对象使用:

```
>>> response = HttpResponse()
>>> response.write("<p>Welcome to nowamagic.net.</p>")
>>> response.write("<p>Here's another paragraph.</p>")
```

也可以给 HttpResponse 传递一个 iterator 作为参数,而不用传递硬编码字符串。如果用户使用这种技术,下面是需要注意的一些事项。

(1) iterator 应该返回字符串。

(2) 如果 HttpResponse 使用 iterator 进行初始化,就不能把 HttpResponse 实例作为 filelike 对象使用,这样做将会抛出异常。

(3) 最后,HttpResponse 实现了 write()方法,可以在任何需要 filelike 对象的地方使用 HttpResponse 对象。

4. 设置 Headers

可以使用字典语法添加、删除 headers:

```
>>> response = HttpResponse()
>>> response['X-DJANGO'] = "It's the best."
>>> del response['X-PHP']
>>> response['X-DJANGO']
"It's the best."
```

5. HttpResponse 子类

HttpResponse 子类主要是对一些 404、500 等错误页面的处理,如表 4.4 所示。

表 4.4 HttpResponse 子类

子 类	描 述
HttpResponseRedirect	构造函数接受单个参数:重定向到的 URL,可以是全 URL(e.g., 'http://search.yahoo.com/')或者相对 URL(e.g., '/search/')。注意:这将返回 HTTP 状态码 302
HttpResponsePermanentRedirect	同 HttpResponseRedirect 一样,但是返回永久重定向(HTTP 状态码 301)

续表

子 类	描 述
HttpResponseNotModified	构造函数不需要参数：Use this to designate that a page hasn't been modified since the user's last request
HttpResponseBadRequest	返回 400 status code
HttpResponseNotFound	返回 404 status code
HttpResponseForbidden	返回 403 status code
HttpResponseNotAllowed	返回 405 status code，它需要一个必需的参数：一个允许的方法 list (e.g., ['GET', 'POST'])
HttpResponseGone	返回 410 status code
HttpResponseServerError	返回 500 status code

当然，也可以自己定义不包含在表 4.4 中的 HttpResponse 子类。

4.3.6 动态视图内容

之前的 Hello World 视图是用来演示基本的 Django 是如何工作的，但是它不是一个动态网页的示例，因为网页的内容一直是一样的，每次去查看/hello/，将会看到相同的内容，它类似一个静态 HTML 文件。

接下来的第二个视图，将更多地添加一些动态的内容例如当前日期和时间显示在网页上，因为它不引入数据库或者任何用户的输入，仅仅是输出显示服务器的内部时钟。

这个视图需要做两件事情：计算当前日期和时间，并返回包含这些值的 HttpResponse。如果读者对 Python 很有经验，那肯定知道在 Python 中需要利用 datetime 模块去计算时间，下面演示如何去使用它：

```
>>> import datetime
>>> now = datetime.datetime.now()
>>> now
datetime.datetime(2008, 12, 13, 14, 9, 39, 2731)
>>> print now
2008-12-13 14:09:39.002731
```

以上代码很简单，并没有涉及 Django，它仅仅是 Python 代码。需要强调的是，应该意识到哪些是纯 Python 代码，哪些是 Django 特性代码。因为学习了 Django，应该能够将 Django 的知识应用在那些不一定需要使用 Django 的项目上。

为了让 Django 视图显示当前日期和时间，仅需要把语句"datetime.datetime.now()"放入视图函数，然后返回一个 HttpResponse 对象即可。代码如下：

```
from django.http import HttpResponse
import datetime
def current_datetime(request):
    now = datetime.datetime.now()
    html = "<html><body>It is now %s.</body></html>" % now
    return HttpResponse(html)
```

正如之前的 hello 函数一样，这个函数也保存在 views.py 文件中。为了简洁，上面隐藏了 hello 函数。下面是完整的 view.py 文件内容：

```python
from django.http import HttpResponse
import datetime
def hello(request):
    return HttpResponse("Hello world")
def current_datetime(request):
    now = datetime.datetime.now()
    html = "<html><body>It is now %s.</body></html>" % now
    return HttpResponse(html)
```

接下来分析一下改动后的 views.py。

（1）在文件顶端，添加了一条语句"import datetime"，这样就可以计算日期了。

（2）函数中的第一行代码计算当前日期和时间，并以 datetime.datetime 对象的形式保存为局部变量 now。

（3）函数的第二行代码用 Python 的格式化字符串（format-string）功能构造了一段 HTML 响应。字符串中的%s 是占位符，字符串后面的百分号表示用它后面的变量 now 的值来代替%s，变量%s 是一个 datetime.datetime 对象。它虽然不是一个字符串，但是%s（格式化字符串）会把它转换成字符串，如"2008-12-13 14:09:39.002731"，这将导致 HTML 的输出字符串为"It is now 2008-12-13 14:09:39.002731"。

（4）正如刚才编写的 hello 函数一样，视图返回一个 HttpResponse 对象，它包含生成的响应。

添加上述代码之后，还要在 urls.py 中添加 URL 模式，以告诉 Django 由哪一个 URL 来处理这个视图。用/time/之类的字符易于理解：

```python
from django.conf.urls.defaults import *
from mysite.views import hello, current_datetime

urlpatterns = patterns('',
    url('^hello/$', hello),
    url('^time/$', current_datetime),
)
```

这里要修改两个地方，首先在顶部导入 current_datetime 函数；其次添加 URL 模式来映射 URL 中的/time/和新视图。

编写好视图并且更新 URLconf 之后，运行命令 python manage.py runserver 以启动服务，在浏览器中输入"http://127.0.0.1:8000/time/"，将可以看到当前的日期和时间。

4.3.7 动态 URL

在上面的 current_datetime 视图示例中，尽管内容是动态的，但是 URL（/time/）是静态的。在大多数动态 Web 应用程序，URL 通常都包含有相关的参数。举个例子，一家在线书店会为每一本书提供一个 URL，如/books/243/、/books/81196/。

下面创建第三个视图来显示当前时间和加上时间偏差量的时间，设计是这样的：/time/plus/1/显示当前时间＋1个小时的页面，/time/plus/2/显示当前时间＋2个小时的页面，/time/plus/3/显示当前时间＋3个小时的页面，以此类推。

新手可能会考虑编写不同的视图函数来处理每个时间偏差量，URL配置看起来就像这样：

```
urlpatterns = patterns('',
    url('^time/$', current_datetime),
    url('^time/plus/1/$', one_hour_ahead),
    url('^time/plus/2/$', two_hours_ahead),
    url('^time/plus/3/$', three_hours_ahead),
    url('^time/plus/4/$', four_hours_ahead),
)
```

很明显，这样处理是不太妥当的。不但有很多冗余的视图函数，而且整个应用也被限制了只支持预先定义好的时间段，如2小时、3小时，或者4小时。如果哪天要实现5小时，就不得不再单独创建新的视图函数和配置 URL，既重复又混乱。为此需要在这里做一点抽象，提取一些共同的数据出来。

如果有其他 Web 平台的开发经验（如 PHP 或 Java），可能会用查询字符串参数的方法，就像/time/plus?hours=3里面的小时应该在查询字符串中被参数 hours 指定（问号后面的是参数）。在 Django 中也可以这样做，但是 Django 的一个核心理念就是 URL 必须看起来"漂亮"。URL/time/plus/3/更加清晰、更简单，也更有可读性，因为它是纯文本，没有查询字符串那么复杂，"漂亮"的 URL 就像是高质量的 Web 应用的一个标志。

Django 的 URL 配置系统可以使用户很容易地设置漂亮的 URL，而尽量不要考虑它的缺点。那么，如何设计程序来处理任意数量的时差？答案是：使用通配符（wildcard URLpatterns）。正如之前提到过，一个 URL 模式就是一个正则表达式，因此这里可以使用"\d+"来匹配一个以上的数字。

```
urlpatterns = patterns('',
    # ...
    url(r'^time/plus/\d+/$', hours_ahead),
    # ...
)
```

这里使用"#…"来表示省略了其他可能存在的 URL 模式定义。

这个 URL 模式将匹配类似/time/plus/2/、/time/plus/25/，甚至/time/plus/100000000000/的任何 URL。更进一步，把它限制在最大允许99个小时，这样就只允许一个或两个数字，正则表达式的语法就是\d{1,2}：

```
url(r'^time/plus/\d{1,2}/$', hours_ahead),
```

现在已经设计了一个带通配符的 URL，还需要一个方法把它传递到视图函数，这样只用一个视图函数就可以处理所有的时间段了。接下来使用圆括号把参数在 URL 模式里标识出来。在这个示例中,想要把这些数字作为参数,用圆括号把\d{1,2}括起来:

```
url(r'^time/plus/(\d{1,2})/$', hours_ahead),
```

如果熟悉正则表达式,那么应该已经了解,正则表达式也是用圆括号来从文本里提取数据的。

最终的 URLconf 包含上面两个视图,如:

```
from django.conf.urls import patterns, include, url
from mysite.views import hello, current_datetime, hours_ahead

urlpatterns = patterns('',
    url(r'^hello/$', hello),
    url(r'^time/$', current_datetime),
    url(r'^time/plus/(\d{1,2})/$', hours_ahead),
)
```

现在开始编写 hours_ahead 视图。

下面示例中,先编写了 URLpattern,然后编写视图,但是在前面的示例中,先编写了视图,然后编写 URLpattern。那么哪一种方式比较好? 如果喜欢从总体上来把握事物类型的开发者,应该会在项目开始的时候就写下所有的 URL 配置。如果是一个自底向上的开发者,可能更喜欢先编写视图,然后把它们挂接到 URL 上。这同样是可以的,取决于开发者喜欢哪种技术。hours_ahead 和 current_datetime 很类似,关键的区别在于:它多了一个额外参数——时间差。以下是 view 代码:

```
from django.http import Http404, HttpResponse
import datetime

def hours_ahead(request, offset):
    try:
        offset = int(offset)
    except ValueError:
        raise Http404()
    dt = datetime.datetime.now() + datetime.timedelta(hours=offset)
    html = "<html><body>In %s hour(s), it will be %s.</body></html>" % (offset, dt)
    return HttpResponse(html)
```

接下来逐行分析一下代码。

(1) 视图函数 hours_ahead ,有两个参数:request 和 offset。

(2) request 是一个 HttpRequest 对象,就像在 current_datetime 中一样,每一个视图总是以一个 HttpRequest 对象作为它的第一个参数。

(3) offset 是从匹配的 URL 里提取出来的。例如,如果请求 URL 是/time/plus/3/,那么 offset 将会是 3;如果请求 URL 是/time/plus/21/,那么 offset 将会是 21。

注意:捕获值永远都是字符串(string)类型,而不会是整数(integer)类型,即使这个字符串全由数字构成(如"21")。

在这里命名变量为 offset,也可以任意命名它,只要符合 Python 的语法。变量名是无关紧要的,重要的是它的位置,它是这个函数的第二个参数(在 request 的后面),还可以使用关键字来定义它。在这个函数中要做的第一件事情就是在 offset 上调用 int(),这会把这个字符串值转换为整数。如果在一个不能转换成整数类型的值上调用 int(),Python 将抛出一个 ValueError 异常,如 int('foo')。在这个示例中,如果遇到 ValueError 异常,将转为抛出 django.http.Http404 异常(提示信息:页面不存在)。机灵的读者可能会问:在 URL 模式中用正则表达式(d{1,2})约束它,仅接受数字怎么样?这样无论如何,offset 都是由数字构成的。答案是:不会这么做,因为 URLpattern 提供的是"适度但有用"级别的输入校验。万一这个视图函数被其他方式调用,仍需自行检查 ValueError。实践证明,在实现视图函数时,不臆测参数值的做法是比较好的。

(4) dt=datetime.datetime.now()+datetime.timedelta.Chours=offset)语句是计算当前日期/时间,然后加上适当的小时数。在 current_datetime 视图中,已经见过 datetime.datetime.now()。这里新的概念是执行日期/时间的算术操作,需要创建一个 datetime.timedelta 对象和增加一个 datetime.datetime 对象,结果保存在变量 dt 中。这一行还说明了,为什么在 offset 上调用 int(),datetime.timedelta 函数要求 hours 参数必须为整数类型。这行和前面的那行的一个微小差别就是,它使用带有两个值的 Python 的格式化字符串功能,而不仅仅是一个值。因此,在字符串中有两个%s 符号和一个以进行插入的值的元组(offset, dt)。

(5) 最终返回一个 HTML 的 HttpResponse。

4.4 模板(Template)

之前在视图的示例中返回文本的方式有点特别,也就是说,HTM 被直接硬编码在 Python 代码之中。

```
def current_datetime(request):
    now = datetime.datetime.now()
    html = "<html><body>It is now %s.</body></html>" % now
    return HttpResponse(html)
```

尽管这种技术便于解释视图是如何工作的,但直接将 HTML 硬编码到视图里却并不是一个好主意。

对页面设计进行的任何改变都必须对 Python 代码进行相应的修改。站点设计的修改往往比底层 Python 代码的修改要频繁得多,因此如果可以在不进行 Python 代码修改的情况下变更设计,那将会方便得多。

Python 代码编写和 HTML 设计是两项不同的工作,大多数专业的网站开发环境都将它们分配给不同的人员(甚至不同部门)来完成。设计者和 HTML/CSS 的编码人员不应该被要求去编辑 Python 的代码来完成他们的工作。

程序员编写 Python 代码和设计人员制作模板两项工作同时进行的效率是最高的,远胜于让一个人等待另一个人完成对某个既包含 Python 又包含 HTML 的文件的编辑工作。

基于这些原因,将页面的设计和 Python 的代码分离开会更简洁、更容易维护。可以使用 Django 的模板系统(Template System)来实现这种模式,这就是本节要具体讨论的问题。

4.4.1 模板系统基本知识

模板是一个文本,用于分离文档的表现形式和内容,模板定义了占位符以及各种用于规范文档该如何显示的各部分基本逻辑(模板标签)。模板通常用于产生 HTML,但是 Django 的模板也能产生任何基于文本格式的文档。

下面从一个简单的示例模板开始。该模板描述了一个向某个与公司签单人员致谢 HTML 页面。可将其视为一个格式信函:

```html
<html>
<head><title>Ordering notice</title></head>
<body>
<h1>Ordering notice</h1>
<p>Dear {{ person_name }},
</p>
<p>Thanks for placing an order from {{ company }}. It's scheduled to
ship on {{ ship_date|date:"F j, Y" }}.
</p>
<p>Here are the items you've ordered:
</p>
<ul>
{% for item in item_list %}
    <li>{{ item }}</li>
{% endfor %}
</ul>
{% if ordered_warranty %}
    <p>Your warranty information will be included in the packaging.</p>
{% else %}
    <p>You didn't order a warranty, so you're on your own when
    the products inevitably stop working.</p>
{% endif %}
<p>Sincerely,<br />{{ company }}</p>
</body>
</html>
```

该模板是一段添加了一些变量和模板标签的基础 HTML,下面来分析一下。

用两个大括号括起来的文字(如{{ person_name }})称为变量(variable),这意味着在此处插入指定变量的值。如何指定变量的值呢?稍后就会说明。

被大括号和百分号包围的文本(如{% if ordered_warranty %})是模板标签(template tag)。标签(tag)定义比较明确,即仅通知模板系统完成某些工作的标签。

这个示例中的模板包含一个 for 标签（{% for item in item_list %}）和一个 if 标签（{% if ordered_warranty %}）。

for 标签类似 Python 的 for 语句，可以循环访问序列里的每一个项目。if 标签是用来执行逻辑判断的，在这里 tag 标签检查 ordered_warranty 值是否为 True。如果是 True，模板系统将显示{% if ordered_warranty %}和{% else %}之间的内容；否则将显示{% else %}和{% endif %}之间的内容。{% else %}是可选的。

最后，这个模板的第二段中有一个关于 filter 过滤器的示例，它是一种最便捷的转换变量输出格式的方式。例如，这个示例中的{{ ship_date|date:"F j, Y" }}，将变量 ship_date 传递给 date 过滤器，同时指定参数"F j, Y"，date 过滤器根据参数进行格式输出。过滤器是用管道符(|)来调用的，具体可以参见 UNIX 管道符。

4.4.2 如何使用模板系统

深入研究模板系统就会明白它是如何工作的，但暂不打算将它与先前创建的视图结合在一起，因为现在的目的是了解它是如何独立工作的。换言之，通常会将模板和视图一起使用，但是现在只是想突出模板系统是一个 Python 库，可以在任何地方使用它，而不仅仅是在 Django 视图中。

在 Python 代码中使用 Django 模板的最基本方式如下。

可以用原始的模板代码字符串创建一个 Template 对象，Django 同样支持用指定模板文件路径的方式来创建 Template 对象。

调用模板对象的 render 方法，并且传入一套变量 context。它将返回一个基于模板的展现字符串，模板中的变量和标签会被 context 值替换。

代码如下：

```
>>> from django import template
>>> t = template.Template('My name is {{ name }}.')
>>> c = template.Context({'name': 'Adrian'})
>>> print t.render(c)
My name is Adrian.
>>> c = template.Context({'name': 'Fred'})
>>> print t.render(c)
My name is Fred.
```

下面来分析一下代码。

创建一个 Template 对象最简单的方法就是直接实例化它。Template 类就在 django.template 模块中，构造函数接受一个参数，原始模板代码，转到 project 目录（在之前由 django-admin.py startproject 命令创建），输入命令 python manage.py shell 启动交互界面。

如果使用过 Python，一定会好奇，为什么运行 python manage.py shell 而不是 python？这两个命令都会启动交互解释器，但是 manage.py shell 命令有一个重要的不同：在启动解释器之前，它告诉 Django 使用哪个设置文件。Django 框架的大部分子系统，包括模板系统，都依赖于配置文件；如果 Django 不知道使用哪个配置文件，这些系统将不能工作。

Django 搜索 DJANGO_SETTINGS_MODULE 环境变量,它被设置在 settings.py 中。例如,假设 mysite 在 Python 搜索路径中,那么 DJANGO_SETTINGS_MODULE 应该被设置为'mysite.settings'。

当运行 python manage.py shell 命令时,它将自动帮用户处理 DJANGO_SETTINGS_MODULE。在当前的这些示例中,鼓励使用"python manage.py shell"这个方法,这样可以免去配置那些不熟悉的环境变量。

随着越来越熟悉 Django,可能不会偏向于使用"manage.py shell",而是在配置文件 bash_profile 中手动添加 DJANGO_SETTINGS_MODULE 这个环境变量。

下面来了解一些模板系统的基本知识:

```
>>> from django.template import Template
>>> t = Template('My name is {{ name }}.')
>>> print t
```

如果输入这样的命令,将会看到下面的内容:

```
<django.template.Template.base object at 0xb7d5f24c>
```

0xb7d5f24c 每次都会不一样,这只是 Python 运行时 Template 对象的 ID。

当创建一个 Template 对象时,模板系统在内部编译这个模板到内部格式,并做优化,做好渲染的准备。如果模板语法有错误,那么在调用 Template()时就会抛出 TemplateSyntaxError 异常:

```
>>> from django.template import Template
>>> t = Template('{% notatag %}')
Traceback (most recent call last):
  File "<stdin>", line 1, in ?
  ...
django.template.TemplateSyntaxError: Invalid block tag: 'notatag'
```

这里块标签(block tag)指向的是"{% notatag %}",块标签与模板标签是同义的。

系统会在下面的情形抛出 TemplateSyntaxError 异常。

(1) 无效的 tags。
(2) 标签的参数无效。
(3) 无效的过滤器。
(4) 过滤器的参数无效。
(5) 无效的模板语法。
(6) 未封闭的块标签(针对需要封闭的块标签)。

4.4.3 模板渲染

一旦创建一个 Template 对象,可以用 context 来传递数据给它,一个 context 是一系列变量和它们值的集合。

context 在 Django 中表现为 Context 类,在 django.template 模块中,它的构造函数带有一个可选的参数:一个字典映射变量和它们的值。调用 Template 对象的 render()方法并传递 context 来填充模板:

```
>>> from django.template import Context, Template
>>> t = Template('My name is {{ name }}.')
>>> c = Context({'name': 'Stephane'})
>>> t.render(c)
My name is Stephane.'
```

必须指出的一点是,t.render(c)返回的值是一个 Unicode 对象,不是普通的 Python 字符串,可以通过字符串前的 u 来区分。在框架中,Django 会一直使用 Unicode 对象而不是普通的字符串。如果明白这样做会带来多大便利,就可知道 Django 在后台有条不紊地做这些工作;如果不明白从中获益了什么,只需要知道 Django 对 Unicode 的支持,将让应用程序轻松地处理各式各样的字符集,而不仅仅是基本的 A~Z 英文字符。

4.4.4 字典和 Context 替换

Python 的字典数据类型就是关键字和它们值的一个映射。Context 和字典很类似,Context 还提供更多的功能。

变量名必须由英文字符开始(A~Z 或 a~z)并可以包含数字字符、下画线和小数点(小数点在这里有特别的用途,稍后会讲到),变量是大小写敏感的。

下面是编写模板并渲染的示例:

```
>>> from django.template import Template, Context
>>> raw_template = """<p>Dear {{ person_name }},</p>
...
... <p>Thanks for placing an order from {{ company }}. It's scheduled to
... ship on {{ ship_date|date:"F j, Y" }}.</p>
...
... {% if ordered_warranty %}
... <p>Your warranty information will be included in the packaging.</p>
... {% else %}
... <p>You didn't order a warranty, so you're on your own when
... the products inevitably stop working.</p>
... {% endif %}
...
... <p>Sincerely,<br />{{ company }}</p>"""
>>> t = Template(raw_template)
>>> import datetime
>>> c = Context({'person_name': 'John Smith',
...     'company': 'Outdoor Equipment',
...     'ship_date': datetime.date(2009, 4, 2),
...     'ordered_warranty': False})
```

```
>>> t.render(c)
"<p>Dear John Smith,</p>\n\n<p>Thanks for placing an order from Outdoor
Equipment. It's scheduled to\nship on April 2, 2009.</p>\n\n<p>You
didn't order a warranty, so you're on your own when\nthe products
inevitably stop working.</p>\n\n<p>Sincerely,<br />Outdoor Equipment
</p>"
```

接下来逐步来分析这段代码。

(1) 导入(import)类 Template 和 Context,它们都在模块 django.template 中。把模板原始文本保存到变量 raw_template,这里注意到使用了3个引号来标识这些文本,因为这样可以包含多行。

(2) 创建了一个模板对象 t,把 raw_template 作为 Template 类构造函数的参数。从 Python 的标准库导入 datetime 模块,以后将会使用它。

(3) 创建一个 Context 对象 c。Context 构造的参数是 Python 字典数据类型,在这里指定参数 person_name 的值是 'John Smith'、参数 company 的值为 'Outdoor Equipment'等。

(4) 在模板对象上调用 render()方法,传递 context 参数给它。这是返回渲染后的模板的方法,它会替换模板变量为真实的值和执行块标签。

如果读者是 Python 初学者,可能在想为什么输出中有回车换行的字符('\n')而不是显示回车换行?因为这是 Python 交互解释器的缘故:调用 t.render(c)返回字符串,解释器默认显示这些字符串的真实内容呈现,而不是打印这个变量的值。要显示换行而不是'\n',使用 print 语句:

```
print t.render(c)
```

这就是使用 Django 模板系统的基本规则:写模板,创建 Template 对象,创建 Context,调用 render()方法。

4.4.5 深度变量的查找

在到目前为止的示例中,通过 context 传递的简单参数值主要是字符串,还有一个 datetime.date 范例。然而,模板系统能够非常简洁地处理更加复杂的数据结构,如 list、dictionary 和自定义的对象。

在 Django 模板中遍历复杂数据结构的关键是句点字符(.)。

例如,假设要向模板传递一个 Python 字典。要通过字典键访问该字典的值,可使用一个句点:

```
>>> from django.template import Template, Context
>>> person = {'name': 'Sally', 'age': '43'}
>>> t = Template('{{ person.name }} is {{ person.age }} years old.')
>>> c = Context({'person': person})
>>> t.render(c)
u'Sally is 43 years old.'
```

同样，也可以通过句点来访问对象的属性。例如，Python 的 datetime.date 对象有 year、month 和 day 几个属性，可以在模板中使用句点来访问这些属性：

```
>>> from django.template import Template, Context
>>> import datetime
>>> d = datetime.date(1993, 5, 2)
>>> d.year
1993
>>> d.month
5
>>> d.day
2
>>> t = Template('The month is {{ date.month }} and the year is {{ date.year }}.')
>>> c = Context({'date': d})
>>> t.render(c)
u'The month is 5 and the year is 1993.'
```

这个示例使用了一个自定义的类，演示了通过实例变量加一点（dots）来访问它的属性，这个方法适用于任意的对象。

```
>>> from django.template import Template, Context
>>> class Person(object):
...     def __init__(self, first_name, last_name):
...         self.first_name, self.last_name = first_name, last_name
>>> t = Template('Hello, {{ person.first_name }} {{ person.last_name }}.')
>>> c = Context({'person': Person('John', 'Smith')})
>>> t.render(c)
u'Hello, John Smith.'
```

句点语法也可以用来引用对象的方法。例如，每个 Python 字符串都有 upper() 和 isdigit() 方法，在模板中可以使用同样的句点语法来调用它们：

```
>>> from django.template import Template, Context
>>> t = Template('{{ var }} -- {{ var.upper }} -- {{ var.isdigit }}')
>>> t.render(Context({'var': 'hello'}))
u'hello -- HELLO -- False'
>>> t.render(Context({'var': '123'}))
u'123 -- 123 -- True'
```

注意：这里调用方法时并没有使用圆括号而且也无法给该方法传递参数；只能调用不需要参数的方法。

最后，句点也可用于访问列表索引，例如：

```
>>> from django.template import Template, Context
>>> t = Template('Item 2 is {{ items.2 }}.')
>>> c = Context({'items': ['apples', 'bananas', 'carrots']})
>>> t.render(c)
u'Item 2 is carrots.'
```

不允许使用负数列表索引,像{{ items.-1 }}这样的模板变量将会引发"TemplateSyntaxError"。

1. Python 列表类型

Python 的列表是从 0 开始索引,第一项的索引是 0,第二项的是 1,以此类推。句点查找规则可概括为:当模板系统在变量名中遇到点时,按照以下顺序尝试进行查找。

(1) 字典类型查找(如 foo["bar"])。

(2) 属性查找(如 foo.bar)。

(3) 方法调用(如 foo.bar())。

(4) 列表类型索引查找(如 foo[bar])。

句点查找可以多级深度嵌套。例如,在下面这个示例中{{person.name.upper}}会转换成字典类型查找(person['name']),然后是方法调用(upper()):

```
>>> from django.template import Template, Context
>>> person = {'name': 'Sally', 'age': '43'}
>>> t = Template('{{ person.name.upper }} is {{ person.age }} years old.')
>>> c = Context({'person': person})
>>> t.render(c)
u'SALLY is 43 years old.'
```

2. 方法调用行为

方法调用比其他类型的查找略为复杂一点。以下是一些注意事项。

在方法查找过程中,如果某方法抛出一个异常,除非该异常有一个 silent_variable_failure 属性并且值为 True,否则的话它将被传播。如果异常被传播,模板里的指定变量会被置为空字符串,例如:

```
>>> t = Template("My name is {{ person.first_name }}.")
>>> class PersonClass3:
...     def first_name(self):
...         raise AssertionError, "foo"
>>> p = PersonClass3()
>>> t.render(Context({"person": p}))
Traceback (most recent call last):
...
AssertionError: foo
>>> class SilentAssertionError(AssertionError):
...     silent_variable_failure = True
>>> class PersonClass4:
...     def first_name(self):
...         raise SilentAssertionError
>>> p = PersonClass4()
>>> t.render(Context({"person": p}))
'My name is .'
```

仅在方法无须传入参数时,其调用才有效;否则系统将会转移到下一个查找类型(列表索引查找)。

显然，有些方法是有副作用的，好的情况下允许模板系统访问它们，坏的情况下甚至会引发安全漏洞。例如，一个 BankAccount 对象有一个 delete() 方法。如果某个模板中包含了像{{ account.delete }}这样的标签，其中"account"又是 BankAccount 的一个实例，注意在这个模板载入时，account 对象将被删除。要防止这样的事情发生，必须设置该方法的 alters_data 函数属性：

```
def delete(self):
    # Delete the account
delete.alters_data = True
```

模板系统不会执行任何以该方式进行标记的方法。接上面的例子，如果模板文件里包含了{{ account.delete }}，对象又具有 delete() 方法，而且 delete() 有 alters_data = True 这个属性，那么在模板载入时，delete() 方法将不会被执行。

3. 处理无效变量

默认情况下，如果一个变量不存在，模板系统会把它展示为空字符串，不做任何事情来表示失败。例如：

```
>>> from django.template import Template, Context
>>> t = Template('Your name is {{ name }}.')
>>> t.render(Context())
u'Your name is .'
>>> t.render(Context({'var': 'hello'}))
u'Your name is .'
>>> t.render(Context({'NAME': 'hello'}))
u'Your name is .'
>>> t.render(Context({'Name': 'hello'}))
u'Your name is .'
```

系统静悄悄地表示失败，而不是引发一个异常，因为这通常是人为错误造成的。在这种情况下，因为变量名有错误的状况或名称，所有的查询都会失败。现实世界中，对于一个 Web 站点来说，如果仅仅因为一个小的模板语法错误而造成无法访问，这是不可接受的。

4.4.6 Context 对象的操作

大多数情况下，可以通过传递一个完全填充(full populated)的字典给 Context() 来初始化上下文(Context)。但是初始化以后，也可以使用标准的 Python 字典语法(syntax)向"上下文(Context)"对象添加或者删除条目：

```
>>> from django.template import Context
>>> c = Context({"foo": "bar"})
>>> c['foo']
'bar'
>>> del c['foo']
```

```
>>> c['foo']
Traceback (most recent call last):
  ...
KeyError: 'foo'
>>> c['newvariable'] = 'hello'
>>> c['newvariable']
'hello'
```

1. 基本的模板标签和过滤器

之前提到过,模板系统带有内置的标签和过滤器。下面提供了一个多数通用标签和过滤器的简要说明。

1) if/else 标签

{% if %}标签检查(evaluate)一个变量,如果这个变量为真(即变量存在、非空或不是布尔值假),系统会显示在{% if %}和{% endif %}之间的任何内容,例如:

```
{% if today_is_weekend %}
    <p>Welcome to the weekend!</p>
{% endif %}
```

{% else %} 标签是可选的:

```
{% if today_is_weekend %}
    <p>Welcome to the weekend!</p>
{% else %}
    <p>Get back to work.</p>
{% endif %}
```

s 在 Python 和 Django 模板系统中,以下这些对象相当于布尔值的 False。

(1) 空列表([])。
(2) 空元组(())。
(3) 空字典({})。
(4) 空字符串('')。
(5) 零值(0)。
(6) 特殊对象 None。

提示:也可以在自定义的对象中定义它们的布尔值属性(这个是 Python 的高级用法),除以上几点以外的所有对象都视为"True"。

{% if %}标签接受 and、or 或者 not 关键字来对多个变量做判断,或者对变量取反(not),例如:

```
{% if athlete_list and coach_list %}
    Both athletes and coaches are available.
{% endif %}
{% if not athlete_list %}
    There are no athletes.
```

```
{ % endif % }
{ % if athlete_list or coach_list % }
    There are some athletes or some coaches.
{ % endif % }
{ % if not athlete_list or coach_list % }
    There are no athletes or there are some coaches.
{ % endif % }
{ % if athlete_list and not coach_list % }
    There are some athletes and absolutely no coaches.
{ % endif % }
```

{% if %}标签不允许在同一个标签中同时使用 and 和 or，因为逻辑上可能模糊的，例如，如下示例是错误的：

```
{ % if athlete_list and coach_list or cheerleader_list % }
```

系统不支持用圆括号来组合比较操作。如果确实需要用到圆括号来组合表达逻辑式，考虑将它移到模板之外处理，然后以模板变量的形式传入结果，或者仅仅用嵌套的{% if %}标签替换，就像这样：

```
{ % if athlete_list % }
    { % if coach_list or cheerleader_list % }
        We have athletes, and either coaches or cheerleaders!
    { % endif % }
{ % endif % }
```

多次使用同一个逻辑操作符是没有问题的，但是不能把不同的操作符组合起来。例如，这是合法的：

```
{ % if athlete_list or coach_list or parent_list or teacher_list % }
```

并没有{% elif %}标签，请使用嵌套的"{% if %}"标签来达成同样的效果：

```
{ % if athlete_list % }
    <p>Here are the athletes: {{ athlete_list }}.</p>
{ % else % }
    <p>No athletes are available.</p>
    { % if coach_list % }
        <p>Here are the coaches: {{ coach_list }}.</p>
    { % endif % }
{ % endif % }
```

一定要用{% endif %}关闭每一个{% if %}标签。

2) for 标签

{% for %}允许在一个序列上迭代，与 Python 的 for 语句的情形类似，循环语法是"for X in Y"，Y 是要迭代的序列而 X 是在每一个特定的循环中使用的变量名称。每一次循环中，模板系统会渲染在{% for %}和{% endfor %}之间的所有内容。

例如，给定一个运动员列表 athlete_list 变量，可以使用下面的代码来显示这个列表：

```
<ul>
{% for athlete in athlete_list %}
    <li>{{ athlete.name }}</li>
{% endfor %}
</ul>
```

给标签增加一个 reversed 使得该列表被反向迭代：

```
{% for athlete in athlete_list reversed %}
...
{% endfor %}
```

可以嵌套使用{% for %}标签：

```
{% for athlete in athlete_list %}
    <h1>{{ athlete.name }}</h1>
    <ul>
    {% for sport in athlete.sports_played %}
        <li>{{ sport }}</li>
    {% endfor %}
    </ul>
{% endfor %}
```

在执行循环之前先检测列表的大小是一个通常的做法，当列表为空时输出一些特别的提示。

```
{% if athlete_list %}
    {% for athlete in athlete_list %}
        <p>{{ athlete.name }}</p>
    {% endfor %}
{% else %}
    <p>There are no athletes. Only computer programmers.</p>
{% endif %}
```

因为这种做法十分常见，所以"for"标签支持一个可选的"{% empty %}"分句，通过它可以定义当列表为空时的输出内容，下面的示例与前面的示例等价：

```
{% for athlete in athlete_list %}
    <p>{{ athlete.name }}</p>
{% empty %}
    <p>There are no athletes. Only computer programmers.</p>
{% endfor %}
```

Django 不支持退出循环操作。如果想退出循环，可以改变正在迭代的变量，让其仅仅包含需要迭代的项目。同理，Django 也不支持 continue 语句，无法让当前迭代操作跳回到循环头部。在每个"{% for %}"循环里有一个称为"forloop"的模板变量,这个变量有一些提示循环进度信息的属性。

forloop.counter 总是一个表示当前循环的执行次数的整数计数器,这个计数器是从 1 开始的,所以在第一次循环时 forloop.counter 将会被设置为 1。

```
{% for item in todo_list %}
    <p>{{ forloop.counter }}: {{ item }}</p>
{% endfor %}
```

forloop.counter0 类似于 forloop.counter,但是它是从 0 计数的,第一次执行循环时这个变量会被设置为 0。

forloop.revcounter 是表示循环中剩余项的整型变量。在循环初次执行时 forloop.revcounter 将被设置为序列中的项的总数。最后一次循环执行中,这个变量将被置 1。

forloop.revcounter0 类似于 forloop.revcounter,但它以 0 作为结束索引。在第一次执行循环时,该变量会被置为序列的项的个数减 1。

forloop.first 是一个布尔值,如果该迭代是第一次执行,在下面的情形中这个变量是很有用的:

```
{% for object in objects %}
    {% if forloop.first %}<li class="first">{% else %}<li>{% endif %}
    {{ object }}
    </li>
{% endfor %}
```

forloop.last 是一个布尔值,在最后一次执行循环时被置为 True。一个常见的用法是在一系列的链接之间放置管道符(|)。

```
{% for link in links %}{{ link }}{% if not forloop.last %} | {% endif %}{% endfor %}
```

上面的模板可能会产生如下的结果:

```
Link1 | Link2 | Link3 | Link4
```

另一个常见的用途是为列表的每个单词加上逗号。

```
Favorite places:
{% for p in places %}{{ p }}{% if not forloop.last %}, {% endif %}{% endfor %}
```

forloop.parentloop 是一个指向当前循环的上一级循环的 forloop 对象的引用(在嵌套循环的情况下)。例如:

```
{% for country in countries %}
    <table>
    {% for city in country.city_list %}
```

```
        <tr>
            <td>Country #{{ forloop.parentloop.counter }}</td>
            <td>City #{{ forloop.counter }}</td>
            <td>{{ city }}</td>
        </tr>
        {% endfor %}
    </table>
{% endfor %}
```

forloop 变量仅仅能够在循环中使用。在模板解析器碰到{% endfor %}标签后，forloop 就不可访问了。

2. Context 和 forloop 变量

在一个{% for %}块中，已存在的变量会被移除，以避免 forloop 变量被覆盖。Django 会把这个变量移动到 forloop.parentloop 中。通常设计者不用担心这个问题，但是一旦在模板中定义了 forloop 这个变量，在{% for %}块中它会在 forloop.parentloop 被重新命名。

Django 模板系统并不能实现一个全功能的编程语言，所以它不允许在模板中执行 Python 的语句。但是比较两个变量的值并且显示一些结果实在是个太常见的需求了，所以 Django 提供了{% ifequal %}标签供开发者使用。

{% ifequal %}标签比较两个值，当它们相等时，显示在{% ifequal %}和{% endifequal %}之间所有的值。下面的示例是比较两个模板变量 user 和 currentuser：

```
{% ifequal user currentuser %}
    <h1>Welcome!</h1>
{% endifequal %}
```

参数可以是硬编码的字符串，即用单引号或者双引号引起来，所以下列代码都是正确的：

```
{% ifequal section 'sitenews' %}
    <h1>Site News</h1>
{% endifequal %}
{% ifequal section "community" %}
    <h1>Community</h1>
{% endifequal %}
```

和{% if %}类似，{% ifequal %}支持可选的{% else %}标签：

```
{% ifequal section 'sitenews' %}
    <h1>Site News</h1>
{% else %}
    <h1>No News Here</h1>
{% endifequal %}
```

只有模板变量、字符串、整数和小数可以作为{% ifequal %}标签的参数。下面是合法参数的示例：

```
{% ifequal variable 1 %}
{% ifequal variable 1.23 %}
{% ifequal variable 'foo' %}
{% ifequal variable "foo" %}
```

其他任何类型,如 Python 的字典类型、列表类型、布尔类型,不能用在 {% ifequal %} 中。下面是些错误的示例:

```
{% ifequal variable True %}
{% ifequal variable [1, 2, 3] %}
{% ifequal variable {'key': 'value'} %}
```

如果需要判断变量是真还是假,请使用 {% if %} 来替代 {% ifequal %},就像 HTML 或者 Python,Django 模板语言同样提供代码注释。注释使用 {# #}:

```
{# This is a comment #}
```

注释的内容不会在模板渲染时输出,用这种语法的注释不能跨越多行,这个限制是为了提高模板解析的性能。在下面这个模板中,输出结果和模板本身是完全一样的(也就是说,注释标签并没有被解析为注释):

```
This is a {# this is not
a comment #}
test.
```

如果要实现多行注释,可以使用 "{% comment %}" 模板标签,就像这样:

```
{% comment %}
This is a
multi-line comment.
{% endcomment %}
```

3. 过滤器

就像本节前面提到的一样,模板过滤器是在变量被显示前修改它的值的一个简单方法。过滤器使用管道字符。

```
{{ name|lower }}
```

显示的内容是变量 {{ name }} 被过滤器 lower 处理后的结果,它的功能是转换文本为小写。过滤管道可以被套接,也就是说,一个过滤器管道的输出又可以作为下一个管道的输入。下面的例子实现查找列表的第一个元素并将其转化为大写。

```
{{ my_list|first|upper }}
```

有些过滤器有参数,过滤器的参数跟随冒号之后并且总是以双引号包含。例如:

```
{{ bio|truncatewords:"30" }}
```

这个将显示变量 bio 的前 30 个词。

下面 3 个是重要的过滤器的一部分。

(1) addslashes：添加反斜杠到任何反斜杠、单引号或者双引号前面，这在处理包含 JavaScript 的文本时是非常有用的。

(2) date：按指定的格式字符串参数格式化 date 或者 datetime 对象，例如：

```
{{ pub_date|date:"F j, Y" }}
```

(3) length：返回变量的长度。对于列表，这个参数将返回列表元素的个数；对于字符串，这个参数将返回字符串中字符的个数。可以对列表或者字符串，或者任何知道怎么测定长度的 Python 对象使用这个方法（也就是说，有 __len__()方法的对象）。

4.4.7 理念与局限

现在已经对 Django 的模板语言有一些认识了，接下来将指出一些特意设置的限制和为什么要这样做背后的一些设计哲学。

相对与其他的网络应用的组件，模板的语法很具主观性，因此可供程序员的选择方案也很广泛。事实上，Python 有很多的开放源码的模板语言实现。每个实现都是因为开发者认为现存的模板语言不够用（事实上，对一个 Python 开发者来说，编写一个自己的模板语言就像是某种"成人礼"一样；如果还没有完成一个自己的模板语言，应该好好考虑编写一个，这是一个非常有趣的锻炼）。

事实上，Django 并不强制要求必须使用它的模板语言，因为 Django 虽然被设计成一个 FULL-Stack 的 Web 框架，它提供了开发者所必需的所有组件，而且在大多数情况下，使用 Django 模板系统会比其他的 Python 模板库更方便，但是并不是严格要求开发者必须使用它。虽然如此，很明显，开发者对 Django 模板语言的工作方式有着强烈的偏爱。这个模板语言来源于 World Online 的开发经验和 Django 创造者们集体智慧的结晶。下面是关于它的一些设计哲学理念。

(1) 业务逻辑应该和表现逻辑相对分开。将模板系统视为控制表现及表现相关逻辑的工具，仅此而已。模板系统不应提供超出此基本目标的功能。出于这个原因，在 Django 模板中是不可能直接调用 Python 代码的，所有的编程工作基本上都被局限于模板标签的能力范围。当然，是有可能写出自定义的模板标签来完成任意工作，但这些"超范围"的 Django 模板标签有意地不允许执行任何 Python 代码。

(2) 语法不应受到 HTML/XML 的束缚。尽管 Django 模板系统主要用于生成 HTML，但它还是被有意地设计为可生成非 HTML 格式，如纯文本。一些其他的模板语言是基于 XML 的，将所有的模板逻辑置于 XML 标签与属性之中，而 Django 有意地避开了这种限制。强制要求使用有效 XML 编写模板将会引发大量的人为错误和难以理解的错误信息，而且使用 XML 引擎解析模板也会导致令人无法容忍的模板处理开销。

(3) 假定设计师精通 HTML 编码。模板系统的设计意图并不是为了让模板一定能够很好地显示在 Dreamweaver 这样的所见即所得编辑器中。这种限制过于苛刻,而且会使得语法不能像目前这样的完美。Django 要求模板创作人员对直接编辑 HTML 非常熟悉。

(4) 假定设计师不是 Python 程序员。模板系统开发人员认为:模板通常由设计师而非程序员来编写,因此不应被假定拥有 Python 开发知识。

当然,系统同样也特意地提供了对那些由 Python 程序员进行模板制作的小型团队的支持。它提供了一种工作模式,允许通过编写原生 Python 代码进行系统语法拓展。目标并不是要发明一种编程语言,而是恰到好处地提供如分支和循环这一类编程式功能,这是进行与表现相关判断的基础。

4.4.8 在视图中使用模板

在学习了模板系统的基础之后,现在让开发者使用相关知识来创建视图。重新打开在前面 mysite.views 中创建的 current_datetime 视图。以下是其内容:

```
from django.http import HttpResponse
import datetime
def current_datetime(request):
    now = datetime.datetime.now()
    html = "<html><body>It is now %s.</body></html>" % now
    return HttpResponse(html)
```

下面用 Django 模板系统来修改该视图。首先要做下面这样的修改:

```
from django.template import Template, Context
from django.http import HttpResponse
import datetime
def current_datetime(request):
    now = datetime.datetime.now()
    t = Template("<html><body>It is now {{ current_date }}.</body></html>")
    html = t.render(Context({'current_date': now}))
    return HttpResponse(html)
```

没错,它确实使用了模板系统,但是并没有解决在本节开头所指出的问题。也就是说,模板仍然嵌入在 Python 代码中,并未真正地实现数据与表现的分离。接下来将模板置于一个单独的文件中,并且让视图加载该文件来解决此问题。

可能首先考虑把模板保存在文件系统的某个位置并用 Python 内建的文件操作函数来读取文件内容。假设文件保存在 /home/djangouser/templates/mytemplate.html 中,代码就会像下面这样:

```
from django.template import Template, Context
from django.http import HttpResponse
import datetime
def current_datetime(request):
```

```
now = datetime.datetime.now()
# Simple way of using templates from the filesystem.
# This is BAD because it doesn't account for missing files!
fp = open('/home/djangouser/templates/mytemplate.html')
t = Template(fp.read())
fp.close()
html = t.render(Context({'current_date': now}))
return HttpResponse(html)
```

然而,基于以下几个原因,该方法还算不上简洁。

(1) 它没有对文件丢失的情况做出处理。如果文件 mytemplate.html 不存在或者不可读,open()函数调用将会引发 IOError 异常。

(2) 这里对模板文件的位置进行了硬编码。如果在每个视图函数都用该技术,就要不断复制这些模板的位置,更不用说还要带来大量的输入工作。

(3) 它包含了大量令人生厌的重复代码。与其在每次加载模板时都调用 open()、fp.read()和 fp.close(),还不如做出更佳选择。

为了解决这些问题,采用模板自加载与模板目录的技巧。

4.4.9 模板加载

为了减少模板加载调用过程及模板本身的冗余代码,Django 提供了一种使用方便且功能强大的 API,用于从磁盘中加载模板,要使用此模板加载 API,首先必须将模板的保存位置告诉框架。设置的保存文件就是前面讲述 ROOT_URLCONF 配置时提到的 settings.py。

打开 settings.py 配置文件,找到 TEMPLATE_DIRS 这项设置,它的默认设置是一个空元组(tuple),加上一些自动生成的注释。

```
TEMPLATE_DIRS = (
    # Put strings here, like "/home/html/django_templates" or "C:/www/django/templates".
    # Always use forward slashes, even on Windows.
    # Don't forget to use absolute paths, not relative paths.
)
```

该设置告诉 Django 的模板加载机制在哪里查找模板。选择一个目录用于存放模板并将其添加到 TEMPLATE_DIRS 中:

```
TEMPLATE_DIRS = (
    '/home/django/mysite/templates',
)
```

下面是一些注意事项。

(1) 可以任意指定想要的目录,只要运行 Web 服务器的用户可以读取该目录的子目录和模板文件。如果实在想不出合适的位置来放置模板,建议在 Django 项目中创建一个

templates 目录。

(2) 如果 TEMPLATE_DIRS 只包含一个目录，别忘了在该目录后加上个逗号。

```
Bad:
# Missing comma!
TEMPLATE_DIRS = (
    '/home/django/mysite/templates'
)
Good:
# Comma correctly in place.
TEMPLATE_DIRS = (
    '/home/django/mysite/templates',
)
```

(3) Python 要求单元素元组中必须使用逗号，以此消除与圆括号表达式之间的歧义，这是新手常犯的错误。如果使用的是 Windows 平台，请包含驱动器符号并使用 UNIX 风格的斜杠(/)而不是反斜杠(\)，就像下面这样：

```
TEMPLATE_DIRS = (
    'C:/www/django/templates',
)
```

(4) 最省事的方式是使用绝对路径(即从文件系统根目录开始的目录路径)。如果想要更灵活一点并减少一些负面干扰，可利用 Django 配置文件就是 Python 代码这一点来动态构建 TEMPLATE_DIRS 的内容，例如：

```
import os.path
TEMPLATE_DIRS = (
    os.path.join(os.path.dirname(__file__), 'templates').replace('\\','/'),
)
```

这个例子使用了 Python 内部变量 __file__，该变量被自动设置为代码所在的 Python 模块文件名。"os.path.dirname(__file__)" 将会获取自身所在的文件，即 settings.py 所在的目录，然后由 os.path.join 这个方法将这目录与 templates 进行连接。如果在 Windows 下，它会智能地选择正确的后向斜杠"\"进行连接，而不是前向斜杠"/"。

在这里面对的是动态语言 Python 代码，需要提醒的是，不要在设置文件中写入错误的代码，这很重要。如果在这里引入了语法错误或运行错误，Django-powered 站点将很可能就要被崩溃掉。

完成 TEMPLATE_DIRS 设置后，下一步就是修改视图代码，让它使用 Django 模板加载功能而不是对模板路径硬编码。返回 current_datetime 视图，进行如下修改：

```
from django.template.loader import get_template
from django.template import Context
from django.http import HttpResponse
```

```python
import datetime
def current_datetime(request):
    now = datetime.datetime.now()
    t = get_template('current_datetime.html')
    html = t.render(Context({'current_date': now}))
    return HttpResponse(html)
```

此示例中，使用了函数django.template.loader.get_template()，而不是手动从文件系统加载模板。该get_template()函数以模板名称为参数，在文件系统中找出模块的位置，打开文件并返回一个编译好的Template对象。在这个示例中，选择的模板文件是current_datetime.html，但这个与.html后缀没有直接的联系。可以选择任意后缀的任意文件，只要是符合逻辑的都行，甚至选择没有后缀的文件也不会有问题。

要确定某个模板文件在系统中的位置，get_template()方法会自动连接已经设置的TEMPLATE_DIRS目录和传入该法的模板名称参数。例如，TEMPLATE_DIRS目录设置为'/home/django/mysite/templates'，上面的get_template()调用就会找到/home/django/mysite/templates/current_datetime.html这样一个位置。

如果get_template()找不到给定名称的模板，将会引发一个TemplateDoesNotExist异常。要了解究竟会发生什么，之前的内容中，在Django项目目录中运行python manage.py runserver命令，再次启动Django开发服务器。接着，告诉浏览器，使其定位到指定页面以激活current_datetime视图（如http://127.0.0.1:8000/time/）。假设DEBUG项设置为True，而又没有建立current_datetime.html这个模板文件，会看到Django的错误提示网页，提示发生了TemplateDoesNotExist错误。

Screenshot of a TemplateDoesNotExist error.

模板文件无法找到时，将会发送提示错误的网页给用户。该页面与在第3章解释过的错误页面相似，只不过多了一块调试信息区：模板加载器事后检查区。该区域显示Django要加载哪个模板、每次尝试出错的原因（如文件不存在等）。当尝试调试模板加载错误时，这些信息会非常有帮助。

接下来在模板目录中创建包括以下模板代码current_datetime.html文件：

`<html><body>It is now {{ current_date }}.</body></html>`

在网页浏览器中刷新该页，将会看到完整解析后的页面。

render_to_response()

已经知道如何载入一个模板文件，然后用Context渲染它，最后返回这个处理好的HttpResponse对象给用户。这里已经优化了方案，使用get_template()方法代替繁杂的用代码来处理模板及其路径的工作，但这仍然需要输入这些简化的代码。Django为此提供了一个捷径，可一次性地载入某个模板文件，渲染它，然后将此作为HttpResponse返回。

该捷径就是位于django.shortcuts模块中名为render_to_response()的函数。大多数

情况下,会使用"\"对象。

```
System Message: WARNING/2 (<string>, line 1736); backlink
Inline literal start-string without end-string.
System Message: WARNING/2 (<string>, line 1736); backlink
Inline literal start-string without end-string.
System Message: WARNING/2 (<string>, line 1736); backlink
Inline literal start-string without end-string.
```

下面就是使用 render_to_response() 重新编写过的 current_datetime 示例。

```python
from django.shortcuts import render_to_response
import datetime
def current_datetime(request):
    now = datetime.datetime.now()
    return render_to_response('current_datetime.html', {'current_date': now})
```

这样就大变样了,下面来逐句看看代码发生的变化。

不再需要导入 get_template、Template、Context 和 HttpResponse,相反导入 django.shortcuts.render_to_response,import datetime 继续保留。

在 current_datetime 函数中,仍然进行 now 计算,但模板加载、上下文创建、模板解析和 HttpResponse 创建工作均在对 render_to_response() 的调用中完成了。由于 render_to_response() 返回 HttpResponse 对象,因此仅需在视图中 return 该值。

render_to_response() 的第一个参数必须是要使用的模板名称。如果要给定第二个参数,那么该参数必须是为该模板创建 Context 时所使用的字典。如果不提供第二个参数,render_to_response() 使用一个空字典。

4.4.10 locals()技巧

下面思考一下对 current_datetime 的最后一次赋值:

```python
def current_datetime(request):
    now = datetime.datetime.now()
    return render_to_response('current_datetime.html', {'current_date': now})
```

很多时候,就像在这个示例中那样,发现自己一直在计算某个变量,保存结果到变量中(如前面代码中的 now),然后将这些变量发送给模板。尤其喜欢偷懒的程序员应该注意到了,不断地为临时变量和临时模板命名不仅多余,而且需要额外的输入。如果是喜欢偷懒的程序员并想让代码看起来更加简明,可以利用 Python 的内建函数 locals()。它返回的字典对所有局部变量的名称与值进行映射。因此,前面的视图可以重写为:

```python
def current_datetime(request):
    current_date = datetime.datetime.now()
    return render_to_response('current_datetime.html', locals())
```

在此，没有像之前那样手工指定 context 字典，而是传入了 locals() 的值，它囊括了函数执行到该时间点时所定义的一切变量。因此，将 now 变量重命名为 current_date，因为那才是模板所预期的变量名称。在本例中，locals() 并没有带来多大的改进，但是如果有多个模板变量需要界定而程序员又想偷懒，这种技术可以减少一些键盘输入。

使用 locals() 时需要注意的是它将包括所有的局部变量，它们可能比程序员想让模板访问的要多。在前例中，locals() 还包含了 request，对此如何取舍取决于程序员的应用程序。

在 get_template() 中使用子目录。

把所有的模板都存放在一个目录下可能会让事情变得难以掌控，可以考虑把模板存放在模板目录的子目录中。事实上，推荐这样做，一些 Django 的高级特性的默认约定就是期望使用这种模板布局。把模板存放于模板目录的子目录中是件很轻松的事情，只需在调用 get_template() 时，把子目录名和一条斜杠添加到模板名称之前，如：

```
t = get_template('dateapp/current_datetime.html')
```

由于 render_to_response() 只是对 get_template() 的简单封装，可以对 render_to_response() 的第一个参数做相同处理。

```
return render_to_response('dateapp/current_datetime.html', {'current_date': now})
```

对子目录树的深度没有限制，但注意 Windows 用户必须使用斜杠而不是反斜杠。get_template() 假定的是 UNIX 风格的文件名符号约定。

4.4.11 include 模板标签

在讲解了模板加载机制之后，再介绍一个利用该机制的内建模板标签：{% include %}。该标签允许（在模板中）包含其他的模板的内容。标签的参数是所要包含的模板名称，可以是一个变量，也可以是用单/双引号硬编码的字符串。每当在多个模板中出现相同的代码时，就应该考虑是否要使用{% include %}来减少重复。下面这两个示例都包含了 nav.html 模板。这两个示例是等价的，它们证明单/双引号都是允许的。

```
{% include 'nav.html' %}
{% include "nav.html" %}
```

下面的示例包含了 includes/nav.html 模板的内容：

```
{% include 'includes/nav.html' %}
```

下面的示例包含了以变量 template_name 的值为名称的模板内容：

```
{% include template_name %}
```

与在 get_template() 中一样，对模板的文件名进行判断时会在所调取的模板名称之前加上来自 TEMPLATE_DIRS 的模板目录。所包含的模板执行时的 context 和包含它们的模板是一样的,例如,考虑下面两个模板文件:

```
# mypage.html
<html>
<body>
{% include "includes/nav.html" %}
<h1>{{ title }}</h1>
</body>
</html>
# includes/nav.html
<div id="nav">
    You are in: {{ current_section }}
</div>
```

如果用一个包含 current_section 的上下文去渲染 mypage.html 这个模板文件,这个变量将存在于它所包含(include)的模板中。如果{% include %}标签指定的模板没找到,Django 将会在下面两个处理方法中选择一个。

(1) 如果 DEBUG 设置为 True,将会在 Django 错误信息页面看到 TemplateDoesNotExist 异常。

(2) 如果 DEBUG 设置为 False,该标签不会引发错误信息,在标签位置不显示任何信息。

4.4.12 模板继承

到目前为止,模板示例都只是些零星的 HTML 片段,但在实际应用中,将用 Django 模板系统来创建整个 HTML 页面。这就带来一个常见的 Web 开发问题:在整个网站中,如何减少共用页面区域(如站点导航)所引起的重复和冗余代码?

解决该问题的传统做法是使用服务器端的 includes,可以在 HTML 页面中使用该指令将一个网页嵌入到另一个网页中。事实上,Django 通过刚才讲述的{% include %}支持了这种方法,但是用 Django 解决此类问题的首选方法是使用更加优雅的策略——模板继承。

本质上来说,模板继承就是先构造一个基础框架模板,而后在其子模板中对它所包含站点公用部分和定义块进行重载。下面通过修改 current_datetime.html 文件,为 current_datetime 创建一个更加完整的模板来体会一下这种做法:

```
<!DOCTYPE HTML PUBLIC "-//W3C//DTD HTML 4.01//EN">
<html lang="en">
<head>
    <title>The current time</title>
</head>
<body>
    <h1>My helpful timestamp site</h1>
    <p>It is now {{ current_date }}.</p>
    <hr>
```

```
    <p>Thanks for visiting my site.</p>
  </body>
</html>
```

这看起来很不错,但如果要为之前的 hours_ahead 视图创建另一个模板会发生什么事情呢?

```
<!DOCTYPE HTML PUBLIC "-//W3C//DTD HTML 4.01//EN">
<html lang="en">
<head>
    <title>Future time</title>
</head>
<body>
    <h1>My helpful timestamp site</h1>
    <p>In {{ hour_offset }} hour(s), it will be {{ next_time }}.</p>
    <hr>
    <p>Thanks for visiting my site.</p>
</body>
</html>
```

很明显,刚才重复了大量的 HTML 代码。想象一下,如果有一个更典型的网站,它有导航条、样式表,可能还有一些 JavaScript 代码,事情必将以向每个模板填充各种冗余的 HTML 而告终。解决这个问题的服务器端 include 方案是找出两个模板中的共同部分,将其保存为不同的模板片段,然后在每个模板中进行 include。把模板头部的一些代码保存为 header.html 文件:

```
<!DOCTYPE HTML PUBLIC "-//W3C//DTD HTML 4.01//EN">
<html lang="en">
<head>
```

把底部保存到 footer.html 文件:

```
    <hr>
    <p>Thanks for visiting my site.</p>
</body>
</html>
```

对基于 include 的策略,头部和底部的包含很简单,麻烦的是中间部分。在此示例中,每个页面都有一个<h1>My helpful timestamp site</h1>标题,但是这个标题不能放在 header.html 中,因为每个页面的<title>是不同的。如果将<h1>包含在头部,就不得不包含<title>,但这样又不允许在每个页面对它进行定制。Django 的模板继承系统解决了这些问题,可以将其视为服务器端 include 的逆向思维版本。可以对那些不同的代码段进行定义,而不是共同代码段。

首先是定义基础模板,该框架之后将由子模板所继承。以下是目前所讲述示例的基础模板:

```html
<!DOCTYPE HTML PUBLIC "-//W3C//DTD HTML 4.01//EN">
<html lang="en">
<head>
    <title>{% block title %}{% endblock %}</title>
</head>
<body>
    <h1>My helpful timestamp site</h1>
    {% block content %}{% endblock %}
    {% block footer %}
    <hr>
    <p>Thanks for visiting my site.</p>
    {% endblock %}
</body>
</html>
```

这个叫作 base.html 的模板定义了一个简单的 HTML 框架文档,将在本站点的所有页面中使用。子模板的作用就是重载、添加或保留那些块的内容。使用一个以前已经见过的模板标签:{% block %}。所有的{% block %}标签告诉模板引擎,子模板可以重载这些部分。每个{% block %}标签所要做的是告诉模板引擎,该模板下的这一块内容将有可能被子模板覆盖。

现在已经有了一个基本模板,可以修改 current_datetime.html 模板来使用它:

```
{% extends "base.html" %}
{% block title %}The current time{% endblock %}
{% block content %}
<p>It is now {{ current_date }}.</p>
{% endblock %}
```

然后为 hours_ahead 视图创建一个模板,看起来是这样的:

```
{% extends "base.html" %}
{% block title %}Future time{% endblock %}
{% block content %}
<p>In {{ hour_offset }} hour(s), it will be {{ next_time }}.</p>
{% endblock %}
```

每个模板只包含对自己而言是独一无二的代码,无须多余的部分。如果想进行站点级的设计修改,仅需修改 base.html,所有其他模板会立即反映出所做修改。

在加载 current_datetime.html 模板时,模板引擎发现了{% extends %}标签,注意到该模板是一个子模板。模板引擎立即装载其父模板,即本例中的 base.html。此时,模板引擎注意到 base.html 中的 3 个{% block %}标签,并用子模板的内容替换这些 block。因此,引擎将会使用在{ block title %}中定义的标题,对{% block content %}也是如此。所以,网页标题将由{% block title %}替换,同样地,网页的内容将由{% block content %}替换。注意由于子模板并没有定义 footer 块,模板系统将使用在父模板中定义的值,父模板{% block %}标签中的内容总是被当作一条退路。

继承并不会影响到模板的上下文,换句话说,任何处在继承树上的模板都可以访问到模板中的每一个模板变量,可以根据需要使用任意多的继承次数。使用继承的一种常见方式是下面的三层法。

(1) 创建 base.html 模板,在其中定义站点的主要外观感受。这些都是不常修改甚至从不修改的部分。

(2) 为网站的每个区域创建 base_SECTION.html 模板(如 base_photos.html 和 base_forum.html)。这些模板对 base.html 进行拓展,并包含区域特定的风格与设计。

(3) 为每种类型的页面创建独立的模板,如论坛页面或者图片库。这些模板拓展相应的区域模板。

这个方法可最大限度地重用代码,并使得向公共区域(如区域级的导航)添加内容成为一件轻松的工作。以下是使用模板继承的一些诀窍。

① 如果在模板中使用{% extends %},必须保证其为模板中的第一个模板标记;否则,模板继承将不起作用。一般来说,基础模板中的{% block %}标签越多越好。注意,子模板不必定义父模板中所有的代码块,因此可以用合理的默认值对一些代码块进行填充,然后只对子模板所需的代码块进行(重)定义。

② 如果发觉自己在多个模板之间复制代码,应该考虑将该代码段放置到父模板的某个{% block %}中。

③ 如果需要访问父模板中的块的内容,使用{{ block.super }}这个标签,这一个变量将会表现出父模板中的内容。如果只想在上级代码块基础上添加内容,而不是全部重载,该变量就显得非常有用了。

④ 不允许在同一个模板中定义多个同名的{% block %}。存在这样的限制是因为 block 标签的工作方式是双向的。也就是说,block 标签不仅挖了一个要填的坑,也定义了在父模板中这个坑所填充的内容。如果模板中出现了两个相同名称的{% block %}标签,父模板将无从得知要使用哪个块的内容。

⑤ {% extends %}对所传入模板名称使用的加载方法和 get_template() 相同。也就是说,会将模板名称被添加到 TEMPLATE_DIRS 设置之后。多数情况下,{% extends %}的参数应该是字符串,但是如果直到运行时方能确定父模板名,这个参数也可以是个变量。这使得开发者能够实现一些很酷的动态功能。

4.5 模型(Model)

之前讲述了用 Django 建造网站的基本途径:建立视图和 URLconf。正如之前所阐述的,视图负责处理一些主观逻辑,然后返回响应结果。

在当代 Web 应用中,主观逻辑经常牵涉与数据库的交互。数据库驱动网站在后台连接数据库服务器,从中取出一些数据,然后在 Web 页面用漂亮的格式展示这些数据。这个网站也可能会向访问者提供修改数据库数据的方法,许多复杂的网站都提供了以上两个功能的某种结合。例如,Amazon.com 就是一个数据库驱动站点的良好示例。本质上,每个产品页面都是数据库中数据以 HTML 格式进行的展现,而当用户发表客户评论时,该评论被插入评论数据库中。

由于先天具备 Python 简单而强大的数据库查询执行方法，Django 非常适合开发数据库驱动网站。本节深入介绍了该功能：Django 数据库层。

4.5.1 在视图中进行数据库查询的基本方法

正如之前所详细介绍的那个在视图中输出 HTML 的笨方法（通过在视图里对文本直接硬编码 HTML），在视图中也有笨方法可以从数据库中获取数据。很简单：用现有的任何 Python 类库执行一条 SQL 查询并对结果进行一些处理。

在本例的视图中，使用了 MySQLdb 类库来连接 MySQL 数据库，取回一些记录，将它们提供给模板以显示一个网页：

```python
from django.shortcuts import render_to_response
import MySQLdb
def book_list(request):
    db = MySQLdb.connect(user='me', db='mydb', passwd='secret', host='localhost')
    cursor = db.cursor()
    cursor.execute('SELECT name FROM books ORDER BY name')
    names = [row[0] for row in cursor.fetchall()]
    db.close()
    return render_to_response('book_list.html', {'names': names})
```

这个方法可用，但很快一些问题将出现在面前。

（1）将数据库连接参数硬编码于代码之中。理想情况下，这些参数应当保存在 Django 配置中，所以不得不重复同样的代码：创建数据库连接、创建数据库游标、执行某个语句、关闭数据库。理想情况下，应该只是指定所需的结果。

（2）它把程序员固定在 MySQL 之上。如果过段时间，要从 MySQL 换到 PostgreSQL，就不得不使用不同的数据库适配器（如 psycopg 而不是 MySQLdb），改变连接参数，根据 SQL 语句的类型可能还要修改 SQL。理想情况下，应对所使用的数据库服务器进行抽象，这样一来只在一处修改即可变换数据库服务器。Django 数据库层正是致力于解决这些问题。以下揭示了如何使用 Django 数据库 API 重写之前那个视图。

```python
from django.shortcuts import render_to_response
from mysite.books.models import Book
def book_list(request):
    books = Book.objects.order_by('name')
    return render_to_response('book_list.html', {'books': books})
```

将在本节稍后的地方解释这段代码。目前而言，仅需对它有个大致的认识。

4.5.2 MTV 开发模式

在钻研更多代码之前，先花点时间考虑下 Django 数据驱动 Web 应用的总体设计。

在前面章节提到过，Django 的设计鼓励松耦合及对应用程序中不同部分的严格分割。遵循这个理念，要想修改应用的某部分而不影响其他部分就比较容易了。在视图函数中，已经讨论了通过模板系统把业务逻辑和表现逻辑分隔开的重要性。在数据库层中，对数据访问逻辑也应用了同样的理念。

把数据存取逻辑、业务逻辑和表现逻辑组合在一起的概念有时被称为软件架构的 Model-View-Controller（MVC）模式。在这个模式中，Model 代表数据存取层，View 代表的是系统中选择显示什么和怎么显示的部分，Controller 代表的是系统中根据用户输入并视需要访问模型，以决定使用哪个视图的那部分。

MVC 模式主要用于改善开发人员之间的沟通，比起告诉同事"让我们采用抽象的数据存取方式，然后单独划分一层来显示数据，并且在中间加上一个控制它的层"，一个通用的说法会收益更多，只需要说："我们在这里使用 MVC 模式吧"。Django 紧紧地遵循这种 MVC 模式，可以称得上是一种 MVC 框架。以下是 Django 中 M、V 和 C 各自的含义。

（1）M：数据存取部分，由 django 数据库层处理。

（2）V：选择显示哪些数据要显示以及怎样显示的部分，由视图和模板处理。

（3）C：根据用户输入委派视图的部分，由 Django 框架根据 URLconf 设置，对给定 URL 调用适当的 Python 函数。

由于 C 由框架自行处理，而 Django 中更关注的是模型（Model）、模板（Template）和视图（Views），Django 也被称为 MTV 框架。在 MTV 开发模式中各字母的含义如下。

（1）M 代表模型（Model），即数据存取层。该层处理与数据相关的所有事务：如何存取、如何验证有效性、包含哪些行为及数据之间的关系等。

（2）T 代表模板（Template），即表现层。该层处理与表现相关的决定：如何在页面或其他类型文档中进行显示。

（3）V 代表视图（View），即业务逻辑层。该层包含存取模型及调取恰当模板的相关逻辑，用户可以把它看作模型与模板之间的桥梁。

如果熟悉其他的 MVC Web 开发框架，如 Ruby on Rails，可能会认为 Django 视图是控制器，而 Django 模板是视图。很不幸，这是对 MVC 不同诠释所引起的错误认识。在 Django 对 MVC 的诠释中，视图用来描述要展现给用户的数据，不是数据如何展现，而且展现哪些数据。相比之下，Ruby on Rails 及一些同类框架提倡控制器负责决定向用户展现哪些数据，而视图则仅决定如何展现数据，而不是展现哪些数据。两种诠释中没有哪个更加正确一些，重要的是要理解底层概念。

4.5.3 创建 APP 应用程序

现在已经确认数据库连接正常工作了，接下来创建一个 Django app——一个包含模型、视图和 Django 代码，并且形式为独立 Python 包的完整 Django 应用。

在这里要先解释一些术语，初学者可能会混淆它们。之前已经创建了 project，那么 project 和 app 之间到底有什么不同呢？它们的区别就是：一个是配置，另一个是代码。

一个 project 包含很多个 Django app 以及对它们的配置。技术上，project 的作用是提供配置文件，如在哪里定义数据库连接信息、安装的 app 列表、TEMPLATE_DIRS 等。

一个 app 是一套 Django 功能的集合，通常包括模型和视图，按 Python 的包结构的方式存在。例如，Django 本身内建有一些 app，如注释系统和自动管理界面。app 的一个关键点是它们很容易移植到其他 project 和被多个 project 复用。

对于如何架构 Django 代码并没有快速成套的规则。如果只是建造一个简单的 Web 站点，那么可能只需要一个 app 就可以了；但如果是一个包含许多不相关的模块的复杂的网站，如电子商务和社区之类的站点，那么可能需要把这些模块划分成不同的 app，以便以后复用。

可以不用创建 app，这一点已经被之前编写的视图函数的示例证明了。在那些示例中，只是简单地创建了一个称为 views.py 的文件，编写了一些函数并在 URLconf 中设置了各个函数的映射，这些情况都不需要使用 apps。

但是，系统对 app 有一个约定：如果使用了 Django 的数据库层（模型），必须创建一个 Django app，模型必须存放在 apps 中。因此，为了开始建造模型，必须创建一个新的 app。在"mysite"项目文件下输入下面的命令来创建"books"app：

```
python manage.py startapp books
```

这个命令并没有输出什么，它只在 mysite 的目录里创建了一个 books 目录。下面来看看这个目录的内容：

```
books/
    __init__.py
    models.py
    tests.py
    views.py
```

这个目录包含了这个 app 的模型和视图。使用文本编辑器查看一下 models.py 和 views.py 文件的内容，它们都是空的，除了 models.py 里有一个 import。

4.5.4　在 Python 代码中定义模型

早些时候谈到，MTV 中的 M 代表模型。Django 模型是用 Python 代码形式表述的数据在数据库中的定义。对数据层来说它等同于 CREATE TABLE 语句，只不过执行的是 Python 代码而不是 SQL，而且还包含了比数据库字段定义更多的含义。Django 用模型在后台执行 SQL 代码并把结果用 Python 的数据结构来描述，Django 也使用模型来呈现 SQL 无法处理的高级概念。如果对数据库很熟悉，可能马上就会想到，用 Python 和 SQL 来定义数据模型是不是有点多余？Django 这样做是有下面几个原因的。

（1）自省（运行时自动识别数据库）会导致过载和有数据完整性问题。为了提供方便的数据访问 API，Django 需要以某种方式知道数据库层内部信息，有两种实现方式：第一种方式是用 Python 明确地定义数据模型；第二种方式是通过自省来自动监测识别数据模型。第二种方式看起来更清晰，因为数据表信息只存放在一个数据库中，但是会带来一些问题。首先，运行时扫描数据库会带来严重的系统过载，如果每个请求都要扫描数据库的表结构或者即便是服务启动时做一次都是会带来不能接受的系统过载（有人认为这个程度的系统过载是可以接受的，而 Django 开发者的目标是尽可能地降低框架的系统过载）。其次，某些数据库，尤其是老版本的 MySQL，并未完整存储那些精确的自省元数据。

（2）编写 Python 代码是非常有趣的，保持用 Python 的方式思考会避免开发者的大脑在不同领域来回切换，尽可能地保持在单一的编程环境/思想状态下可以帮助开发者提高生产率。

（3）把数据模型用代码的方式表述可以容易对它们进行版本控制。这样，可以很容易了解数据层的变动情况。

（4）SQL 只能描述特定类型的数据字段。例如，大多数数据库都没有专用的字段类型来描述 E-mail 地址、URL，而用 Django 的模型可以做到这一点。好处就是高级的数据类型带来更高的效率和更好的代码复用。

（5）SQL 还有在不同数据库平台的兼容性问题。发布 Web 应用的时候，使用 Python 模块描述数据库结构信息可以避免为 MySQL、PostgreSQL 和 SQLite 编写不同的 CREATE TABLE。

当然，这个方法也有一个缺点，就是 Python 代码和数据库表的同步问题。如果修改了一个 Django 模型，要自己修改数据库来保证和模型同步。需要提醒的是，Django 提供了实用工具来从现有的数据库表中自动扫描生成模型，这对已有的数据库来说是非常快捷有用的。

4.5.5 编写模型

下面把注意力放在一个基本的书籍/作者/出版商数据库结构上，这样做是因为这是一个众所周知的示例，很多 SQL 有关的书籍也常用这个示例。

假定有下面的这些概念、字段和关系。

（1）一个作者有姓、名及 E-mail 地址。

（2）出版商有名称、地址、所在城市、省、国家、网站。

（3）书籍有书名和出版日期。书籍有一个或多个作者（和作者是多对多的关联关系[many-to-many]），只有一个出版商（和出版商是一对多的关联关系[one-to-many]，也被称为外键[foreign key]）。

首先用 Python 代码来描述它们。打开由"startapp"命令创建的 models.py 并输入下面的内容：

```python
from django.db import models
class Publisher(models.Model):
    name = models.CharField(max_length = 30)
    address = models.CharField(max_length = 50)
    city = models.CharField(max_length = 60)
    state_province = models.CharField(max_length = 30)
    country = models.CharField(max_length = 50)
    website = models.URLField()
class Author(models.Model):
```

```python
    first_name = models.CharField(max_length=30)
    last_name = models.CharField(max_length=40)
    email = models.EmailField()
class Book(models.Model):
    title = models.CharField(max_length=100)
    authors = models.ManyToManyField(Author)
    publisher = models.ForeignKey(Publisher)
    publication_date = models.DateField()
```

下面来快速讲解一下这些代码的含义。首先要注意的是每个数据模型都是 django.db.models.Model 的子类。它的父类 Model 包含了所有必要的和数据库交互的方法，并提供了一个简洁漂亮的定义数据库字段的语法，这些就是需要编写的通过 Django 存取基本数据的所有代码。每个模型相当于单个数据库表，每个属性也是这个表中的一个字段。属性名就是字段名，它的类型（如 CharField）相当于数据库的字段类型（如 varchar）。例如，Publisher 模块等同于下面这张表（用 PostgreSQL 的 CREATE TABLE 语法描述）：

```sql
CREATE TABLE "books_publisher" (
    "id" serial NOT NULL PRIMARY KEY,
    "name" varchar(30) NOT NULL,
    "address" varchar(50) NOT NULL,
    "city" varchar(60) NOT NULL,
    "state_province" varchar(30) NOT NULL,
    "country" varchar(50) NOT NULL,
    "website" varchar(200) NOT NULL
);
```

事实上，正如之后所要展示的，Django 可以自动生成这些 CREATE TABLE 语句。"每个数据库表对应一个类"这条规则的例外情况是多对多关系。在上面的示例模型中，Book 有一个多对多字段称为 authors。该字段表明一本书籍有一个或多个作者，但 Book 数据库表却并没有 authors 字段。相反，Django 创建了一个额外的表（多对多连接表）来处理书籍和作者之间的映射关系。最后需要注意的是，并没有显式地为这些模型定义任何主键。除非单独指明，否则 Django 会自动为每个模型生成一个自增长的整数主键字段，每个 Django 模型都要求有单独的主键。

4.5.6　模型安装

完成这些代码之后，现在在数据库中创建这些表。要完成该项工作，首先是在 Django 项目中激活这些模型，然后将 books app 添加到配置文件的已安装应用列表中即可。再次编辑 settings.py 文件，找到 INSTALLED_APPS 设置。INSTALLED_APPS 告诉 Django 项目哪些 app 处于激活状态，默认情况下如下所示：

```python
INSTALLED_APPS = (
    'django.contrib.auth',
    'django.contrib.contenttypes',
```

```
    'django.contrib.sessions',
    'django.contrib.sites',
    'django.contrib.messages',
    'django.contrib.staticfiles',
)
```

把这 4 个设置前面加"#"临时注释起来。同时，注释掉 MIDDLEWARE_CLASSES 的默认设置条目，因为这些条目是依赖于刚才在 INSTALLED_APPS 注释掉的 apps。然后，添"mysite.books"到"INSTALLED_APPS"的末尾，此时设置的内容看起来应该是这样的：

```
MIDDLEWARE_CLASSES = (
    # 'django.middleware.common.CommonMiddleware',
    # 'django.contrib.sessions.middleware.SessionMiddleware',
    # 'django.middleware.csrf.CsrfViewMiddleware',
    # 'django.contrib.auth.middleware.AuthenticationMiddleware',
    # 'django.contrib.messages.middleware.MessageMiddleware',
    # 'django.middleware.clickjacking.XFrameOptionsMiddleware',
)
INSTALLED_APPS = (
    # 'django.contrib.auth',
    # 'django.contrib.contenttypes',
    # 'django.contrib.sessions',
    # 'django.contrib.sites',
    'books',
)
```

'books'指示正在编写的 books app。INSTALLED_APPS 中的每个 app 都使用 Python 的路径描述，包的路径，用小数点"."间隔。现在可以创建数据库表了。首先，用下面的命令验证模型的有效性：

```
python manage.py validate
```

validate 命令检查模型的语法和逻辑是否正确。如果一切正常，会看到"0 errors found"消息。如果出错，请检查刚才输入的模型代码。错误输出会给出非常有用的错误信息来帮助开发者修正模型。一旦开发者觉得模型可能有问题，运行 python manage.py validate，它可以帮助开发者捕获一些常见的模型定义错误。

模型确认没问题了，运行下面的命令来生成 CREATE TABLE 语句（如果使用的是 UNIX，那么可以启用语法高亮）：

```
python manage.py sqlall books
```

在这个命令行中，books 是 app 的名称。和运行 manage.py startapp 中的一样，执行之后，输出如下：

```
BEGIN;
CREATE TABLE "books_publisher" (
```

```sql
    "id" serial NOT NULL PRIMARY KEY,
    "name" varchar(30) NOT NULL,
    "address" varchar(50) NOT NULL,
    "city" varchar(60) NOT NULL,
    "state_province" varchar(30) NOT NULL,
    "country" varchar(50) NOT NULL,
    "website" varchar(200) NOT NULL
)
;
CREATE TABLE "books_author" (
    "id" serial NOT NULL PRIMARY KEY,
    "first_name" varchar(30) NOT NULL,
    "last_name" varchar(40) NOT NULL,
    "email" varchar(75) NOT NULL
)
;
CREATE TABLE "books_book" (
    "id" serial NOT NULL PRIMARY KEY,
    "title" varchar(100) NOT NULL,
    "publisher_id" integer NOT NULL REFERENCES "books_publisher" ("id") DEFERRABLE INITIALLY DEFERRED,
    "publication_date" date NOT NULL
)
;
CREATE TABLE "books_book_authors" (
    "id" serial NOT NULL PRIMARY KEY,
    "book_id" integer NOT NULL REFERENCES "books_book" ("id") DEFERRABLE INITIALLY DEFERRED,
    "author_id" integer NOT NULL REFERENCES "books_author" ("id") DEFERRABLE INITIALLY DEFERRED,
    UNIQUE ("book_id", "author_id")
)
;
CREATE INDEX "books_book_publisher_id" ON "books_book" ("publisher_id");
COMMIT;
```

这里要注意，自动生成的表名是 app 名称（books）和模型的小写名称（publisher、book、author）的组合。前面已经提到，Django 为每个表格自动添加加了一个 id 主键，可以重新设置它。按约定，Django 添加"_id"后缀到外键字段名，这个同样是可以自定义的。外键是用 REFERENCES 语句明确定义的。

这些 CREATE TABLE 语句会根据用户的数据库而做调整，这样像数据库特定的一些字段如（MySQL）、auto_increment（PostgreSQL）、serial（SQLite），都会自动生成；integer primary key 同样的，字段名称也是自动处理（如单引号还好是双引号）。示例中的输出是基于 PostgreSQL 语法的。

sqlall 命令并没有在数据库中真正创建数据表，只是把 SQL 语句段打印出来，这样开发者可以看到 Django 究竟会做些什么。开发者可以把那些 SQL 语句复制到数据库客户端执行，或者通过 UNIX 管道直接进行操作（例如，"python manager.py sqlall books | psql mydb"）。不过，Django 提供了一种更为简易的提交 SQL 语句至数据库的方法："syncdb"

命令。

```
python manage.py syncdb
```

执行这个命令后,将看到类似以下的内容:

```
Creating table books_publisher
Creating table books_author
Creating table books_book
Installing index for books.Book model
```

syncdb 命令是同步模型到数据库的一个简单方法。它会根据 INSTALLED_APPS 中设置的 app 来检查数据库,如果表不存在,它就会创建表。需要注意的是,syncdb 并不能将模型的修改或删除同步到数据库;如果修改或删除了一个模型并想把它提交到数据库,syncdb 并不会做出任何处理。如果再次运行 python manage.py syncdb,什么也没发生,因为没有添加新的模型或者添加新的 app。因此,运行 python manage.py syncdb 总是安全的,因为它不会重复执行 SQL 语句。

4.5.7 基本数据访问

一旦创建了模型,Django 自动为这些模型提供了高级的 Python API。运行 python manage.py shell 并输入下面的内容:

```
>>> from books.models import Publisher
>>> p1 = Publisher(name = 'Apress', address = '2855 Telegraph Avenue',
...     city = 'Berkeley', state_province = 'CA', country = 'U.S.A.',
...     website = 'http://www.apress.com/')
>>> p1.save()
>>> p2 = Publisher(name = "O'Reilly", address = '10 Fawcett St.',
...     city = 'Cambridge', state_province = 'MA', country = 'U.S.A.',
...     website = 'http://www.oreilly.com/')
>>> p2.save()
>>> publisher_list = Publisher.objects.all()
>>> publisher_list
[<Publisher: Publisher object>, <Publisher: Publisher object>]
```

这短短几行代码干了不少的事,这里简单地说明一下。

首先导入 Publisher 模型类,通过这个类可以与包含出版社的数据表进行交互。接着创建一个"Publisher"类的实例并设置了字段"name,address"等的值。调用该对象的 save() 方法,将对象保存到数据库中,Django 会在后台执行一条 INSERT 语句。最后使用"Publisher.objects"属性从数据库取出出版商的信息,这个属性可以认为是包含出版商的记录集。这个属性有许多方法,这里先介绍调用"Publisher.objects.all()"方法获取数据库中"Publisher"类的所有对象。这个操作的背后,Django 执行了一条 SQL "SELECT"语句。

这里有一个值得注意的地方,在这个示例可能并未清晰地展示。当使用 Django modle

API 创建对象时 Django 并未将对象保存至数据库内，调用 "save()" 方法：

```
p1 = Publisher(...)
# At this point, p1 is not saved to the database yet!
p1.save()
# Now it is.
```

如果需要一步完成对象的创建与存储至数据库，就使用 "objects.create()" 方法。下面的示例与之前的示例等价：

```
>>> p1 = Publisher.objects.create(name='Apress',
...     address='2855 Telegraph Avenue',
...     city='Berkeley', state_province='CA', country='U.S.A.',
...     website='http://www.apress.com/')
>>> p2 = Publisher.objects.create(name="O'Reilly",
...     address='10 Fawcett St.', city='Cambridge',
...     state_province='MA', country='U.S.A.',
...     website='http://www.oreilly.com/')
>>> publisher_list = Publisher.objects.all()
>>> publisher_list
```

当然，接下来要执行更多的 Django 数据库 API，不过还是先解决一些小问题。

添加模块的字符串表现。当打印整个 publisher 列表时，没有得到想要的有用信息，无法把对象区分开来：

```
System Message: WARNING/2 (<string>, line 872); backlink
Inline literal start-string without end-string.
System Message: WARNING/2 (<string>, line 872); backlink
Inline literal start-string without end-string.
[<Publisher: Publisher object>, <Publisher: Publisher object>]
```

可以简单解决这个问题，只需要为 Publisher 对象添加一个 __unicode__() 方法。__unicode__() 方法告诉 Python 如何将对象以 Unicode 的方式显示出来。为以上 3 个模型添加 __unicode__() 方法后，就可以看到效果了：

```
from django.db import models
class Publisher(models.Model):
    name = models.CharField(max_length=30)
    address = models.CharField(max_length=50)
    city = models.CharField(max_length=60)
    state_province = models.CharField(max_length=30)
    country = models.CharField(max_length=50)
    website = models.URLField()
    def __unicode__(self):
        return self.name
class Author(models.Model):
    first_name = models.CharField(max_length=30)
```

```python
    last_name = models.CharField(max_length=40)
    email = models.EmailField()
    def __unicode__(self):
        return u'%s %s' % (self.first_name, self.last_name)
class Book(models.Model):
    title = models.CharField(max_length=100)
    authors = models.ManyToManyField(Author)
    publisher = models.ForeignKey(Publisher)
    publication_date = models.DateField()
    def __unicode__(self):
        return self.title
```

就像上面的一样，__unicode__()方法可以进行任何处理来返回对一个对象的字符串表示。Publisher 和 Book 对象的 __unicode__()方法简单地返回各自的名称和标题，Author 对象的 __unicode__()方法则稍微复杂一些，它将 first_name 和 last_name 字段值以空格连接后再返回。对 __unicode__()的唯一要求就是它要返回一个 Unicode 对象，如果"__unicode__()"方法未返回一个 Unicode 对象，而返回一个整型数字，那么 Python 将抛出一个"TypeError"错误，并提示"coercing to Unicode: need string or buffer, int found"。

4.5.8 Unicode 对象

可以认为 unicode 对象就是一个 Python 字符串，它可以处理上百万不同类别的字符——从古老版本的 Latin 字符到非 Latin 字符，再到曲折的引用和艰涩的符号。普通的 Python 字符串是经过编码的，意思就是它们使用了某种编码方式(如 ASCII、ISO-8859-1 或者 UTF-8)来编码。如果把奇特的字符(其他任何超出标准 128 个如 0~9 和 A~Z 之类的 ASCII 字符)保存在一个普通的 Python 字符串中，一定要跟踪字符串是用什么编码的，否则这些奇特的字符可能会在显示或者打印的时候出现乱码。当尝试要将用某种编码保存的数据结合到另外一种编码的数据中，或者想要把它显示在已经假定了某种编码的程序中的时候，问题就会发生。

Unicode 对象并没有编码，它们使用 Unicode 通用的字符编码集。当在 Python 中处理 Unicode 对象的时候，可以直接将它们混合使用和互相匹配而不必去考虑编码细节。

Django 在其内部的各个方面都使用到了 Unicode 对象。在模型对象中，检索匹配方面的操作使用的是 Unicode 对象，视图函数之间的交互使用的是 Unicode 对象，模板的渲染也是使用 Unicode 对象。通常，开发者不必担心编码是否正确，后台会处理得很好。但注意，这里只是对 Unicode 对象进行非常浅显的概述，若要深入了解可能需要查阅相关的资料。初学者可以登录网站：http://www.joelonsoftware.com/articles/Unicode.html 进行学习。

为了让之前的修改生效，先退出 Python Shell，然后再次运行 python manage.py shell (这是保证代码修改生效的最简单方法)。现在"Publisher"对象列表容易理解多了。

```
>>> from books.models import Publisher
>>> publisher_list = Publisher.objects.all()
>>> publisher_list
[<Publisher: Apress>, <Publisher: O'Reilly>]
```

确保每一个模型里都包含__ unicode __()方法,这不只是为了交互时方便,也是因为Django会在其他一些地方用__ unicode __()来显示对象。

最后,__ unicode __()也是一个很好的示例来演示怎么添加行为到模型中。Django的模型不只是为对象定义了数据库表的结构,还定义了对象的行为。

(1) 插入和更新数据。先使用一些关键参数创建对象实例:

```
>>> p = Publisher(name = 'Apress',
...         address = '2855 Telegraph Ave.',
...         city = 'Berkeley',
...         state_province = 'CA',
...         country = 'U.S.A.',
...         website = 'http://www.apress.com/')
```

这个对象实例并没有对数据库做修改。在调用"save()"方法之前,记录并没有保存至数据库,像这样:

```
>>> p.save()
```

在 SQL 中,这大致可以转换成这样:

```
INSERT INTO books_publisher
    (name, address, city, state_province, country, website)
VALUES
    ('Apress', '2855 Telegraph Ave.', 'Berkeley', 'CA',
     'U.S.A.', 'http://www.apress.com/');
```

因为 Publisher 模型有一个自动增加的主键 id,所以第一次调用 save()还多做了一件事:计算这个主键的值并把它赋值给这个对象实例:

```
>>> p.id
52      # this will differ based on your own data
```

接下来再调用 save()将不会创建新的记录,而只是修改记录内容(也就是执行 UPDATE SQL 语句,而不是 INSERT 语句):

```
>>> p.name = 'Apress Publishing'
>>> p.save()
```

前面执行的 save()相当于下面的 SQL 语句:

```
UPDATE books_publisher SET
    name = 'Apress Publishing',
    address = '2855 Telegraph Ave.',
    city = 'Berkeley',
    state_province = 'CA',
    country = 'U.S.A.',
    website = 'http://www.apress.com'
WHERE id = 52;
```

注意,并不是只更新修改过的那个字段,所有的字段都会被更新。这个操作有可能引起竞态条件,这取决于应用程序。

```
UPDATE books_publisher SET
    name = 'Apress Publishing'
WHERE id = 52;
```

(2) 选择对象。当然,创建新的数据库,并更新其中的数据是必要的,但是对于 Web 应用程序来说,更多的时候是在检索查询数据库。现在已经知道如何从一个给定的模型中取出所有记录:

```
>>> Publisher.objects.all()
[<Publisher: Apress>, <Publisher: O'Reilly>, <Publisher: Apress Publishing>]
```

这相当于这个 SQL 语句:

```
SELECT id, name, address, city, state_province, country, website
FROM books_publisher;
```

注意到 Django 在选择所有数据时并没有使用 SELECT *,而是显式列出了所有字段。设计的时候就是这样,SELECT * 会更慢,而且最重要的是列出所有字段遵循了 Python 界的一个信条:明言胜于暗示。

接下来详细分析 Publisher.objects.all()语句的每个部分:

(1) 一个已定义的模型 Publisher。如果开发者想要查找数据就用模型来获得数据。

(2) objects 属性。它被称为管理器,目前只需了解管理器管理着所有针对数据包含,还有最重要的数据查询的表格级操作。所有的模型都自动拥有一个 objects 管理器,可以在想要查找数据时使用它。

(3) all()方法。这个方法返回数据库中所有的记录。尽管这个对象看起来像一个列表(list),它实际是一个 QuerySet 对象,这个对象是数据库中一些记录的集合。

4.5.9 数据过滤

很少会一次性从数据库中取出所有的数据,通常都只针对一部分数据进行操作。在 Django API 中,可以使用 filter()方法对数据进行过滤:

```
>>> Publisher.objects.filter(name = 'Apress')
[<Publisher: Apress>]
```

filter()根据关键字参数来转换成 WHERE SQL 语句。前面这个示例相当于这样：

```sql
SELECT id, name, address, city, state_province, country, website
FROM books_publisher
WHERE name = 'Apress';
```

可以传递多个参数到 filter() 来缩小选取范围：

```
>>> Publisher.objects.filter(country = "U.S.A.", state_province = "CA")
[<Publisher: Apress>]
```

多个参数会被转换成 AND SQL 从句，因此上面的代码可以转化成：

```sql
SELECT id, name, address, city, state_province, country, website
FROM books_publisher
WHERE country = 'U.S.A.'
AND state_province = 'CA';
```

注意，SQL 默认的"="操作符是精确匹配的，其他类型的查找也可以使用：

```
>>> Publisher.objects.filter(name__contains = "press")
[<Publisher: Apress>]
```

在 name 和 contains 之间有双下画线。和 Python 一样，Django 也使用双下画线来表明会进行一些魔术般的操作。这里 contains 部分会被 Django 翻译成 LIKE 语句：

```sql
SELECT id, name, address, city, state_province, country, website
FROM books_publisher
WHERE name LIKE '%press%';
```

其他的一些查找类型有 icontains（大小写无关的 LIKE）、startswith 和 endswith，还有 range(SQL BETWEEN 查询)。

4.5.10 获取单个对象

上面的示例中的 filter() 函数返回一个记录集，这个记录集是一个列表。相对列表来说，有些时候更需要获取单个的对象，get() 方法就是在此时使用的：

```
>>> Publisher.objects.get(name = "Apress")
<Publisher: Apress>
```

这样，就返回了单个对象，而不是列表（更准确地说，QuerySet）。所以，如果结果是多

个对象,会导致抛出异常:

```
>>> Publisher.objects.get(country = "U.S.A.")
Traceback (most recent call last):
    ...
MultipleObjectsReturned: get() returned more than one Publisher --
    it returned 2! Lookup parameters were {'country': 'U.S.A.'}
```

如果查询没有返回结果也会抛出异常:

```
>>> Publisher.objects.get(name = "Penguin")
Traceback (most recent call last):
    ...
DoesNotExist: Publisher matching query does not exist.
```

这个 DoesNotExist 异常是 Publisher 这个 model 类的一个属性,即 Publisher.DoesNotExist。在应用中,可以捕获并处理这个异常,像这样:

```
try:
    p = Publisher.objects.get(name = 'Apress')
except Publisher.DoesNotExist:
    print "Apress isn't in the database yet."
else:
    print "Apress is in the database."
```

4.5.11 数据排序

在运行前面的示例中,返回的结果是无序的。因为设计者还没有告诉数据库怎样对结果进行排序,所以返回的结果是无序的。

在 Django 应用中,或许希望根据某字段的值对检索结果排序,如按字母顺序。那么,使用 order_by() 这个方法就可以解决排序问题了。

```
>>> Publisher.objects.order_by("name")
[<Publisher: Apress>, <Publisher: O'Reilly>]
```

跟以前的 all() 示例差不多,SQL 语句里多了指定排序的部分:

```
SELECT id, name, address, city, state_province, country, website
FROM books_publisher
ORDER BY name;
```

可以对任意字段进行排序:

```
>>> Publisher.objects.order_by("address")
[<Publisher: O'Reilly>, <Publisher: Apress>]
```

```
>>> Publisher.objects.order_by("state_province")
[<Publisher: Apress>, <Publisher: O'Reilly>]
```

如果需要以多个字段为标准进行排序(第二个字段会在第一个字段的值相同的情况下被使用到),使用多个参数就可以了:

```
>>> Publisher.objects.order_by("state_province", "address")
[<Publisher: Apress>, <Publisher: O'Reilly>]
```

还可以指定逆向排序,在前面加一个减号"—"前缀:

```
>>> Publisher.objects.order_by("-name")
[<Publisher: O'Reilly>, <Publisher: Apress>]
```

尽管很灵活,但是每次都要用 order_by() 显得有点烦琐。大多数情况下,通常只会对某些字段进行排序。此时,可以使用 Django 指定模型的默认排序方式:

```
class Publisher(models.Model):
    name = models.CharField(max_length=30)
    address = models.CharField(max_length=50)
    city = models.CharField(max_length=60)
    state_province = models.CharField(max_length=30)
    country = models.CharField(max_length=50)
    website = models.URLField()
    def __unicode__(self):
        return self.name
    **class Meta:**
        **ordering = ['name']**
```

现在来介绍一个新的概念——class Meta,内嵌于 Publisher 类的定义中(如果 class Publisher 是顶格的,那么 lass Meta 在它之下要缩进 4 个空格)。可以在任意一个模型类中使用 Meta 类,来设置一些与特定模型相关的选项。如果设置了这个选项,那么除非检索时特意额外地使用了 order_by(),否则,当使用 Django 的数据库 API 去检索时,Publisher 对象的相关返回值默认地都会按 name 字段排序。

4.5.12 连锁查询

现在已经知道如何对数据进行过滤和排序。当然,通常需要同时进行过滤和排序查询的操作。因此,可以简单地写成这种"链式"的形式:

```
>>> Publisher.objects.filter(country="U.S.A.").order_by("-name")
[<Publisher: O'Reilly>, <Publisher: Apress>]
```

转换成 SQL 查询就是 WHERE 和 ORDER BY 的组合:

```
SELECT id, name, address, city, state_province, country, website
FROM books_publisher
WHERE country = 'U.S.A'
ORDER BY name DESC;
```

限制返回的数据：另一个常用的需求就是取出固定数目的记录，想象一下有成千上万的出版商在数据库中，但是只想显示第一个。可以使用标准的 Python 列表裁剪语句：

```
>>> Publisher.objects.order_by('name')[0]
<Publisher: Apress>
```

这相当于：

```
SELECT id, name, address, city, state_province, country, website
FROM books_publisher
ORDER BY name
LIMIT 1;
```

类似的，可以用 Python 的 range-slicing 语法来取出数据的特定子集：

```
>>> Publisher.objects.order_by('name')[0:2]
```

这个示例返回两个对象，等同于以下的 SQL 语句：

```
SELECT id, name, address, city, state_province, country, website
FROM books_publisher
ORDER BY name
OFFSET 0 LIMIT 2;
```

注意，不支持 Python 的负索引（negative slicing）：

```
>>> Publisher.objects.order_by('name')[-1]
Traceback (most recent call last):
  ...
AssertionError: Negative indexing is not supported.
```

虽然不支持负索引，但是可以使用其他的方法。例如，稍微修改 order_by() 语句来实现：

```
>>> Publisher.objects.order_by('-name')[0]
```

4.5.13 更新多个对象

在"插入和更新数据"小节中，有提到模型的 save() 方法，这个方法会更新一行中的所有列。而某些情况下，只需要更新行中的某几列。

例如，现在想要将 Apress Publisher 的名称由原来的"Apress"更改为"Apress Publishing"，若使用 save()方法，如：

```
>>> p = Publisher.objects.get(name = 'Apress')
>>> p.name = 'Apress Publishing'
>>> p.save()
```

这等同于如下 SQL 语句：

```sql
SELECT id, name, address, city, state_province, country, website
FROM books_publisher
WHERE name = 'Apress';
UPDATE books_publisher SET
    name = 'Apress Publishing',
    address = '2855 Telegraph Ave.',
    city = 'Berkeley',
    state_province = 'CA',
    country = 'U.S.A.',
    website = 'http://www.apress.com'
WHERE id = 52;
```

注意：在这里假设 Apress 的 ID 为 52。

在这个示例中可以看到，Django 的 save()方法不仅更新了 name 列的值，还更新了所有的列。若 name 以外的列有可能会被其他的进程所改动的情况下，只更改 name 列显然是更加明智的。更改某一指定的列，可以调用结果集（QuerySet）对象的 update()方法，示例如下：

```
>>> Publisher.objects.filter(id = 52).update(name = 'Apress Publishing')
```

与之等同的 SQL 语句变得更高效，并且不会引起竞态条件。

```sql
UPDATE books_publisher
SET name = 'Apress Publishing'
WHERE id = 52;
```

update()方法对于任何结果集（QuerySet）均有效，这意味着可以同时更新多条记录。以下示例演示如何将所有 Publisher 的 country 字段值由'U.S.A'更改为'USA'：

```
>>> Publisher.objects.all().update(country = 'USA')
2
```

update()方法会返回一个整型数值，表示受影响的记录条数。在上面的示例中，这个值是 2。

4.5.14 删除对象

删除数据库中的对象只需调用该对象的 delete()方法即可：

```
>>> p = Publisher.objects.get(name = "O'Reilly")
>>> p.delete()
>>> Publisher.objects.all()
[<Publisher: Apress Publishing>]
```

同样可以在结果集上调用 delete() 方法同时删除多条记录。这一点与前面提到的 update() 方法相似：

```
>>> Publisher.objects.filter(country = 'USA').delete()
>>> Publisher.objects.all().delete()
>>> Publisher.objects.all()
[]
```

删除数据时要谨慎！为了预防误删除掉某一个表内的所有数据，Django 要求在删除表内所有数据时显示使用 all()。例如，下面的操作将会出错：

```
>>> Publisher.objects.delete()
Traceback (most recent call last):
  File "<console>", line 1, in <module>
AttributeError: 'Manager' object has no attribute 'delete'
```

而一旦使用 all() 方法，所有数据将会被删除：

```
>>> Publisher.objects.all().delete()
```

如果只需要删除部分的数据，就不需要调用 all() 方法。再看一下之前的示例：

```
>>> Publisher.objects.filter(country = 'USA').delete()
```

4.6 Django 实例——搭建一个博客

有了前面几节的铺垫，本节将具体演示，如何通过 Django 框架搭建一个简单的博客应用。

1. 创建工程

创建 mysite 工程项目，创建方法在 PyCharm 中已经讲过，工程目录结构如图 4.13 所示。

manage.py：Django 项目里面的工具，通过它可以调用 django shell 和数据库等。

settings.py：包含了项目的默认设置，包括数据库信息、调试标志以及其他一些工作的变量。

urls.py：负责把 URL 模式映射到应用程序。

图 4.13 工程目录结构

运行服务：

```
fnngj@fnngj-H24X:~/djpy$ cd mysite/
fnngj@fnngj-H24X:~/djpy/mysite$ python manage.py runserver
Validating models...
0 errors found
May 19, 2014 - 13:16:51
Django version 1.6.2, using settings 'mysite.settings'
Starting development server at http://127.0.0.1:8000/
Quit the server with CONTROL-C.
```

浏览器访问 http://127.0.0.1:8000/，运行结果如图 4.14 所示。

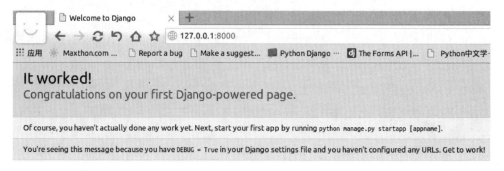

图 4.14　运行结果

2. 创建 blog 应用

在 mysite 目录下创建 blog 应用：

```
fnngj@fnngj-H24X:~/djpy/mysite$ python manage.py startapp blog
```

blog 目录结构如图 4.15 所示。

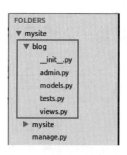

图 4.15　blog 目录结构

现在打开 blog 目录下的 models.py 文件，这是定义 blog 数据结构的地方。

```
from django.db import models
# Create your models here.
class BlogsPost(models.Model):
    title = models.CharField(max_length = 150)
```

```
    body = models.TextField()
    timestamp = models.DateTimeField()
```

创建 BlogsPost 类，继承 django.db.models.Model 父类，定义 3 个变量：title(博客标题)、body(博客正文)、timestamp(博客创建时间)。

3. 设置数据库

Python 自带 SQLite 数据库，Django 支持各种主流的数据库，这里为了方便推荐使用 SQLite，如果使用其他数据库请在 settings.py 文件中设置。切换到 mysite 创建数据库：

```
fnngj@fnngj-H24X:~/djpy/mysite$ python manage.py syncdb
Creating tables ...
Creating table django_admin_log
Creating table auth_permission
Creating table auth_group_permissions
Creating table auth_group
Creating table auth_user_groups
Creating table auth_user_user_permissions
Creating table auth_user
Creating table django_content_type
Creating table django_session
You just installed Django's auth system, which means you don't have any superusers defined.
Would you like to create one now? (yes/no): yes      输入 yes/no
Username (leave blank to use 'fnngj'):      用户名(默认当前系统用户名)
Email address: fnngj@126.com        邮箱地址
Password:           密码
Password (again):        确认密码
Superuser created successfully.
Installing custom SQL ...
Installing indexes ...
Installed 0 object(s) from 0 fixture(s)
```

4. 设置 admin 应用

admin 是 Django 自带的一个后台管理系统。

(1) 添加 blog 应用，打开 mysite/mysite/settings.py 文件：

```
# Application definition
INSTALLED_APPS = (
    'django.contrib.admin',
    'django.contrib.auth',
    'django.contrib.contenttypes',
    'django.contrib.sessions',
    'django.contrib.messages',
    'django.contrib.staticfiles',
    'blog',
)
```

在列表末尾，添加 blog 应用。

(2) 在创建 Django 项目时，admin 就已经创建，打开 mysite/mysite/urls.py 文件：

```
urlpatterns = patterns('',
    # Examples:
    # url(r'^$', 'mysite.views.home', name = 'home'),
    # url(r'^blog/', include('blog.urls')),

    url(r'^admin/', include(admin.site.urls)),
)
```

去掉 admin 设置注释。

(3) 将创建的数据添加到 admin 后台。

再次打开 mysite/blog/models.py 文件进行修改：

```
from django.db import models
from django.contrib import admin
# Create your models here.
class BlogsPost(models.Model):
    title = models.CharField(max_length = 150)
    body = models.TextField()
    timestamp = models.DateTimeField()
admin.site.register(BlogsPost)
```

(4) 再次初始化数据库：

```
fnngj@fnngj-H24X:~/djpy/mysite$ python manage.py syncdb
Creating tables ...
Creating table blog_blogspost
Installing custom SQL ...
Installing indexes ...
Installed 0 object(s) from 0 fixture(s)
```

(5) 运行服务：

```
fnngj@fnngj-H24X:~/djpy/mysite$ python manage.py runserver
Validating models...
0 errors found
May 19, 2014 - 14:07:25
Django version 1.6.2, using settings 'mysite.settings'
Starting development server at http://127.0.0.1:8000/
Quit the server with CONTROL-C.
```

(6) 访问 admin 后台。如图 4.16 所示，在登录界面中输入用户名和密码，用户名和密码是第一次创建数据库时创建的。

(7) 创建博客。登录成功单击 add 按钮，创建博客，如图 4.17 所示。

在出现的界面中输入博客标题、正文、日期时间，然后单击 Save 按钮创建博客，如图 4.18 所示。

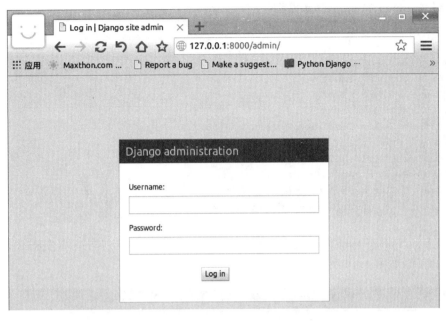

图 4.16　admin 后台

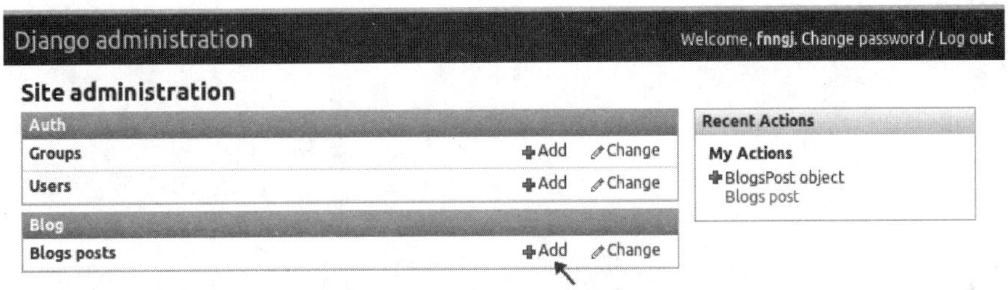

图 4.17　创建博客

图 4.18　书写博客

5. 设置 admin 的 BlogsPost 界面

打开 mysite/blog/models.py 文件，做如下修改：

```python
from django.db import models
from django.contrib import admin
# Create your models here.
class BlogsPost(models.Model):
    title = models.CharField(max_length = 150)
    body = models.TextField()
    timestamp = models.DateTimeField()
class BlogPostAdmin(admin.ModelAdmin):
    list_display = ('title','timestamp')
admin.site.register(BlogsPost,BlogPostAdmin)
```

创建 BlogPostAdmin 类，继承 admin.ModelAdmin 父类，以列表的形式显示 BlogPost 的标题和时间，如图 4.19 所示。

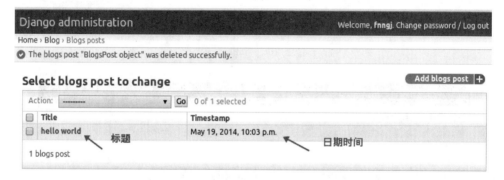

图 4.19 设置 admin 的 BlogsPost 界面

6. 创建 blog 的公共部分

从 Django 的角度来看，一个页面具有 3 个典型的组件：一个模板(template)，模板负责把传递进来的信息显示出来；一个视图(viw)，视图负责从数据库获取需要显示的信息；一个 URL 模式，URL 模式负责把收到的请求与视图函数匹配，有时也会向视图传递一些参数。

1) 创建模板

在 blog 项目下创建 templates 目录(mysite/blog/templates/)，在目录下创建模板文件 archive.html，内容如下：

```
{% for post in posts %}
    <h2>{{ post.title }}</h2>
    <p>{{ post.timestamp }}</p>
    <p>{{ post.body }}</p>
{% endfor %}
```

设置模板路径，打开 mysite/mysite/settings.py 文件，在文件底部添加模板路径：

```
# template
TEMPLATE_DIRS = (
    '/home/fnngj/djpy/mysite/blog/templates'
)
```

2）创建视图函数

打开 mysite/blog/views.py 文件：

```
from django.shortcuts import render
from django.template import loader,Context
from django.http import HttpResponse
from blog.models import BlogsPost
# Create your views here.
def archive(request):
    posts = BlogsPost.objects.all()
    t = loader.get_template("archive.html")
    c = Context({'posts':posts})
    return HttpResponse(t.render(c))
```

posts=BlogPost.objects.all()：获取数据库里面所拥有 BlogPost 对象。

t=loader.get_template("archive.html")：加载模板。

c=Context({'posts':posts})：模板的渲染的数据是有一个字典类的对象 Context 提供，这里是一对键值对。

3）创建 blog 的 URL 模式

在 mysite/urls.py 文件中添加 blog 的 URL：

```
urlpatterns = patterns('',
    # Examples:
    # url(r'^$', 'mysite.views.home', name='home'),

    url(r'^blog/', include('blog.urls')),
    url(r'^admin/', include(admin.site.urls)),
)
```

在 mysite/blog/目录下创建 urls.py 文件：

```
from django.conf.urls import *
from blog.views import archive
urlpatterns = patterns('',
                       url(r'^$',archive),
                       )
```

之所以在 blog 应用下面又创建 urls.py 文件，是为了降低耦合度。这样 mysite/urls.py 文件针对的是每个项目的 URL。

再次启动服务（\$ python manage.py runserver），访问 blog 应用（http://127.0.0.1:8000/blog/），页面如图 4.20 所示。

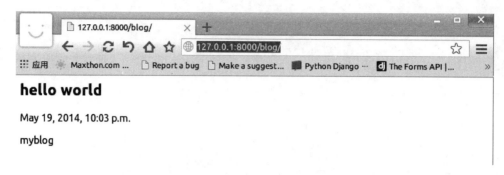

图 4.20 博客页面

这样一个简单的博客就搭建好了。

4.7 Session

Django 中的 Session 是一个高级工具，它可以让用户存储个人信息以便在下次访问网站中使用这些信息。Session 的基础还是 Cookie，但是它提供了一些更加高级的功能。Django 完全支持匿名 Session。Session 框架允许每一个用户保存并取回数据，它将数据保存在服务器端，并将发送和接收 Cookie 的操作包装起来。在 Cookie 中包含的是 Session ID，而不是数据本身。

1. 启用 Sessions

Session 是通过中间件的方式实现的，要启用 Session 的功能，需要完成以下步骤。

（1）修改 MIDDLEWARE_CLASSES 设置，并确定其中包含了 'django.contrib. sessions.middleware.SessionMiddleware'。

（2）"django-admin.py startproject" 所创建的默认的 settings.py 就已经激活了 SessionMiddleware。

（3）将 "django.contrib.sessions" 添加到 INSTALLED_APPS 设置中，并执行 manage.py syncdb 以便安装用于存储 Session 数据的表格。

2. 配置 Session 引擎

默认情况下，Django 将 Session 存储在数据库中（使用模型 django.contrib.sessions. models.Session）。尽管这很方便，但在某些情况下，把 Session 放在其他的地方速度会更快。因此 Django 允许通过配置让它将 Session 数据保存在文件系统或缓冲区中。

要使用基于文件的 Session，需将 SESSION_ENGINE 设置为 "django.contrib. sessions.backends.file"。可能还需要修改 SESSION_FILE_PATH 这一设置以便控制 Django 存储 Session 文件的位置，默认情况下，它使用 tempfile.gettempdir()，通常是 /tmp。要使用 Django 的缓冲区系统来保存 Session，需要将 SESSION_ENGINE 设置为 "django.contrib.sessions.backends.cache"。必须确保已经配置了缓冲区，只有在使用 Memcached 作为缓冲后台时，才能使用基于缓冲区的 Session。因为以本地内存作为缓冲后台时，它存储缓冲数据的时间太短了，这样直接访问文件或数据库的速度，要比通过缓冲区访问文件或数据库的速度更快一些。

3. 在视图中使用 Session

在开启 SessionMiddleware 后，每一个 HttpRequest 对象（Django 视图函数的第一个参数）就会有一个 Session 属性，它是一个类字典对象，可以直接对其读写。

Session 对象有以下标准字典函数。

(1) __ getitem __(key)。例如：

```
fav_color = request.session['fav_color']
```

(2) __ setitem __(key, value)。例如：

```
request.session['fav_color'] = 'blue'
```

(3) __ delitem __(key)。例如：

```
del request.session['fav_color']. This raises KeyError if the given key isn't already in the session.
```

(4) __ contains __(key)。例如：

```
'fav_color' in request.session
```

(5) get(key, default=None)。例如：

```
fav_color = request.session.get('fav_color', 'red')
```

(6) flush()。从数据库中删除当前的 Session 数据并且重新生成一个 Session 键，并将其发送给浏览器。这用于需要确保 Session 数据无法再从用户浏览器访问时，譬如调用 django.contrib.auth.logout()时。

(7) set_test_cookie()。设定检测 Cookie 以检验用户的浏览器是否支持 Cookie。因 Cookie 的工作方式，在下一次用户请求之前，都无法得到测试结果。

(8) test_cookie_worked()。判断用户的浏览器是否收到了检测 Cookie，并返回 True 或 False。因 Cookie 的工作方式，必须在之前的独立请求中调用 set_test_cookie()。

(9) delete_test_cookie()。删除检测 Cookie，需调用此函数以便清除该 Cookie。

(10) set_expiry(value)。设定 Session 的过期时间，可以提供下述几种形式的值。

① 如果 value 是整型，则它表示的是秒。例如，调用 request.session.set_expiry(300) 会让 Session 在 5 分钟后过期。

② 如果 value 是 datetime 或 timedelta 对象，则 Session 将会在相应的日期或时间点过期。

③ 如果 value is 0，则用户的 Session 会在浏览器关闭时过期。

④ 如果 value is None，则 Session 会使用全局策略来设定过期时间。

(11) get_expiry_age()。获得此 Session 的过期时间。对于没有自定义过期时间的 Session（或在浏览器关闭时过期的 Session），此函数返回值与 settings.SESSION_COOKIE

_AGE 相同。

(12) get_expiry_date()。获得此 Session 的过期时间点。对于没有自定义过期时间的 Session（或在浏览器关闭时过期的 Session），此函数的返回值等于从现在到时间点 settings.SESSION_COOKIE_AGE 的秒数。

(13) get_expire_at_browser_close()。返回 Session 是否会在浏览器关闭时过期，返回值为 True 或 False。在视图中的任何位置都可以修改 request.session，改多少次都行。

(14) keys()、items()、setdefault()、clear()等。

4．Session 对象指南

直接在 request.session 上使用 Python 字符串作为字典的键，这比使用 Session 对象的方法来得更直接。在 Session 字典中，以下画线开始的键，是保留给 Django 在内部使用的。不要用一个新的对象覆盖 request.session，也不要访问或修改它的属性，它只能作为一个类字典对象使用。

下面来看这样一段程序：

```
def post_comment(request, new_comment);
if request.session.get('has_commented', False);
return HttpResponse("You've already commented.");
c = comments.Comment(comment = new_comment);
c.save() request.session['has_commented'] = True
return HttpResponse('Thanks for your comment!')
```

这个简单的视图在用户提交了评价信息后，将变量 has_commented 设定为 True，这样就可以防止用户多次提交评价信息。

而下面这个简单的视图让网站的"用户"登录：

```
def login(request);
m = Member.objects.get(username = request.POST['username']);
if m.password = = request.POST['password']: request.session['member_id'] = m.id return HttpResponse("You're logged in.");
else: return HttpResponse("Your username and password didn't match.")
```

与上面的示例相对应的，下面的示例则让用户退出：

```
def logout(request);
try: del request.session['member_id'] except KeyError: pass;
return HttpResponse("You're logged out.");
```

实际上标准的 django.contrib.auth.logout()还会多做一些事情从而防止因疏忽造成的数据泄露，它会调用 request.session.flush()函数。以上示例只是演示如何操作 Session 对象，它们不是一个完整的 logout()实现。

5．Session 是何时存储的

默认情况下，Django 只在 Session 被修改时才会保存它，即只有字典中的值被修改或删除时：

```
# Session is modified. request.session['foo'] = 'bar'
# Session is modified. del request.session['foo']
# Session is modified. request.session['foo'] = {}
# Gotcha: Session is NOT modified, because this alters
# request.session['foo'] instead of request.session. request.session['foo']['bar'] = 'baz'
```

对于在上面的最后一个，通过显示地设定 Session 对象的 modified 属性，可以通知 Session 对象它被修改了：

```
request.session.modified = True
```

要改变这种行为，可以将 SESSION_SAVE_EVERY_REQUEST 设定为 True。如果 SESSION_SAVE_EVERY_REQUEST 是 True，则 Django 在每一次独立的请求之后都会保存 Session。

注意，只有在创建或修改 Session 的时候才会送出 Session Cookie，如果 SESSION_SAVE_EVERY_REQUEST 为 True，则每次请求都会送出 Cookie。

同样地，在送出 Cookie 时，它的 Expires 部分每次都会被更新。

6. 与浏览器同步的 Session 和持久的 Session

通过设置 SESSION_EXPIRE_AT_BROWSER_CLOSE，可以控制 Session 框架使用与浏览器同步的 Session 或持久的 Session。

默认情况下，SESSION_EXPIRE_AT_BROWSER_CLOSE 的值为 False，这表示 Session Cookie 将会保存在用户的浏览器中，直到超过了 SESSION_COOKIE_AGE。如果希望用户不必在每次关闭浏览器后都重新登录，请使用这种方式。

如果 SESSION_EXPIRE_AT_BROWSER_CLOSE 设定为 True，则 Django 会使用与浏览器同步的 Cookie，即用户关闭浏览器时 Cookie 就会过期。如果希望用户每次打开浏览器都必须登录，请使用这种方式。

这个设置具有全局的默认值，但可以通过调用 request.session.set_expiry() 为每个 Session 设定独立的值。

7. 清空 Session 表格

Session 数据有可能堆积在数据库表格 django_session 中，Django 不提供自动清除它们的功能。要理解这个问题，想象一下用户使用 Session 时会发生什么。当用户登录，Django 向表格 django_session 中添加一条记录。每当 Session 数据变化时，Django 会更新这条记录。如果用户手工退出了，Django 会删除它；但是如果用户没有退出，则这条记录永远都不会被删除。

Django 提供了一个能够完成清除功能的样例脚本 django-admin.py cleanup，它从 Session 表格中删除那些 expire_date 已经过期的记录，但是应用程序可能会有其他的需求。

8. 其他 Session 设置

一些 Django 设置可以帮助用户控制 Session 的行为。

（1）SESSION_ENGINE。

默认值：django.contrib.sessions.backends.db。

控制 Django 在何处保存 Session 数据，合法的值为：

```
'django.contrib.sessions.backends.db'
'django.contrib.sessions.backends.file'
'django.contrib.sessions.backends.cache'
```

详情请参考"配置 Session 引擎"。

(2) SESSION_FILE_PATH。

默认值：/tmp/。

如果用户使用基于文件的 Session 存储，则此变量控制着 Django 存储 Session 数据的目录。

(3) SESSION_COOKIE_AGE。

默认值：1209600（两周，以秒表示）。

Session Cookie 的过期时间，以秒表示。

(4) SESSION_COOKIE_DOMAIN。

默认值：None。

Session Cookie 的域。如果是要设定跨域的 Cookie，可以将其设定为". lawrence.com"的形式，否则请使用 None。

(5) SESSION_COOKIE_NAME。

默认值：'sessionid'。

Session 所使用的 Cookie 的名称，可根据需要设定。

(6) SESSION_COOKIE_SECURE。

默认值：False。

对于 Session Cookie，是否要使用安全模式。如果将此设定为 True，则 Cookie 将会被标记为"安全"，这种情况下，浏览器就需要确定该 Cookie 是否是通过 HTTPS 连接发送的。

(7) SESSION_EXPIRE_AT_BROWSER_CLOSE。

默认值：False。

是否当用户关闭浏览器时就让 Session 过期。详情参考"与浏览器同步的 Session 和持久的 Session"。

(8) SESSION_SAVE_EVERY_REQUEST。

默认值：False。

是否在每次请求时都保存 Session 数据。如果此项为 False（默认值），则 Session 数据只有在它被修改后才会保存，即它的字典值被赋值或删除时。

4.8 常用服务器命令

Django 内置一个轻量级的 Web 服务器，下面是一些常用的服务器命令。

(1) python manage.py runserver：启动服务器，用 http://127.0.0.1:8000/可以进行浏览了，8000 是默认的端口号。

(2) python manage.py runserver 8080：更改服务器端口号。

(3) python manage.py shell：启动交互界面。

(4) python manage.py startapp books：创建一个 app，名为 books。

(5) python manage.py validate：验证 Django 数据模型代码是否有错误。

(6) python manage.py sqlall books：为模型产生 SQL 代码。

(7) python manage.py syncdb：运行 SQL 语句，创建模型相应的 Table。

(8) python manage.py dbshell：启动数据库的命令行工具。

(9) manage.py sqlall books：查看 books 这个 app 下所有的表。

(10) python manage.py syncd：同步 Django 中的 Models 与数据库中数据表。

第 5 章

Nginx 模块开发

5.1 Nginx 简介

Nginx 是由俄罗斯软件工程师 Igor Sysoev 开发的一个高性能的 HTTP 和反向代理服务器，具备 IMAP/POP3 和 SMTP 服务器功能。Nginx 最大的特点是对高并发的支持和高效的负载均衡，在高并发的需求场景下，是 Apache 服务器不错的替代品。目前，包括新浪、腾讯等知名网站已经开始使用 Nginx 作为 Web 应用服务器。

Nginx 是一个高性能的 Web 和反向代理服务器，它具有很多非常优越的特性。

（1）Nginx 作为 Web 服务器：相比 Apache，Nginx 使用更少的资源，支持更多的并发连接，体现更高的效率，这一点使 Nginx 尤其受到虚拟主机提供商的欢迎。能够支持高达 50000 个并发连接数的响应，Nginx 为用户选择了 epoll 和 kqueue 作为开发模型。

（2）Nginx 作为负载均衡服务器：Nginx 既可以在内部直接支持 Rails 和 PHP，也可以支持作为 HTTP 代理服务器对外进行服务。Nginx 用 C 语言编写，不论是系统资源开销还是 CPU 使用效率都比 Perlbal 要好得多。

（3）Nginx 作为邮件代理服务器：Nginx 同时也是一个非常优秀的邮件代理服务器（最早开发这个产品的目的之一也是作为邮件代理服务器）。

（4）Nginx 是一个安装非常简单、配置文件非常简洁（还能够支持 perl 语法）、Bugs 非常少的服务器：Nginx 启动特别容易，并且几乎可以做到 7×24 小时不间断运行，即使运行数个月也不需要重新启动。用户还能够在不间断服务的情况下进行软件版本的升级。

5.2 Nginx 配置

5.2.1 安装 Nginx

1. 获取源码

在 Ubuntu 系统环境下，Nginx 服务器可直接通过 apt-get 命令安装：

```
sudo apt-get install nginx
```

但用 apt 命令安装的服务器仅包含通用模块,不包含用户根据特定需求开发的第三方模块。为充分利用 Nginx 开源优势,将用户特定需求内嵌到服务器中,必须通过源码编译安装。

首先在 Nginx 官方网站下载(http://nginx.org/en/download.html)源码。本章示例中所用版本为 nginx1.4.4。读者可根据需求自行选择版本安装,已安装版本可通过 nginx -v 命令查看,如图 5.1 所示。

图 5.1 查看 Nginx 版本

2. 安装依赖库

1) GCC 编译器

GCC(GNU Compiler Collection)是 Linux 环境下的 C 语言编译工具,可通过 apt 命令直接安装:

```
sudo apt-get install gcc
```

若用户自定义模块通过 C++编写,还需安装 G++编译器:

```
Sudo apt-get install g++
```

2) PCRE 库

PCRE(Perl Compatible Regular Expressions)是正则表达式函数库。Nginx 的配置文件中通常利用正则表达式进行 URL 匹配,因此 Nginx 的 HTTP 模块需要基于 PCRE 函数库解析配置文件。其 apt 安装方式如下:

```
sudo apt-get install libpcre3 libpcre3-dev
```

3) OpenSSL 库

为保障安全性,服务器通常需要在 SSL 协议上传输用户数据(HTTPS),这需要 OpenSSL 支持。可使用如下命令安装 OpenSSL:

```
sudo apt-get install openssl libssl-dev
```

3. configure 命令参数

下载的源码根目录包含如图 5.2 所示的内容。

图 5.2 Nginx 源码目录

configure 命令完成检测操作系统内核和软件依赖关系、参数解析、中间目录生成以及生成 C 源码文件、Makefile 文件等工作。

使用 help 命令可以查看 configure 包含的参数，如图 5.3 所示。

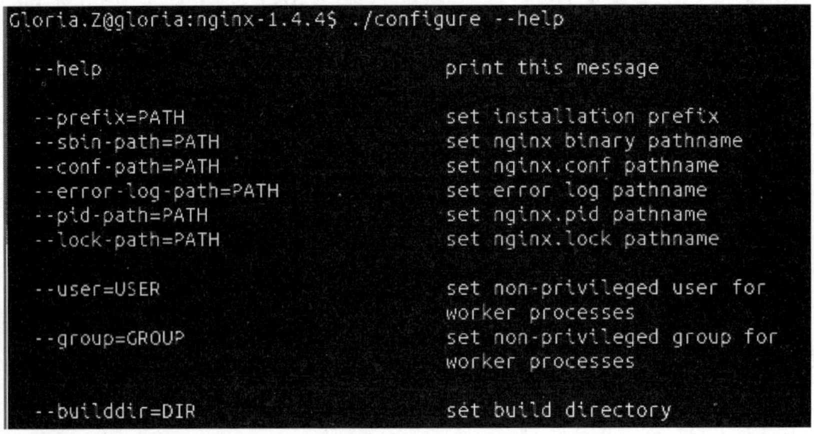

```
Gloria.Z@gloria:nginx-1.4.4$ ./configure --help

  --help                             print this message

  --prefix=PATH                      set installation prefix
  --sbin-path=PATH                   set nginx binary pathname
  --conf-path=PATH                   set nginx.conf pathname
  --error-log-path=PATH              set error log pathname
  --pid-path=PATH                    set nginx.pid pathname
  --lock-path=PATH                   set nginx.lock pathname

  --user=USER                        set non-privileged user for
                                     worker processes
  --group=GROUP                      set non-privileged group for
                                     worker processes

  --builddir=DIR                     set build directory
```

图 5.3　configure 参数示例

--prefix=PATH：设定安装目录。

--sbin-path=PATH：设定程序文件目录。

--conf-path=PATH：设定配置文件(nginx. conf)目录。

--error-log-path=PATH：设定错误日志目录。

--pid-path=PATH：设定 pid 文件(nginx. pid)目录。

--lock-path=PATH：设定 lock 文件(nginx. lock)目录。

--user=USER：设定程序运行的用户环境。

--group=GROUP：设定程序运行的组环境。

--builddir=DIR：设定程序编译目录。

--with-rtsig_module：允许 rtsig 模块。

--with-select_module：允许 select 模块。

--without-select_module：不使用 select 模块。

--with-poll_module：允许 poll 模块。

--without-poll_module：不使用 poll 模块。

--with-http_ssl_module：允许 ngx_http_ssl_module 模块。

--with-http_realip_module：允许 ngx_http_realip_module 模块。

--with-http_addition_module：允许 ngx_http_addition_module 模块。

--with-http_xslt_module：允许 ngx_http_xslt_module 模块。

--with-http_sub_module：允许 ngx_http_sub_module 模块。

--with-http_dav_module：允许 ngx_http_dav_module 模块。

--with-http_flv_module：允许 ngx_http_flv_module 模块。

--with-http_gzip_static_module：允许 ngx_http_gzip_static_module 模块。

--with-http_random_index_module：允许 ngx_http_random_index_module 模块。

--with-http_stub_status_module：允许 ngx_http_stub_status_module 模块。

--without-http_charset_module：不使用 ngx_http_charset_module 模块。

--without-http_gzip_module：不使用 ngx_http_gzip_module 模块。

--without-http_ssi_module：不使用 ngx_http_ssi_module 模块。

--without-http_userid_module：不使用 ngx_http_userid_module 模块。

--without-http_access_module：不使用 ngx_http_access_module 模块。

--without-http_auth_basic_module：不使用 ngx_http_auth_basic_module 模块。

--without-http_autoindex_module：不使用 ngx_http_autoindex_module 模块。

--without-http_geo_module：不使用 ngx_http_geo_module 模块。

--without-http_map_module：不使用 ngx_http_map_module 模块。

--without-http_referer_module：不使用 ngx_http_referer_module 模块。

--without-http_rewrite_module：不使用 ngx_http_rewrite_module 模块。

--without-http_proxy_module：不使用 ngx_http_proxy_module 模块。

--without-http_fastcgi_module：不使用 ngx_http_fastcgi_module 模块。

--without-http_memcached_module：不使用 ngx_http_memcached_module 模块。

--without-http_limit_zone_module：不使用 ngx_http_limit_zone_module 模块。

--without-http_empty_gif_module：不使用 ngx_http_empty_gif_module 模块。

--without-http_browser_module：不使用 ngx_http_browser_module 模块。

--without-http_upstream_ip_hash_module：不使用 ngx_http_upstream_ip_hash_module 模块。

--with-http_perl_module：允许 ngx_http_perl_module 模块。

--with-perl_modules_path＝PATH：设置 perl 模块路径。

--with-perl＝PATH：设置 perl 库文件路径。

--http-log-path＝PATH：设置 access log 文件路径。

--http-client-body-temp-path＝PATH：设置客户端请求临时文件路径。

--http-proxy-temp-path＝PATH：设置 http proxy 临时文件路径。

--http-fastcgi-temp-path＝PATH：设置 http fastcgi 临时文件路径。

--without-http：不使用 HTTP server 功能。

--with-mail：允许 POP3/IMAP4/SMTP 代理模块。

--with-mail_ssl_module：允许 ngx_mail_ssl_module 模块。

--without-mail_pop3_module：不允许 ngx_mail_pop3_module 模块。

--without-mail_imap_module：不允许 ngx_mail_imap_module 模块。

--without-mail_smtp_module：不允许 ngx_mail_smtp_module 模块。

--with-google_perftools_module：允许 ngx_google_perftools_module 模块。

--with-cpp_test_module：允许 ngx_cpp_test_module 模块。

--add-module＝PATH：第三方模块路径。

--with-cc＝PATH：设置 C 编译器路径。

--with-cpp＝PATH：设置 C 预处理路径。

--with-cc-opt＝OPTIONS：设置 C 编译器参数。

--with-ld-opt＝OPTIONS：设置连接文件参数。

--with-cpu-opt＝CPU：为指定 CPU 优化，可选参数有 pentium、pentiumpro、pentium3、pentium4、athlon、opteron、sparc32、sparc64、ppc64。

--without-pcre：不使用 PCRE 库文件。

--with-pcre＝DIR：设定 PCRE 库路径。

--with-pcre-opt＝OPTIONS：设置 PCRE 运行参数。

--with-md5＝DIR：设定 MD5 库文件路径。

--with-md5-opt＝OPTIONS：设置 MD5 运行参数。

--with-md5-asm：使用 MD5 源文件编译。

--with-sha1＝DIR：设定 sha1 库文件路径。

--with-sha1-opt＝OPTIONS：设置 sha1 运行参数。

--with-sha1-asm：使用 sha1 源文件编译。

--with-zlib＝DIR：设定 zlib 库文件路径。

--with-zlib-opt＝OPTIONS：设置 zlib 运行参数。

--with-zlib-asm＝CPU：使 zlib 对特定的 CPU 进行优化，可选参数有 pentium、pentiumpro。

--with-openssl＝DIR：设定 OpenSSL 库文件路径。

--with-openssl-opt＝OPTIONS：设置 OpenSSL 运行参数。

--with-debug：允许调试日志。

例如：

```
./configure
-- with- pcre
-- with- http_ssl_module
-- with- http_realip_module
-- with- http_gzip_static_module
-- with- http_secure_link_module
-- with- http_stub_status_module
-- with- debug
-- add- module = /home/gloria/nginx- 1.4.4/own -- user = gloria -- group = gloria
```

上述命令规定了将 PCRE、SSL 模块编译进 Nginx 中，并且可以获得客户端真实 IP 地址、直接返回已压缩的文件、验证请求是否有效、提供性能统计页面，并安装/home/gloria/nginx-1.4.4/own 目录下的第三方模块，Nginx 运行时的用户、用户组均为 gloria。

通过 configure 命令配置好编译参数后，即可使用 make 命令安装 Nginx。

```
make
make install
```

若未指定安装路径，则默认安装路径为/usr/local/nginx。可在/usr/sbin/目录下创建 nginx 的符号链接，称其为系统命令。

```
sudo ln - s /usr/local/nginx/sbin/nginx /usr/sbin/nginx
```

至此 Nginx 安装完成,启动命令为"sudo nginx"。Nginx 启动后按"/usr/local/nginx/conf/nginx.conf"文件中的配置参数运行。在浏览器地址栏输入"http://localhost/",显示如图 5.4 所示的页面,则 Nginx 安装成功。

图 5.4　Nginx 部署测试页面

Nginx 停止命令为"sudo nginx -s stop"。当对配置文件进行修改后,需要重新加载文件,命令为"sudo nginx -s reload"。

5.2.2　Nginx 命令行控制参数

-h:帮助命令,显示命令行帮助。
-c:</path/to/config>为 Nginx 指定一个配置文件,来代替默认的配置。
-t:测试命令,不运行 Nginx,而仅仅测试配置文件。Nginx 将检查配置文件的语法的正确性,并尝试打开配置文件中所引用到的文件。
-v:显示 Nginx 的版本。
-V:显示 Nginx 的版本、编译器版本和配置参数。
sudo /usr/local/nginx/sbin/nginx:默认启动方式。
sudo /usr/local/nginx/sbin/nginx -s stop:快速地停止服务。
sudo /usr/local/nginx/sbin/nginx -s quit:优雅地停止服务。
sudo /usr/local/nginx/sbin/nginx -s reload:重读配置项并生效。
使用 Nginx 的帮助命令来查看相关的控制行命令参数如图 5.5 所示。

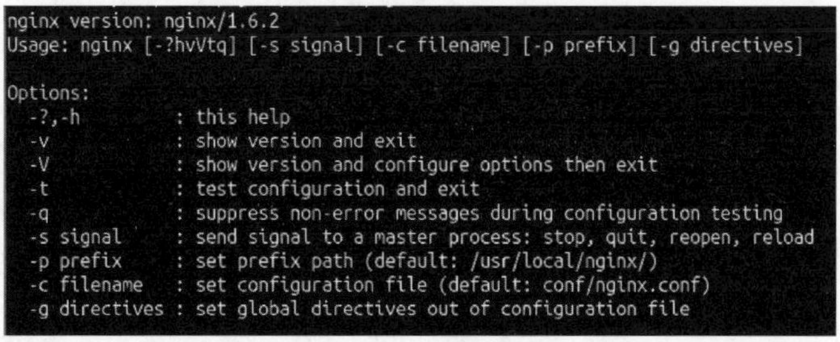

图 5.5　Nginx 控制行命令参数

当修改完 Nginx 的配置文件,可以使用测试命令来检查配置是否正确。如果测试结果如图 5.6 所示,则表示配置正确。

图 5.6　Nginx 配置测试结果

然后使用重启命令来加载修改后的配置文件并重新启动 Nginx。

5.2.3 Nginx 配置的基本方法

首先分析一下 nginx.conf 原始配置文件来介绍配置的基本方法。

```
# 以下内容是全局块
# user  nobody;
worker_processes  1;
# error_log  logs/error.log;
# error_log  logs/error.log  notice;
# error_log  logs/error.log  info;
# pid        logs/nginx.pid;
# 以下内容是 events 块
events {
    worker_connections  1024;
}
# 以下内容是 http 块
http {
    # 以下内容是 http 全局块
    include       mime.types;
    default_type  application/octet-stream;
    # log_format main '$remote_addr - $remote_user [$time_local]"$request" '
    #                 '$status $body_bytes_sent "$http_referer" '
    #                 '"$http_user_agent" "$http_x_forwarded_for"';
    # access_log  logs/access.log  main;
    sendfile        on;
    # tcp_nopush     on;
    keepalive_timeout  65;
    # gzip  on;
    # 以下内容是 server 块
    server {
        # 以下内容是 server 全局块
        listen       80;
        server_name  localhost;
        # charset koi8-r;
        # access_log  logs/host.access.log  main;
        # 以下内容是 location 块
        location / {
            root   html;
            index  index.html index.htm;
        }
        # error_page  404              /404.html;
        # redirect server error pages to the static page /50x.html
        error_page   500 502 503 504  /50x.html;
        location = /50x.html {
            root   html;
        }
    }
}
```

以上是原始 nginx.conf 配置文件的部分内容，从中可以看到配置的内容一共分成三大块，即全局块、events 块和 http 块，其中 http 块中包含 http 全局块和 server 块，server 块可以有多个并且在每个 server 块中又包含 server 全局块和 location 块。下面简单介绍各个块的作用。

1. 全局块

全局块是文件开始到 events 块之间的内容，主要设置一些影响 Nginx 服务器整体运行的配置指令，它的作用域是整个服务器，它的内容主要包括运行 Nginx 服务器的用户和用户组、服务器生成的工作进程数（worker process）、日志类型及存放路径、Nginx 进程 PID 存放路径及配置文件引入等。

这些内容的具体设置参考如下。

Nginx 服务器运行的用户和用户组设置：

```
user username [groupname];
# user username;用户和用户组同名
```

在 configure 时，默认为：

```
-- user = username    -- group = groupname
```

Nginx worker 工作进程数设置：

```
worker_process 4;# worker 进程个数
```

每个 worker 进程都是单线程的进程，几个 CPU 内核就给几个 worker 进程。

```
worker_cpu_affinity 1000 0100 0010 0001;# 绑定 worker 进程到指定的 CPU 内核
```

一个 worker 进程独享一个 CPU，就在内核的调度策略上实现了完全的并发。

```
worker_priority 0;# worker 进程优先级设置
```

静态优先级取值范围为 −20～+19，值越小级别越高，通常不小于 −5。
error 日志的设置：

```
error_log logs/error.log error;
```

日志路径设成"/dev/null"，则不输出日志。
日志级别

```
[ debug | info | notice | warn | error | crit | alert | emerg ]
```

pid 文件的路径设置：

```
pid logs/nginx.pid;
```

保存 master 进程 ID 的 pid 文件存放路径。
在 configure 时,默认为:

```
--pid-path=/usr/local/nginx/logs/nginx.pid
```

引入其他配置文件:

```
include /path/file;
```

将其他配置文件嵌入到当前的 nginx.conf 文件中。
可以是绝对路径,也可以是相对路径(nginx.conf 所在的目录)。

2. events 块

events 块的设置对 Nginx 服务器的性能影响较大,主要设置一些影响 Nginx 服务器与用户网络连接的配置指令。events 块的作用域是整个服务器,它的内容主要包括每个 worker 进程可以同时支持的最大连接数、选取哪种事件驱动模型来处理连接请求、是否允许同时接受多个网络连接以及是否开启对多个 worker 进程下的网络连接进行序列化等。
这些内容的具体设置参考如下。
每个 worker 进程的最大连接数设置。

```
worker_connections 1024;
```

选择事件驱动模型设置:

```
use [kqueue|rtsig|epoll|/dev/poll|select|poll|eventport];
```

默认会自动选择最适合的事件模型。
批量建立新连接设置:

```
multi_accept on|off;
```

当事件模型通知有新连接时,尽可能地对所有 TCP 请求都建立连接。
网络连接序列化 accept 锁相关的设置:

```
accept_mutex on|off;  #是否打开 accept 锁
```

accept_mutex 是 Nginx 的负载均衡锁,当一个 worker 进程建立的连接数量达到 worker_connections 配置的最大连接数的 7/8 时,会大大减小该 worker 进程试图建立新的 TCP 连接的机会。

```
lock_file logs/nginx.lock
```

accept 锁需要这个 lock 文件,因为 Linux 支持原子锁,所以这时 lock_file 配置无意义。

```
accept_mutex_delay 500ms;  #accept 锁后到真正建立连接之间的延迟时间
```

一个 worker 进程试图取 accept 锁而没有取到,等再次试图取锁的时间。

3. http 块

http 块是 Nginx 服务器配置的重要部分,主要设置代理、缓存和日志定义等大部分功能及第三方模块的配置等指令。http 块包括 http 全局块和多个 server 块。其中 http 全局块是指不包含在 server 块中的部分,它的内容主要包括文件引入、MIME-Type 定义、日志格式及存放位置定义、是否开启 sendfile 传输文件、连接超时时间设置、单个连接的请求数上限等。

这些内容的具体设置参考如下。

设定 mime 类型,类型由 mime.type 文件定义文件扩展名与文件类型映射表:

```
include mime.types;
```

默认文件类型:

```
default_type application/octet-stream;
```

默认编码:

```
charset utf-8;
```

日志格式设定:

```
log_format access '$remote_addr - $remote_user [$time_local] "$request" '
'$status $body_bytes_sent "$http_referer" '
'"$http_user_agent" $http_x_forwarded_for';
```

开启高效文件传输模式:

```
sendfile on;
```

sendfile 指令指定 Nginx 是否调用 sendfile 函数来输出文件,对于普通应用设为 on,如果用来进行下载应用磁盘 I/O 重负载应用,可设置为 off,以平衡磁盘与网络 I/O 处理速度,降低系统的负载。注意:如果图片显示不正常把这指令改成 off。

防止网络阻塞:

```
tcp_nodelay on;
```

长连接超时时间,单位是秒:

```
keepalive_timeout 65;
```

4. server 块

一个 server 块相当于一台虚拟主机,虚拟主机配置的内容使得一台虚拟主机能够完成和一台独立的硬件主机一样的功能。server 块包括 server 全局块和多个 location 块。其中

server 全局块的作用域是当前的 server 块，不会影响其他的 server 块，它的内容主要包括当前虚拟主机的监听端口设置和虚拟主机名称与 IP 配置。

这些内容的具体设置参考如下。

监听端口：

```
listen 80;
```

虚拟主机的域名可以有多个，用空格隔开：

```
server_name example.mytest.com;
```

定义根目录：

```
root html;
```

5. location 块

loaction 块在整个 Nginx 配置文档中的作用非常重要，主要作用是 Nginx 服务器接收到浏览器发来的请求字符串（http://server_name/uri），然后对请求字符串中的 URI 部分进行匹配，从而对不同的请求进行不同的处理。而且，地址重定向、数据缓存和应答控制等功能都是在这部分实现，还有许多第三方模块的配置也是在这部分进行相关配置。

一般进行 location 匹配时会用包含正则表达的字符串来进行 location 正则匹配，匹配可以有多个，但是当第一个正则匹配请求 URI 时就停止匹配，使用 location 块处理这个请求。下面介绍一下 location 匹配规则和匹配优先级。location 匹配的规则如下。

（1）~：表示执行一个正则匹配，区分大小写。

（2）~*：表示执行一个正则匹配，不区分大小写。

（3）^~：表示普通字符匹配，如果该选项匹配，只匹配该选项，不匹配别的选项，一般用来匹配目录。

（4）=：进行普通字符精确匹配。

（5）@："@"定义一个命名的 location，使用在内部定向时，如 error_page。

location 匹配的优先级（与 location 在配置文件中的顺序无关）如下。

（1）=：精确匹配会第一个被处理。如果发现精确匹配，Nginx 停止搜索其他匹配。

（2）普通字符匹配，正则表达式规则和长的块规则将被优先和查询匹配，也就是说如果匹配该项还需去看有没有正则表达式匹配和更长的匹配。

（3）^~：只匹配该规则，Nginx 停止搜索其他匹配，否则 Nginx 会继续处理其他 location 指令。

（4）匹配处理带有"~"和"~*"的指令，如果找到相应的匹配，则 Nginx 停止搜索其他匹配；当没有正则表达式或者没有正则表达式被匹配的情况下，那么匹配程度最高的逐字匹配指令会被使用。

5.2.4 rewrite 重定向

Nginx 利用 ngx_http_rewrite_module 模块实现 URL 重写，支持 if 条件判断，但不支

持 else。该模块需要 PCRE 支持。

Nginx rewrite 指令执行顺序如下。

（1）执行 server 块的 rewrite 指令（这里的块指的是 server 关键字后{}包围的区域，其他 xx 块类似）。

（2）执行 location 匹配。

（3）执行选定的 location 中的 rewrite 指令。

如果其中某步 URI 被重写，则重新循环执行(1)~(3)，直到找到真实存在的文件，如果循环超过 10 次，则返回 500 Internal Server Error 错误。

1. break 指令

语法：

```
break;
```

默认值：无。

作用域：server、location、if。

作用：停止执行当前虚拟主机的后续 rewrite 指令集。

2. if 指令

语法：

```
if(condition){...}
```

默认值：无。

作用域：server、location。

作用：对给定的条件 condition 进行判断，如果为真，大括号内的 rewrite 指令将被执行。if 条件(conditon)可以是如下任何内容。

（1）一个变量名，如果这个变量是空字符串或者以 0 开始的字符串都会当作 false。

（2）使用＝、！＝比较的一个变量和字符串。

（3）使用~、~* 与正则表达式匹配的变量，如果这个正则表达式中包含符号，则整个表达式需要用单引号或双引号引起来。

（4）使用-f、！-f 检查一个文件是否存在。

（5）使用-d、！-d 检查一个目录是否存在。

（6）使用-e、！-e 检查一个文件、目录、符号链接是否存在。

（7）使用-x、！-x 检查一个文件是否可执行。

3. return 指令

语法：

```
return code;/return code URL;/ return URL;
```

默认值：无。

作用域：server、location、if。

作用：停止处理并返回指定状态码(code)给客户端，非标准状态码 444 表示关闭连接且不给客户端发响应头。从 0.8.42 版本起，return 支持响应 URL 重定向（对于 301、302、303、307），或者文本响应（对于其他状态码）。对于文本或者 URL 重定向可以包含变量。

4. rewrite 指令

语法：

```
rewrite regex replacement [flag];
```

默认值：无。

作用域：server、location、if。

作用：如果一个 URI 匹配指定的正则表达式 regex，URI 就按照 replacement 重写。rewrite 按配置文件中出现的顺序执行，flags 标志可以停止继续处理。

如果 replacement 以"http://"或"https://"开始，将不再继续处理，这个重定向将返回给客户端。

flag 可以是如下参数：last 停止处理后续 rewrite 指令集，然后对当前重写的新 URI 在 rewrite 指令集上重新查找；break 停止处理后续 rewrite 指令集，并不再重新查找，但当前 location 内剩余非 rewrite 语句和 location 外的非 rewrite 语句可以执行；如果 replacement 不是以"http://"或"https://"开始，返回 302 临时重定向；permant 返回 301 永久重定向。最终完整的重定向 URL 包括请求 scheme（http://、https://等）、请求的 server_name_in_redirect 和 port_in_redirec 三部分，也就是 http 协议、域名、端口三部分。

5. rewrite_log 指令

语法：

```
rewrite_log on|off;
```

默认值：

```
rewrite_log off;
```

作用域：http、server、location、if。

作用：开启或关闭以 notice 级别打印 rewrite 处理日志到 error log 文件。

6. set 指令

语法：

```
set variable value;
```

默认值：none。

作用域：server、location、if。

作用：定义一个变量并赋值，值可以是文本、变量或者文本变量混合体。

7. uninitialized_variable_warn 指令

语法：

```
uninitialized_variable_warn on | off;
```

默认值：

uninitialized_variable_warn on;

作用域：http、server、location、if。
作用：控制是否输出为初始化的变量标志。

5.3 简单的 HTTP 子请求模块开发

1. subrequest 简介

subrequest 即子请求，它是 Nginx 中的一个概念。它是在当前请求中发起的一个新的请求。比较常见的用法是利用 subrequest 来访问一个或者多个 upstream 的后端，然后以同步或者异步的方式处理返回结果。subrequest 最擅长处理的是输出逻辑，在 Nginx 内部已经内建有完整的机制来实现。但很多业务逻辑，并不是只有输出逻辑，还有筛选、计算、排序等逻辑，如果需要以 Nginx 模块的形式来开发，利用 subrequst 仍然是最简单的方法，但复杂程度会比较高。subrequest 由 HTTP 框架提供，可以把原始请求分解为许多子请求。subrequest 的流程可以概括如下。

（1）HTTP 请求需要调用 mytest 模块处理。
（2）mytest 模块创建子请求。
（3）发送并等待上游服务器处理子请求的响应。
（4）（可选）postpone 模块将待转发相应包体放入链表并等待发送。
（5）执行子请求处理完毕的回调方法 ngx_http_post_subrequest_pt。
（6）执行父请求被重新激活后的回调方法 mytest_post_handler。

2. subrequest 调用方法

```
ngx_int_t   flags;
ngx_str_t   loc, args;
ngx_http_request_t   *sr;
ngx_http_post_subrequest_t   *psr;

loc.len = sizeof("/test") - 1;
loc.data = (u_char *) "/test";
args.len = sizeof("arg1=A&arg2=B") - 1;
args.data = (u_char *) "arg1=A&arg2=B";
psr = ngx_palloc(r->pool, sizeof(ngx_http_post_subrequest_t));
if (psr == NULL) {
    return NGX_HTTP_INTERNAL_SERVER_ERROR;
}
psr->data = callback_data;
psr->handler = callback_handler;
flags = NGX_HTTP_SUBREQUEST_IN_MEMORY|NGX_HTTP_SUBREQUEST_WAITED;
rc = ngx_http_subrequest(r, & loc, &args, &sr, psr, flags);
```

调用 subrequest 是利用 ngx_http_subrequest 函数,这个函数将当前的请求 r 作为子请求的骨架,再利用传入的 loc 和 args 更新子请求的 uri 和输入参数,将 psr 作为子请求完成后的回调,最后用 flags 更新子请求的行为标志,生成的子请求的数据结构 ngx_http_request_t 会通过 sr 返回给调用者。

flags 有以下两个标志。

一是 NGX_HTTP_SUBREQUEST_IN_MEMORY:默认子请求的输出是直接返回给客户端的,如果不想返回输出,需要设置 NGX_HTTP_SUBREQUEST_IN_MEMORY 标志。注意,不是所有 Handler 模块都支持此标志,如 fastcgi 模块不支持、proxy 模块支持。

二是 NGX_HTTP_SUBREQUEST_WAITED:子请求完成后会设置自己的 r->done 标志位,可以通过判断标志位得知子请求是否完成。

回调数据 ngx_http_post_subrequest_t 是子请求处理完成后在 ngx_http_finalize_request 调用的,如果没有回调函数,调用 ngx_http_subrequest 时将 psr 设为 NULL。回调函数的声明是 ngx_int_t callback_handler(ngx_http_request_t * r, void * data, ngx_int_t rc)。

这里的 r 是子请求,它的父请求是 r->parent,它的祖先请求是 r->main。data 是定义 callback_handler 的 psr 中同时定义的 data,可以为 NULL,设置为 NULL 时回调函数的 data 参数就是 NULL,rc 是子请求处理的返回值,这个对于不同的子请求肯定是不一样的,但一般来说,子请求正常完成,rc 一定是 NGX_OK。如果子请求失败了,会返回 NGX_ERROR 等错误代码(负值)或者子请求所用协议的状态码(如子请求使用 proxy 模块作为 Handler 会返回 403、501 等 HTTP 状态)。

3. subrequest 运行时

subrequest 是一种复杂机制,这里需要简单分析 subrequest 的运行机制,只是很简单的分析。运行过程如下。

(1)调用 ngx_http_subrequest。

(2)处理主请求。

(3)继续处理主请求,返回。

(4)执行子请求。

(5)执行子请求完毕,调用回调,设置 r->done。

(6)继续处理主请求。

可以看到,当调用 ngx_http_subrequest 时,只是告诉 Nginx 有一个子请求需要执行,而这时子请求还没有执行。主请求根据自己的情况决定是否继续执行,还是先让子请求执行,子请求执行的时机一定是在主请求交出执行权以后。子请求执行完毕后,父请求会继续执行。"继续"是宏观意义上的,大致的说法就是 Nginx 知道自己应该从哪个处理函数开始执行主请求,但是函数内部的执行状态,Nginx 不知道,需要函数自己维护。唯一例外的是输出逻辑,Nginx 非常清楚自己应该怎么执行。

4. subrequest 与 Filter

在 Filter 中使用 subrequest 时,可以使用类似于下面的代码段。这个示例是需要处理有多个 subrequest 的情况(如果只有一个,可以不用 subrequest 数组)。

```
typedef struct {
    ngx_str_t uri;
    ngx_str_t args;
    ngx_http_request_t * sr;
    ngx_uint_t flag;
} my_module_subrequest_conf_t;
static ngx_int_t
my_module_body_filter(ngx_http_request_t * r, ngx_chain_t * in)
{
    int         rc;
    my_ctx_t * ctx;
    if (r != r->main) {
        return ngx_http_next_body_filter(r, in);
    }
    ctx = ngx_http_get_module_ctx(r, my_module);
    if (ctx == NULL) {
    }
    do {
        subrequest =
          ((my_module_subrequest_conf_t * ) ctx->subrequests.elts)[ctx->i++];
            rc = ngx_http_subrequest(r, &subrequest.uri, &subrequest.args, &subrequest.sr,
NULL, subrequest.flags);
        } while (rc == NGX_OK && ctx->i < ctx->subrequests.nelts);
    return rc;
}
```

首先,现在的 ngx_http_subrequest 只会返回 NGX_OK 或者 NGX_ERROR,可能旧版本情况会多一些,现在已经遇不到了。其次,r! = r->main 的判断是必需的,因为 filter 的全局性。再次,只要创建一个 subrequest 失败,就应该立即返回。最后,filter 函数是可能被多次执行的,其中有可能出现 in 是 NULL 的情况,这点要注意。

上面的示例负责发送所有的子请求,如果子请求的逻辑是直接输出内容,那么不需要添加其他代码,Nginx 会帮助用户自动完成后面的工作。如果需要等待子请求处理完成并一次性对子请求输出做过滤后再输出,那么情况要复杂一些,需要自己判断子请求是否处理完毕,同时还要自行处理子请求的返回。

5. subrequest 与 Handler

在 Handler 中使用 subrequest 需要多一些处理挂接 Nginx 的事件的逻辑,这是与在 Filter 中使用 subrequest 最大的不同,因为对于后者,Nginx 有一块逻辑自动设置事件,形成一个可以运动的循环,使 Filter 能够一直正确处理,而在 Handler 中使用 subrequest,其实是破坏了 Nginx 本身的循环,所以需要编程人员自己构建一个事件循环来完成自己的工作。

在这里只介绍一种最容易理解的循环,这个循环过程如下。

(1) Nginx 使用 ngx_http_core_run_phases 处理主请求。

(2) Nginx 使用 ngx_http_request_handler 处理子请求。

(3) Nginx 使用 ngx_http_writer 继续处理主请求。

所以用户的程序需要如下设计。

(1) Handler 应使用状态机的方式来编程,状态记录在 module_ctx 中。
(2) 使用 module_ctx 传递子请求的结果,也可以使用前面的 sr 来引用结果。
(3) 子请求的结果如需要字符串解析,也需要利用状态机,因为返回是一个 chain。
(4) 使用 subrequest 的回调函数来完成循环的更新。

一个简单的轮回示例如下:

```c
typedef struct {
    ngx_int_t         state;
    ngx_int_t         res;
} my_ctx_t;
static ngx_int_t
my_handler(ngx_http_request_t *r)
{
    my_ctx_t              *ctx;
    ngx_http_post_subrequest_t  *psr;
    ctx = ngx_http_get_module_ctx(r, my_module);
    if (ctx == NULL) {
        ctx = ngx_pcalloc(r->pool, sizeof(my_ctx_t));
        if (ctx == NULL) {
            return NGX_HTTP_INTERNAL_SERVER_ERROR;
        }
        ngx_http_set_ctx(r, ctx, my_module);
        ctx->res = -1;
        ctx->state = MY_START;
    }
    switch (ctx->state) {
        case MY_START:
            psr = ngx_palloc(r->pool, sizeof(ngx_http_post_subrequest_t));
            if (psr == NULL) {
                return NGX_HTTP_INTERNAL_SERVER_ERROR;
            }
            psr->data = ctx;
            psr->handler = my_subrequest_post_handler;
            flags = NGX_HTTP_SUBREQUEST_IN_MEMORY;
            rc = ngx_http_subrequest(r, &loc, &args, &sr, psr, flags);
            if (rc != NGX_OK) {
                return NGX_HTTP_INTERNAL_SERVER_ERROR;
            }
            r->main->count++;
            return NGX_DONE;
        case MY_SECOND_SUBREQUEST:
            r->main->count++;
            return NGX_DONE;
        case MY_LAST_STEP:
            return NGX_OK;
    }
}
```

```
        return NGX_ERROR;
    }
static ngx_int_t
my_subrequest_post_handler(ngx_http_request_t * r, void * data, ngx_int_t rc)
{
    char * p, next_char, buffer[NGX_HTTP_UCS_BUFFER];
    ngx_int_t   state, len;
    ngx_http_ucs_ctx_t  * ctx;
    ctx = data;
    ctx->state = MY_SECOND_SUBREQUEST;
    r->parent->write_event_handler = ngx_http_core_run_phases;
    if (rc == MY_CONDITION) {
        ctx->res = MY_RESULT;
        ctx->state = MY_LAST_STEP;
        return NGX_OK;
    }
    if ( ) {
        return NGX_ERROR;
    }
    return NGX_OK;
}
```

大家需要注意代码中的以下几点。

（1）子请求传递内容给父请求，可以通过父请求将自己的 ctx 作为子请求回调函数的 data，子请求回调函数修改 data 的内容。当然，子请求通过 ngx_http_get_module_ctx(r->parent, my_module) 也可以做到。

（2）请求修改父请求的写事件回调函数：

```
r->parent->write_event_handler = ngx_http_core_run_phases
```

（3）Handler 没有完成所有逻辑时，一律以下列方式返回：

```
r->main->count++;
return NGX_DONE;
```

使用 subrequest 最复杂的是维护模块状态和执行状态，所以在这里没有编写具体的代码，只有框架部分。Filter 中使用 subrequest 只需要维护模块状态，但如果必须在 Handler 中使用 subrequest，那么还需要维护 Nginx 的执行状态。兵无常势，水无常形，这里只是列举了几种个人认为是最容易理解的运用方式，如果大家发明出更简单地运用 subrequst 的方式，也可以拿出来分享。

5.4 简单的 HTTP 过滤模块开发

1. HTTP 过滤模块简介

HTTP 过滤模块的工作是对发送给用户的 HTTP 响应进行一些加工，服务器返回的一个响应可以被任意多个 HTTP 过滤模块以流水线的方式依次处理。HTTP 响应分为头部和包体，ngx_http_send_header 和 ngx_http_output_filter 函数分别负责发送头部和包体，它们会依次调用各个过滤模块对发送的响应进行处理。

当 HTTP 模块调用 ngx_http_send_header 发送头部时，就从 ngx_http_top_header_filter 指向的模块开始遍历所有的 HTTP 头部过滤模块并处理；当 HTTP 模块调用 ngx_http_output_filter 发送包体时，就从 ngx_http_top_body_filter 指向的模块开始遍历所有的 HTTP 包体过滤模块并处理。

在每个 HTTP 过滤模块中至少存在上述两种函数指针中的一个，声明如下：

```
static ngx_http_output_header_filter_pt    ngx_http_next_header_filter;
static ngx_http_output_body_filter_pt      ngx_http_next_body_filter;
```

当本模块被初始化时，调用上述函数，将自己加入到链表头部。类似上面 ngx_http_addition_filter_init 这样的初始化函数在什么时候被调用呢？答案是依该方法放在 ngx_http_module_t 结构体的哪个成员而定。一般而言，大多数官方 HTTP 过滤模块通常放在 ngx_http_module_t.postconfiguration 函数指针中，读取完所有配置项后被回调。各个模块初始化的顺序是怎么样的呢？这由 configure 命令生成的 ngx_modules.c 文件中的 ngx_modules 数组的排列顺序决定，数组中靠前的模块先初始化。由于过滤模块是将自己插入到链表头部，使得 ngx_modules 数组中过滤模块的排列顺序和它们实际执行的顺序相反。至于 ngx_modules 数组中的排列顺序，又是由其他脚本决定的。

2. HTTP 过滤模块开发步骤

（1）确定源代码文件名称。

（2）在源代码所在目录创建 config 脚本文件，执行 configure 时将该目录添加进去。

（3）定义过滤模块，实例化 ngx_module_t 模块结构。

（4）处理感兴趣的配置项。

```
ngx_http_mytest_filter_commands
```

（5）实现初始化方法。

```
ngx_http_mytest_filter_init
```

（6）实现处理 HTTP 头部的方法。

```
ngx_http_mytest_filter_header_filter
```

（7）实现处理 HTTP 包体的方法。

```
ngx_http_mytest_filter_body_filter
```

（8）编译安装后，修改 nginx.conf 文件并启动自定义过滤模块。

3. footer 过滤模块编写

footer 是一个常用的模块，比较简单，是入门学习 filter 最好的教程。实现的功能是在

HTTP正文末尾添加一段文字,文字由用户定义。

先编写代码,大家可以有个感性认识。

```c
#include <ngx_config.h>
#include <ngx_core.h>
#include <ngx_http.h>
typedef struct {
    ngx_hash_t              types;
    ngx_array_t             *types_keys;
    ngx_http_complex_value_t *variable;
} ngx_http_footer_loc_conf_t;
typedef struct {
    ngx_str_t   footer;
} ngx_http_footer_ctx_t;
static char *ngx_http_footer_filter(ngx_conf_t *cf, ngx_command_t *cmd, void *conf);
static void *ngx_http_footer_create_loc_conf(ngx_conf_t *cf);
static char *ngx_http_footer_merge_loc_conf(ngx_conf_t *cf, void *parent, void *child);
static ngx_int_t ngx_http_footer_filter_init(ngx_conf_t *cf);
static ngx_command_t  ngx_http_footer_filter_commands[] =
 {
    { ngx_string("footer"),
      NGX_HTTP_MAIN_CONF|NGX_HTTP_SRV_CONF|NGX_HTTP_LOC_CONF|NGX_CONF_TAKE1,
      ngx_http_footer_filter,
      NGX_HTTP_LOC_CONF_OFFSET,
      0,
      NULL
    },
    { ngx_string("footer_types"),
      NGX_HTTP_MAIN_CONF|NGX_HTTP_SRV_CONF|NGX_HTTP_LOC_CONF|NGX_CONF_1MORE,
      ngx_http_types_slot,
      NGX_HTTP_LOC_CONF_OFFSET,
      offsetof(ngx_http_footer_loc_conf_t, types_keys),
      &ngx_http_html_default_types[0]
    },
    ngx_null_command
};
static ngx_http_module_t  ngx_http_footer_filter_module_ctx = {
    NULL,
    ngx_http_footer_filter_init,
    NULL,
    NULL,
    NULL,
    NULL,
    ngx_http_footer_create_loc_conf,
    ngx_http_footer_merge_loc_conf
};
ngx_module_t  ngx_http_footer_filter_module = {
    NGX_MODULE_V1,
    &ngx_http_footer_filter_module_ctx,
```

```c
        ngx_http_footer_filter_commands,
    NGX_HTTP_MODULE,
    NULL,
    NULL,
    NULL,
    NULL,
    NULL,
    NULL,
    NULL,
    NGX_MODULE_V1_PADDING
};
static ngx_http_output_header_filter_pt   ngx_http_next_header_filter;
static ngx_http_output_body_filter_pt     ngx_http_next_body_filter;
static ngx_int_t
ngx_http_footer_header_filter(ngx_http_request_t *r)
{
    ngx_http_footer_ctx_t       *ctx;
    ngx_http_footer_loc_conf_t  *lcf;
    lcf = ngx_http_get_module_loc_conf(r, ngx_http_footer_filter_module);
    if (lcf->variable == (ngx_http_complex_value_t *)-1
        || r->header_only
        || r != r->main
        || r->headers_out.status == NGX_HTTP_NO_CONTENT
        || ngx_http_test_content_type(r, &lcf->types) == NULL)
    {
        return ngx_http_next_header_filter(r);
    }
    ctx = ngx_pcalloc(r->pool, sizeof(ngx_http_footer_ctx_t));
    if(ctx == NULL) {
        return NGX_ERROR;
    }
    if (ngx_http_complex_value(r, lcf->variable, &ctx->footer) != NGX_OK) {
        return NGX_ERROR;
    }
    ngx_http_set_ctx(r, ctx, ngx_http_footer_filter_module);
    if (r->headers_out.content_length_n != -1) {
        r->headers_out.content_length_n += ctx->footer.len;
    }
    if (r->headers_out.content_length) {
        r->headers_out.content_length->hash = 0;
        r->headers_out.content_length = NULL;
    }
    ngx_http_clear_accept_ranges(r);
    return ngx_http_next_header_filter(r);
}
static ngx_int_t
ngx_http_footer_body_filter(ngx_http_request_t *r, ngx_chain_t *in)
{
    ngx_buf_t           *buf;
    ngx_uint_t          last;
```

```c
    ngx_chain_t              *cl, *nl;
    ngx_http_footer_ctx_t *ctx;
    ngx_log_debug0(NGX_LOG_DEBUG_HTTP, r->connection->log, 0,
                   "http footer body filter");
    ctx = ngx_http_get_module_ctx(r, ngx_http_footer_filter_module);
    if (ctx == NULL) {
        return ngx_http_next_body_filter(r, in);
    }
    last = 0;
    for (cl = in; cl; cl = cl->next) {
        if (cl->buf->last_buf) {
            last = 1;
            break;
        }
    }
    if (!last) {
        return ngx_http_next_body_filter(r, in);
    }
    buf = ngx_calloc_buf(r->pool);
    if (buf == NULL) {
        return NGX_ERROR;
    }
    nl = ngx_alloc_chain_link(r->pool);
    if (nl == NULL) {
        return NGX_ERROR;
    }
    buf->pos = ctx->footer.data;
    buf->last = buf->pos + ctx->footer.len;
    buf->start = buf->pos;
    buf->end = buf->last;
    buf->last_buf = 1;
    buf->memory = 1;
    nl->buf = buf;
    nl->next = NULL;
    cl->next = nl;
    cl->buf->last_buf = 0;
    return ngx_http_next_body_filter(r, in);
}
static char *
ngx_http_footer_filter(ngx_conf_t *cf, ngx_command_t *cmd, void *conf)
{
    ngx_str_t                   *value;
    ngx_http_complex_value_t    **cv;
    cv = &((ngx_http_footer_loc_conf_t *) conf)->variable;
    if (*cv != NULL) {
        return "duplicate";
    }
    value = cf->args->elts;
    if ((value + 1)->len) {
        cmd->offset = offsetof(ngx_http_footer_loc_conf_t, variable);
```

```c
        return ngx_http_set_complex_value_slot(cf, cmd, conf);
    }
    *cv = (ngx_http_complex_value_t *) -1;
    return NGX_OK;
}
static void *
ngx_http_footer_create_loc_conf(ngx_conf_t *cf)
{
    ngx_http_footer_loc_conf_t  *conf;
    conf = ngx_pcalloc(cf->pool, sizeof(ngx_http_footer_loc_conf_t));
    if (conf == NULL) {
        return NULL;
    }
    return conf;
}
static char *
ngx_http_footer_merge_loc_conf(ngx_conf_t *cf, void *parent, void *child)
{
    ngx_http_footer_loc_conf_t  *prev = parent;
    ngx_http_footer_loc_conf_t  *conf = child;
    if (ngx_http_merge_types(cf, &conf->types_keys, &conf->types,
                             &prev->types_keys, &prev->types,
                             ngx_http_html_default_types)
        != NGX_OK)
    {
        return NGX_CONF_ERROR;
    }
    if (conf->variable == NULL) {
        conf->variable = prev->variable;
    }
    if (conf->variable == NULL) {
        conf->variable = (ngx_http_complex_value_t *) -1;
    }
    return NGX_CONF_OK;
}
static ngx_int_t
ngx_http_footer_filter_init(ngx_conf_t *cf)
{
    ngx_http_next_body_filter = ngx_http_top_body_filter;
    ngx_http_top_body_filter = ngx_http_footer_body_filter;
    ngx_http_next_header_filter = ngx_http_top_header_filter;
    ngx_http_top_header_filter = ngx_http_footer_header_filter;
    return NGX_OK;
}
```

4. footer 源码分析

1) 指令

这里 filter 有两个指令,而且绝大部分 filter 都有这两个类似的指令:"footer"用于设置开关,控制 filter 的开启和关闭。注意,这个指令的作用是开关,而不是将 filter 注册到系统,这个区别需要重视;"footer_types"也是个开关,根据 HTTP Content 的类型来控制。为什么都是开关? 大家可以先想想。还有一个特点,filter 指令的有效定义范围一般是

MAIN/SRV/LOC 三者皆可,而 handler 一般是 LOC 定义,为什么? 大家也可以想一想。配置存储是在 LOC 中定义的,大家可以结合以前对于有效定义范围和配置存储的关系思考下,加深理解。

2) 全局变量

```
static ngx_http_output_header_filter_pt   ngx_http_next_header_filter;
static ngx_http_output_body_filter_pt     ngx_http_next_body_filter;
```

如果是自己分析了代码,看到这个小标题时,应该已经在自己的理解拼图上完成了最后一块。

3) 本源

现在可以说明 filter 的工作原理了。所有的 filter 模块都竞争一个资源,filter 链的首部。对于一个 worker 进程,有两条 filter 链,即 header filter 和 body filter,而且每条链在 worker 进程中只有一份,是全局的。所以每个 filter 处理函数一旦被挂到某条链上,就一定会被执行。handler 可以为每个 location 分别配置挂上或者不挂处理函数,但是 filter 的处理函数是全局的,一旦编译进 Nginx,执行过 postconfiguration,就一定是挂上了,所以 filter 前面所做的所有工作的目的都是如何让自己的处理函数不工作,因此就有各种各样的开关添加各种各样的限制条件。

4) 处理函数

一般 filter 更新了正文内容,就一定要更新头部内容,为什么? 想想 Content Length。所以见到 body filter,必有对应的 header filter,反之未必。所有的 Handler 都是先发送 header,再发送 body,所以 header filter 必定先于 body filter 执行。看看 header filter 示例:

```
if (lcf->variable == (ngx_http_complex_value_t *)-1
    || r->header_only
    || r != r->main
    || r->headers_out.status == NGX_HTTP_NO_CONTENT
    || ngx_http_test_content_type(r, &lcf->types) == NULL)
{
    return ngx_http_next_header_filter(r);
}
```

这就是严格的过滤检查,说明一下:

```
lcf->variable == (ngx_http_complex_value_t *)-1
```

"footer"屏蔽,"footer"指令是设置开启,location 配置里没有"footer"就是关闭。

```
r->header_only
```

回应只需要头部。

```
r != r->main
```

是 subrequest,"子请求"后续会讲到,是随需求的过滤条件。

```
r->headers_out.status == NGX_HTTP_NO_CONTENT
```

回应没有正文。

```
ngx_http_test_content_type(r, &lcf->types) == NULL)
```

HTTP Content type 未匹配。

那 body filter 怎么知道自己该不该工作?

```
ctx = ngx_http_get_module_ctx(r, ngx_http_footer_filter_module);
if (ctx == NULL) {
    return ngx_http_next_body_filter(r, in);
}
```

就是这个了,在 header filter 中设置的。

```
ngx_http_set_ctx(r, ctx, ngx_http_footer_filter_module);
```

每个模块对于每个 request 都有一个地方来存放一个自定义的 ctx 变量,要好好利用,开关控制、参数传递,都靠这个 ctx 了。如果后面用到子请求,ctx 就是父子请求间通信的桥梁。然后注意 filter 处理内容的方法。因为输入是 ngx_chain_t,如果要进行语法解析等复杂操作,就需要使用状态机了,这里的 footer 模块确实是很简单。最后注意如果确定不是自己的 filter 将截断结果的输出,一定要确保每条执行路径最后都调用 ngx_http_next_header_filter 和 ngx_http_next_body_filter。

5.5 SSL 模块

1. SSL 简介

安全套接层(Secure Socket Layer,SSL)是为网络通信提供安全及数据完整性的一种安全协议。它在传输层对网络连接进行加密,具有保护传输数据的功能。安全通道是透明的,客户与服务器之间的数据是经过加密的,一端写入的数据完全是另一端读取的内容。透明性使得几乎所有基于 TCP 的协议稍加改动就可以在 SSL 上运行,非常方便。

SSL 的首要用途就是保护使用 HTTP 的 Web 通信,过程很简单。当在 HTTP 中建立了 TCP 连接后,客户端先发送一个请求,服务器随即回应一个文档。而在使用 SSL 时,客户端先创建一个 TCP 连接,并在其上建立一条 SSL 通道,然后在 SSL 通道上发送同样的请求,而服务器则以相同的方式沿 SSL 连接予以响应。对普通的 HTTP 服务器来说,SSL 握手就像是垃圾信息,因为并不是所有的服务器都支持 SSL,所以为了使该过程能够正确地工作,客户端需要某种了解服务器已准备好接受 SSL 连接的方法。使用以 https 而不是 http 开头的 Web 地址[技术上被称为统一资源定位符(URL)]来指示应当使用 SSL。因此,这种在 SSL 上运行 HTTP 的组合被称为 HTTPS。

OpenSSL 是一个强大的安全套接字层密码库，囊括主要的密码算法、常用的密钥和证书封装管理功能及 SSL 协议，提供了一种高质量的、免费的、实现 SSLv2、SSLv3 和 TLS 的源代码，并提供丰富的应用程序供测试或其他目的使用。Nginx 服务器要进行安全通信所要加载的证书就是通过 OpenSSL 来生成的。

2. OpenSSL 生成证书

在 Nginx 的 conf 目录下，生成 server.crt 和 server.key 两个文件，即要求 Nginx 的配置文件能访问到 SSL 证书和密钥。

1）生成 RSA 私钥

```
openssl genrsa -des3 -out server.key 1024
```

此时需要设置密码，即为私钥文件的密码。

2）生成证书请求

```
openssl req -new -key server.key -out server.csr
```

此时需要输入之前设置的密码，然后填写申请表信息。

3）生成证书

```
openssl x509 -req -days 365 -sha1 -in server.csr -signkey server.key -out server.crt
```

3. Nginx 配置 SSL

1）安装

Nginx 安装时需要加上"-with-http_ssl_module"，因为 http_ssl_module 不属于 Nginx 的基本模块。安装时代码如下：

```
./configure -with-http_ssl_module
```

2）配置

配置 Nginx 的 nginx.conf 文件，修改内容如下：

```
server {
    listen 443 ssl;                             #监听端口
    server_name localhost;
    ssl on;                                     #开启 SSL 验证
    ssl_certificate server.crt;                 #证书
    ssl_certificate_key server.key;             #密钥
    ssl_session_timeout 5m;                     #session 有效期,5 分钟
    ssl_protocols SSLv2 SSLv3 TLSv1;            #SSL 协议
    ssl_ciphers HIGH:!aNULL:!MD5;               #SSL 加密算法
    ssl_prefer_server_ciphers on;
    location / {
        root html;
```

```
        index index.html index.htm;
    }
}
```

4. SSL 模块使用示例

下面以安全访问 Nginx 欢迎页面为例,总结一下 SSL 模块的使用。首先生成自签名的证书和私钥,然后修改 nginx.conf 配置文件。重新启动 Nginx 服务器之后,在浏览器中输入"https:\\127.0.0.1",结果如图 5.7 所示。由于服务器所用的证书是自签名的,因此会弹出"不受信任的连接"的警告页面,单击"我已充分了解可能的风险"超链接,然后在出现如图 5.8 所示的页面中单击"添加安全例外"按钮,再单击"确认安全例外"按钮之后就可以安全访问 Nginx 欢迎页面了,最终结果如图 5.9 所示。

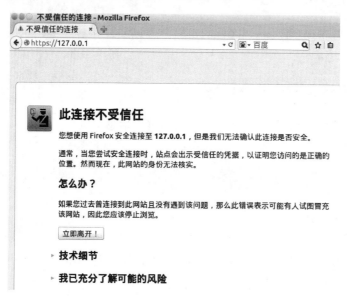

图 5.7 不受信任警告页面

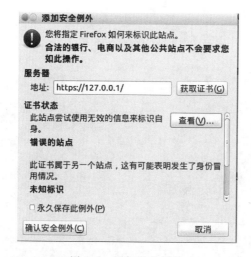

图 5.8 添加安全例外

图 5.9 安全访问 Nginx 欢迎页面

第 6 章

uWSGI 服务器

6.1 uWSGI 概述

uWSGI 是一个快速的、自维护的、对开发者和系统管理者友好的应用程序容器,是纯 C 语言开发的服务器。

在它的诞生之日,uWSGI 只是作为一个 WSGI 服务器,但是随着时间的推移,它现在已经演变为一个完整的网络、集群 Web 应用服务器,可以执行消息、对象传递、缓存、RPC 和进程管理。

它使用的协议是 uwsgi(注意,所有的字母都是小写,该协议已被 Nginx 和 Cherokee 的发行版本所包含),所有网络或进程间通信均使用 uwsgi 协议。

uWSGI 可以运行在预 fork 模式、线程模式、异步模式等,并且支持 green threads、coroutines 各种形式,如 uGreen、Greenlet、Stackless 和 Fiber。

对于管理人员来说,uWSGI 服务器提供了各种配置方法:命令行、环境变量、XML、INI、YAML、JSON、SQlite3 数据库和 LDAP。

除此之外,它的设计完全模块化,这意味着,可以使用不同的插件以便满足不同的技术应用,从而实现兼容性。

1. uwsgi 协议

uWSGI 服务器使用的是 uwsgi 协议,它是一个二进制协议,能够携带任何类型的信息。uwsgi 数据包的前 4 个字节用于描述信息的类型。每一个 uwsgi 请求都会产生一个 uwsgi 响应,同样的,我们将会明白,Web 服务器处理层也遵循这个规则,将 uwsgi 数据包作为一个有效的 HTTP 响应。uwsgi 协议主要工作在 TCP 方式下,但是 master 进程可以绑定到 UDP 或者多播端口,用于 SNMP 或者是集群、消息请求管理,支持 SCTP 协议。

2. uwsgi 数据包头

```
Struct  uwsgi_packet_header{
uint8_t modifier1;
uint16_t datasize;
uint8_t modifier2;
);
```

除非另有说明,datasize 的值包含数据包体的大小。

6.2 uWSGI 安装及运行命令

1. 安装 uWSGI

uWSGI 用于连接 Nginx 服务器和 Django 应用处理框架,将 Nginx 接收到的请求转发给 Django 程序处理。可通过以下命令安装 uWSGI:

```
sudo apt-get install uwsgi
```

为使 uWSGI 支持 python 程序,还需安装 uwsgi-plugin-python 模块:

```
sudo apt-get install uwsgi-plugin-python
```

2. 测试 uWSGI

先新建一个 test.py 文件。内容如下:

```
def application(env, start_response):start_response('200 OK', [('ContentType', 'text/html')])
return [b"Hello World"] # pyhton3
```

再部署到 HTTP 端口 9090。执行如下命令:

```
uwsgi --http :9090 --wsgi-file test.py
```

最后用浏览器访问网页,网址为 http://127.0.0.1:9090/。
若在浏览器看到如图 6.1 所示的内容,则表示 uWSGI 已安装成功。

图 6.1 测试 uWSGI 结果

3. 连接 Django 到 uWSGI

假设已经建立好了用做测试的 Django 工程 mysite,mysite 的目录结构如图 6.2 所示。

先开启 Django 自带的开发服务器,通过访问 http://127.0.0.1:8000/app/admin 可以看到 Django 测试应用生效了,如图 6.3 所示。

图 6.2 Django 工程目录结构

图 6.3 Django 管理员页面

接下来连接 Django 应用到 uWSGI 上。先将终端切换目录到 mysite 工程文件夹,再部署到 HTTP 端口 9090,命令如下:

```
uwsgi -- http :9090 -- module mysite.wsgi
```

运行之后终端输出 uWSGI 的状态如图 6.4 所示。

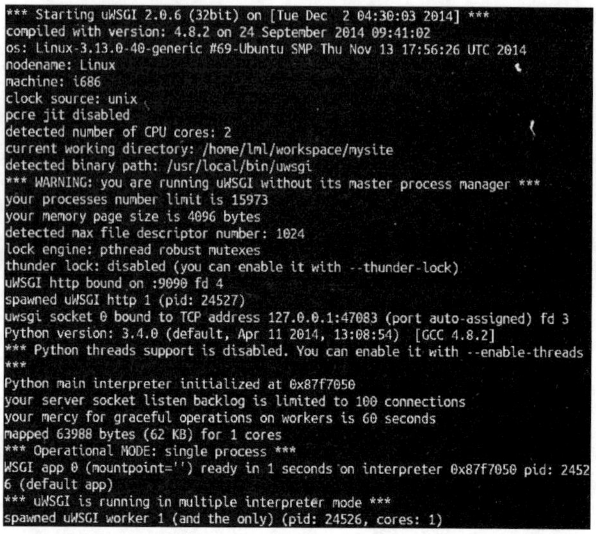

图 6.4　uWSGI 运行状态输出

最后访问 http://127.0.0.1:9090/app/admin 来测试,结果如图 6.5 所示。这样就可以在浏览器中访问 Django 程序了,所有的请求都是经过 uWSGI 传递给 Django 程序的。

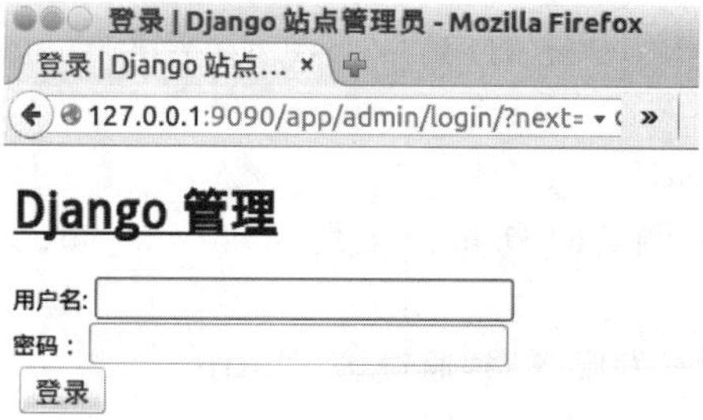

图 6.5　Django 管理员页面(uWSGI)

4. 连接 Nginx 到 uWSGI

首先修改一下 Nginx 的配置文件 nginx.conf,Nginx 采用 8090 端口与 uWSGI 通信,修改内容如下:

```
location / {
    include uwsgi_params;
    uwsgi_pass 127.0.0.1:8090;
}
```

接下来，在上一节的 Django 项目 mysite 文件夹下新建一个 uWSGI 配置文件 uwsgi.ini，修改内容如下：

```
[uwsgi]
print = uwsgi start
uid = 1000
gid = 1000
plugins = python
socket = 127.0.0.1:8090
chdir = /home/lml/workspace/mysite/
module = mysite.wsgi
master = true
no-orphans = true
processes = 4
threads = 2
```

然后用以下命令运行 uWSGI 服务器：

```
uwsgi uwsgi.ini
```

运行之后终端输出 uWSGI 的状态如图 6.6 所示。

最后浏览器访问 127.0.0.1 进行测试，测试结果如图 6.7 所示，这样就成功连接 Nginx 到 uWSGI 了。

图 6.6　uWSGI 运行状态输出

图 6.7　Nginx 欢迎页面

6.3　uWSGI 选项配置

uWSGI 服务器提供了很多选项，这些选项既可以在 uWSGI 启动的命令中设置，也可以在配置文件中配置，其效果是一样的。

(1) 选项名称：socket。

功能：指定提供客户端访问(这里的客户端指定就是 Nginx 服务器)连接的地址，可以是 UNIX 套接字的路径也可以是 TCP 套接字的 IP 地址，最多可以指定 8 个套接字选项。在命令行中可以使用"－S"缩写形式表示。

举例：

```
-- SOcket/tmp/uwsgi.sock
```

这样会将 uWSGI 服务器的监听绑定到 UNIX 套接字/tmp/uwsgi.sock 上。

```
- S 127.0.0.1: 1717
```

该例中的设置将会把 uWSGI 服务器的监听绑定到 IPv4 地址 127.0.0.1 的 1717 端口上。

```
[uwsgi]
socket = 127.0.0.01: 1717
socket = 127.0.0.01: 2626
```

在该例中，会将 uWSGI 服务器的监听绑定到 IPv4 地址 127.0.0.01 的 1717 端口和 2626 端口上，即绑定了两个 TCP 套接字。

(2) 选项名称：processes 或者 workers。

功能：用于设定 worker 的数量。设置该变量的值要注意程序和系统的安全性，如果将该值设置得较高，即处理应用程序的 worker 多，那么可以同时处理较多的并发请求，但是每一个 worker 相当于一个系统进程，它会消耗较多的内存，因此要安全地选择一个正确的值。如果将该值设置得太高，那么可能很容易宕掉系统。如果在命令行中使用该变量，那么可以使用"－P"缩写形式。

举例：

```
-- processes 8
```

该设置将会派生 8 个 worker 进程。

```
-- workerS 4
```

该设置将会派生 4 个 worker 进程。

```
- P 8
```

该设置将会派生 8 个 worker 进程。

```
< uwsgi >
< workers > 3 </workers >
</uwsgi >
```

该设置将会派生 3 个 worker 进程。

(3) 选项名称：harakiri。

功能：该变量用于 harakiri 超时设置。每一个请求的时间都不得长于这个值,如果长于这个值,那么就将其丢弃,响应的 worker 将会被重新分配使用。

举例：

该设置将会使得每一个请求不得超过 60 秒,换句话说,超过这个时长的每一个请求都将会被丢弃。

```
harakiri-verbose
```

当一个请求被 harakiri 丢弃以后,将在 uWSGI 日志中得到一条消息。激活这个选项会打印出额外的信息(如在 Linux 中会打印出当前的 syscall)。

```
--harakiri-verbose
```

以上配置会开启 harakiri 的额外信息。

第 7 章

嵌入式开发

7.1 系统概述

7.1.1 嵌入式系统的基本概念

除了 PC 以外,像数码相机、摄像机、大街上的交通灯控制、监视系统、数字式的示波器、数字万用表、数控洗衣机、电冰箱、VCD、DVD、iPAD 等,都是嵌入式系统的典型产品。可以说,嵌入式系统已经渗透到生活中的每个角落,如工业、服务业、消费电子,那么什么是嵌入式系统呢?

根据 IEEE 的定义,嵌入式系统是"控制、监视或者辅助操作机器和设备的装置"(原文为 devices used to control, monitor, or assist the operation of equipment, machinery or plants)。这主要是从应用上加以定义的,从中可以看出嵌入式系统是软件和硬件的综合体,还可以涵盖机械等附属装置。

不过上述定义并不能充分体现出嵌入式系统的精髓,目前国内一个普遍被认同的定义是:以应用为中心,以计算机技术为基础,并且软件、硬件可裁剪,适用于应用系统对功能、可靠性、成本、体积、功耗严格要求的专用计算机系统。

根据这个定义,可从以下 3 个方面来理解嵌入式系统。

(1) 嵌入式系统是面向用户、面向产品、面向应用的,它必须与具体应用相结合才会具有生命力,才更具有优势。因此嵌入式系统是与应用紧密结合的,它具有很强的专用性,必须结合实际系统需求进行合理的裁剪利用。

(2) 嵌入式系统是将先进的计算机技术、半导体技术、电子技术和各个行业的具体应用相结合后的产物,这一点就决定了它必然是一个技术密集、资金密集、高度分散、不断创新的知识集成系统。

(3) 嵌入式系统必须根据应用需求对软硬件进行裁剪,满足应用系统的功能、可靠性、成本、体积等要求。所以,如果能建立相对通用的软硬件基础,然后在其上开发出适应各种需要的系统,是一个比较好的发展模式。目前的嵌入式系统的核心往往是一个只有几 KB

到几十 KB 大小的微内核,需要根据实际应用进行功能扩展或者裁剪,由于微内核的存在,这种扩展能够非常顺利地进行。

7.1.2 嵌入式系统的特点

嵌入式系统的特点是相对通用计算机系统(通常指 PC)而言的。与通用计算机相比,嵌入式系统的不同之处较多。下面列举了嵌入式系统的一些特点。

1. 嵌入性

嵌入式是指嵌入式系统通常需要与某些物理世界中特定的环境和设施紧密结合,这也是嵌入式系统的名称的由来。例如,汽车的电子防抱死系统必须与汽车的制动、刹车装置紧密结合;电子门锁必须嵌入到门内,数控机床的电子控制模块通常与机床也是一体的。

2. 专用性

和通用计算机不同,嵌入式系统通常是面向某个特定应用的,所以嵌入式系统的硬件和软件,尤其是软件,都是为特定用户群设计的,它通常都具有某种专用性的特点。例如,方便实用的 MP3、MP4 有许多不同的外观形状,但都是实现某种特定功能的产品。

3. 实时性

目前,嵌入式系统广泛应用于生产过程控制、数据采集、传输通信等场合,主要用来对宿主对象进行控制,所以都对嵌入式系统有或多或少的实时性要求。例如,对嵌入在武器装备中的嵌入式系统、在火箭中的嵌入式系统、一些工业控制装置中的控制系统等应用中的实时性要求就极高。当然,随着嵌入式系统应用的扩展,有些系统对实时性要求也并不是很高,例如近年来发展速度比较快的手持式计算机、掌上电脑等。但总体来说,实时性是对嵌入式系统的普遍要求,是设计者和用户重点考虑的一个重要指标。

4. 可靠性

可靠性有时也称为鲁棒性(Robustness),鲁棒是 Robust 的音译,也就是健壮和强壮的意思。由于有些嵌入式系统所承担的计算任务涉及产品质量、人身设备安全、国家机密等重大事务,加之有些嵌入式系统的宿主对象要工作在无人值守的场合,如危险性高的工业环境中、内嵌有嵌入式系统的仪器仪表中、在人迹罕至的气象检测系统中、在侦察敌方行动的小型智能装置中等。所以与普通系统相比较,对嵌入式系统可靠性的要求极高。

5. 可裁剪性

从嵌入式系统专用性的特点来看,作为嵌入式系统的供应者,理应提供各式各样的硬件和软件以备选用。但是,这样做势必会提高产品的成本。为了既不提高成本,又满足专用性的需要,嵌入式系统的供应者必须采取相应措施使产品在通用和专用之间进行某种平衡。目前的做法是,把嵌入式系统硬件和操作系统设计成可裁剪的,以便使嵌入式系统开发人员根据实际应用需要来量体裁衣,去除冗余,从而使系统在满足应用要求的前提下达到最精简的配置。

6. 功耗低

有很多嵌入式系统的宿主对象都是一些小型应用系统,如移动电话、PDA、MP3、飞机、舰船、数码相机等,这些设备不可能配给容量较大的电源,因此低功耗一直是嵌入式系统追求的目标。例如,手机的待机时间一直是重要性能指标之一,它基本上由内部的嵌入式系统功耗决定。而对有源的电视、DVD 等设备，低耗电也同样是追求的指标之一。对于功耗的节省也可以从两方面入手：一方面在嵌入式系统硬件设计时，尽量选择功耗比较低的芯片并把不需要的外设和端口去掉。另外一方面，嵌入式软件系统在对功能性能进行优化的同时，也需要对功耗做出必要的优化，尽可能节省对外设的使用，从而达到省电的目的。

7.1.3 嵌入式系统的发展趋势

嵌入式操作系统作为嵌入式系统（包括硬、软件系统）极为重要的组成部分，通常包括与硬件相关的底层驱动软件、系统内核、设备驱动接口、通信协议、图形界面、标准化浏览器等。嵌入式操作系统具有通用操作系统的基本特点，如能够有效管理越来越复杂的系统资源；能够把硬件虚拟化，使得开发人员从繁忙的驱动程序移植和维护中解脱出来；能够提供库函数、驱动程序、工具集及应用程序等。与通用操作系统相比较，嵌入式操作系统在系统实施高效性、硬件的相关依赖性、软件固态化以及应用的专用性等方面具有较为突出的特点。

嵌入式操作系统伴随着嵌入式系统的发展经历了以下 4 个比较明显的阶段。

第一阶段：无操作系统的嵌入算法阶段，以单芯片为核心的可编程控制器形式的系统，具有与检测、伺服、指示设备相配合的功能。应用于一些专业性极强的工业控制系统，通过汇编语言编程对系统进行直接控制，运行结束后清除内存。系统结构和功能都相对单一，处理效率较低，存储容量较小，几乎没有用户接口。

第二阶段：以嵌入式 CPU 为基础、简单操作系统为核心的嵌入式系统。CPU 种类繁多，通用性比较差；系统开销小，效率高；一般配备系统仿真器，操作系统具有一定的兼容性和扩展性；应用软件较专业，用户界面不够友好；系统主要用来控制系统负载以及监控应用程序运行。

第三阶段：通用的嵌入式实时操作系统阶段，以嵌入式操作系统为核心的嵌入式系统。能运行于各种类型的微处理器上，兼容性好；内核小、效率高，具有高度的模块化和扩展性；具备文件和目录管理、设备支持、多任务、网络支持、图形窗口及用户界面等功能；具有大量的应用程序接口 API；嵌入式软件丰富。

第四阶段：以基于 Internet 为标志的嵌入式系统，这是一个正在迅速发展的阶段。目前，大多数嵌入式系统还孤立于 Internet 之外。随着 Internet 的发展以及 Internet 技术与信息家电、工业控制技术等结合日益密切，嵌入式设备与 Internet 的结合将代表着嵌入式技术的真正未来。

7.2 嵌入式 Linux 基础

7.2.1 Linux 文件系统

操作系统中负责管理和存储文件信息的软件机构称为文件管理系统，简称文件系统。文件系统由三部分组成：与文件管理有关的软件、被管理的文件及实施文件管理所需的数据结构。从系统角度来看，文件系统是对文件存储器空间进行组织和分配，负责文件的存储并对存入的文件进行保护和检索的系统。具体来说，它负责为用户建立文件，存入、读出、修改、转储文件，控制文件的存取，当用户不再使用时撤销文件等。不同的操作系统支持的文件系统的格式不全相同，Linux 的一个最重要特点就是它支持许多不同的文件系统。这使 Linux 非常灵活，能够与许多其他的操作系统共存。Linux 支持的常见的文件系统有 JFS、ReiserFS、EXT、EXT2、EXT3、ISO9660、XFS、Minx、MSDOS、UMSDOS、VFAT、NTFS、HPFS、NFS、SMB、SysV、PROC 等。随着时间的推移，Linux 支持的文件系统数还会增加。

Linux 内核含有一个虚拟文件系统层，用于系统调用操作文件。VFS 是一个间接层，用于处理涉及文件的系统调用，并调用物理文件系统代码中的必要功能来进行 I/O 操作。该间接机制常用于 UNIX 操作系统中，以利于集成和使用几种类型的文件系统。

当处理器发出一个基于文件的系统调用时，内核就会调用 VFS 中的一个函数。该函数会处理与结构无关的操作并且把调用重新转向到与结构相关的物理文件系统代码中的一个函数中，文件系统代码使用高速缓冲功能来请求对设备的 I/O 操作。虚拟文件系统如图 7.1 所示。

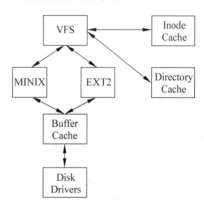

图 7.1　虚拟文件系统

VFS 定义了每个文件系统必须实现的函数集。该接口由一组操作集组成，涉及三类对象：文件系统、i 结点和打开文件。VFS 知道内核所支持的文件系统的类型，它使用一个在内核配置时定义的一张表来获取这些信息。该表中的每个条目描述了一个文件系统类型：它含有文件系统类型的名称以及在加载操作时调用函数的指针。当需要加载一个文件系统时，就会调用相应的加载函数。该函数负责从磁盘上读取超级块、初始化的内部变量，并且向 VFS 返回被加载文件系统。

Linux 是通过把系统支持的各种文件系统链接到一个单独的树形层次结构中，来实现对多文件系统的支持的。该树形层次结构把文件系统表示成一个整个的独立实体。无论什么类型的文件系统，都被装配到某个目录上，由被装配的文件系统的文件覆盖该目录原有的内容。这个目录被称为装配目录或装配点。在文件系统卸载时，装配目录中原有的文件才会显露出来。在 Linux 文件系统中，文件用 i 结点来表示，目录只是包含有一组目录条目列表的简单文件，而设备可以通过特殊文件上的 I/O 请求被访问。

每个文件都是由被称为 i 结点的一个结构来表示的。每个 i 结点都含有对特定文件的描述：文件类型、访问权限、属主、时间戳、大小、指向数据块的指针。分配给一个文件的数据块的地址也存储在该文件的 i 结点中。当一个用户在该文件上请求一个 I/O 操作时，内核代码将当前偏移量转换成一个块号，并使用这个块号作为块地址表中的索引来读写实际的物理块。图 7.2 表示了一个 i 结点的结构。

Linux 目前几乎支持所有的 UNIX 类的文件系统，除了在安装 Linux 操作系统时所要选择的 EXT3、ReiserFS 和 EXT2 外，还支持苹果 MacOS 的 HFS，也支持其他 UNIX 操作系统的文件系统，如 XFS、JFS、Minix fs 及 UFS 等，下面介绍几种常用的文件系统。

1. FAT16 和 FAT32 文件系统

通常 PC 使用的文件系统是 FAT16。像基于 MS-DOS、Windows 95 等系统都采用了

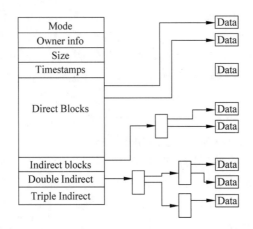

图 7.2　i 结点的结构

FAT16 文件系统。在 Windows 9X 下，FAT16 支持的分区最大为 2GB。计算机将信息保存在硬盘上称为"簇"的区域内。使用的簇越小，保存信息的效率就越高。在 FAT16 的情况下，分区越大簇就相应地要大，存储效率就越低，势必造成存储空间的浪费。并且随着计算机硬件和应用的不断提高，FAT16 文件系统已不能很好地适应系统的要求。在这种情况下，推出了增强的文件系统 FAT32。同 FAT16 相比，FAT32 主要具有以下特点。

(1) 同 FAT16 相比 FAT32 最大的优点是可以支持的磁盘大小达到 2TB(2047GB)，但是不能支持小于 512MB 的分区。基于 FAT32 的 Windows 2000 可以支持分区最大为 32GB；而基于 FAT16 的 Windows 2000 支持的分区最大为 4GB。

(2) 由于采用了更小的簇，FAT32 文件系统可以更有效率地保存信息。如两个分区大小都为 2GB，一个分区采用了 FAT16 文件系统，另一个分区采用了 FAT32 文件系统。采用 FAT16 的分区的簇大小为 32KB，而 FAT32 分区的簇只有 4KB 的大小。这样 FAT32 就比 FAT16 的存储效率要高很多，通常情况下可以提高 15%。

(3) FAT32 文件系统可以重新定位根目录和使用 FAT 的备份副本。另外 FAT32 分区的启动记录被包含在一个含有关键数据的结构中，减少了计算机系统崩溃的可能性。

2. NTFS 文件系统

NTFS 文件系统是一个基于安全性的文件系统，是 Windows NT 所采用的独特的文件系统结构，它是建立在保护文件和目录数据的基础上，同时照顾节省存储资源、减少磁盘占用量的一种先进的文件系统。

3. EXT2 和 EXT3

EXT2 是 GNU/Linux 系统中标准的文件系统，其特点为存取文件的性能极好，对于中小型的文件更显示出优势，这主要得利于其簇快取层的优良设计。其单一文件大小与文件系统本身的容量上限与文件系统本身的簇大小有关，在一般常见的 x86 计算机系统中，簇最大为 4KB，则单一文件大小上限为 2048GB，而文件系统的容量上限为 16384GB。

EXT3 是现在 Linux（包括 Red Hat、Mandrake）常见的默认文件系统，它是 EXT2 的升级版本。正如 Red Hat 公司的首席核心的开发人员 Michael K. Johnson 所说，从 EXT2 转换到 EXT3 主要有以下 4 个理由：可用性、数据完整性、速度及易于转化。EXT3 中采用了日志式的管理机制，它使文件系统具有很强的快速恢复能力，并且由于从 EXT2 转换到

EXT3无须进行格式化,因此更加推进了EXT3文件系统的大大推广。

4. Swap 文件系统

该文件系统是Linux中作为交换分区使用的。在安装Linux的时候,交换分区是必须建立的,并且它所采用的文件系统类型必须是Swap而没有其他选择。

5. NFS 文件系统

NFS文件系统是指网络文件系统,这种文件系统也是Linux的独到之处。它可以很方便地在局域网内实现文件共享,并且使多台主机共享同一主机上的文件系统。而且NFS文件系统访问速度快、稳定性高,已经得到了广泛的应用,尤其在嵌入式领域,使用NFS文件系统可以很方便地实现文件本地修改,而免去了一次次读写Flash的忧虑。

6. ISO9660 文件系统

这是光盘所使用的文件系统,在Linux中对光盘已有了很好的支持,它不仅可以提供对光盘的读写,还可以实现对光盘的刻录。

7.2.2 Linux 目录结构

目录是一个分层的树结构。每个目录可以包含有文件和子目录。目录是作为一个特殊的文件实现的。实际上,目录是一个含有目录条目的文件,每个条目含有一个i结点号和一个文件名。当进程使用一个路径名时,内核代码就会在目录中搜索以找到相应的i结点号,在文件名被转换成了一个i结点以后,该i结点就被加载到内存中并被随后的请求所使用。

Linux的目录结构如图7.3所示,详细列出了Linux文件系统中各主要目录的存放内容。

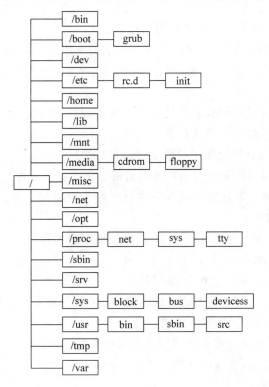

图7.3 Linux 目录结构

(1) /bin：bin 就是二进制（binary）的英文缩写。在这里存放前面 Linux 常用操作命令的执行文件，如 mv、ls、mkdir 等。有时，这个目录的内容和 /usr/bin 里面的内容一样，它们都是放置一般用户使用的执行文件。

(2) /boot：这个目录下存放操作系统启动时所要用到的程序，如启动 grub 就会用到其下的 /boot/grub 子目录。

(3) /dev：该目录中包含了所有 Linux 系统中使用的外部设备。要注意的是，这里并不是存放的外部设备的驱动程序，它实际上是一个访问这些外部设备的端口。由于在 Linux 中，所有的设备都当作文件一样进行操作，如 /dev/cdrom 代表光驱，用户可以非常方便地像访问文件、目录一样对其进行访问。

(4) /etc：该目录下存放了系统管理时要用到的各种配置文件和子目录，如网络配置文件、文件系统、x 系统配置文件、设备配置信息、设置用户信息等都在这个目录下。系统在启动过程中需要读取其参数进行相应的配置。

(5) /etc/rc.d：该目录主要存放 Linux 启动和关闭时要用到的脚本。

(6) /etc/rc.d/init：该目录存放所有 Linux 服务默认的启动脚本（在新版本的 Linux 中还用到的是 /etc/xinetd.d 目录下的内容）。

(7) /home：该目录是 Linux 系统中默认的用户工具根目录。执行 adduser 命令后系统会在 /home 目录下为对应账号建立一个名为同名的主目录。

(8) /lib：该目录是用来存放系统动态链接共享库的。几乎所有的应用程序都会用到这个目录下的共享库，因此千万不要轻易对这个目录进行操作。

(9) /lost+found：该目录在大多数情况下都是空的。只有当系统产生异常时，会将一些遗失的片段放在此目录下。

(10) /media：该目录下是光驱和软驱的挂载点。

(11) /misc：该目录下存放从 DOS 下进行安装的实用工具，一般为空。

(12) /mnt：该目录是软驱、光驱、硬盘的挂载点，也可以临时将别的文件系统挂载到此目录下。

(13) /proc：该目录是用于放置系统核心与执行程序所需的一些信息。而这些信息是在内存中由系统产生的，故不占用硬盘空间。

(14) /ROOT：该目录是超级用户登录时的主目录。

(15) /sbin：该目录是用来存放系统管理员的常用的系统管理程序。

(16) /tmp：该目录用来存放不同程序执行时产生的临时文件。一般 Linux 安装软件的默认安装路径就是这里。

(17) /usr：这是一个非常重要的目录，用户的很多应用程序和文件都存放在这个目录下，类似与 Windows 下的 Program Files 的目录。

(18) /usr/bin：系统用户使用的应用程序。

(19) /usr/sbin：超级用户使用的比较高级的管理程序和系统守护程序。

(20) /usr/src：内核源代码默认的放置目录。

(21) /srv：该目录存放一些服务启动之后需要提取的数据。

(22) /sys：这是 Linux 2.6 内核的一个很大的变化。该目录下安装了 2.6 内核中新出现的一个文件系统 sysfs。

sysfs 文件系统集成了 3 种文件系统的信息：针对进程信息的 proc 文件系统、针对设备的 devfs 文件系统及针对伪终端的 devpts 文件系统。该文件系统是内核设备树的一个直观反映。当一个内核对象被创建时，对应的文件和目录也在内核对象子系统中被创建。

(23) /var：这也是一个非常重要的目录，很多服务的日志信息都存放在这里。

7.2.3 文件类型及文件属性

1．文件类型

Linux 中的文件类型与 Windows 有显著的区别，其中最显著的区别在于 Linux 对目录和设备都当作文件来进行处理，这样就简化了对各种不同类型设备的处理，提高了效率。Linux 中主要的文件类型分为普通文件、目录文件、链接文件和设备文件 4 种。

1) 普通文件

普通文件仅仅就是字节序列，Linux 并没有对其内容规定任何的结构。普通文件可以是程序源代码(C、C++、Python、Perl 等)、可执行文件(文件编辑器、数据库系统、出版工具、绘图工具等)、图片、声音、图像等。Linux 不会区别对待这些文件，只有处理这些文件的应用程序才会对根据文件的内容为它们赋予相应的含义。在 DOS 或 Windows 环境中，所有的文件名的后缀就能表示该文件的类型，如 *.exe 表示可执行文件、*.bat 表示批处理文件。在 Linux 环境下，只要是可执行的文件并具有可执行属性它就能执行，不管其文件名后缀是什么。现在 Linux 终端使用如下命令来查看某个文件的属性：

```
[root@ubunt]# ls -l install.log
-rw-r--r--    1 root     root         23444 2014-11-8   install.log
[root@ubunt]#
```

可以看到有类似 -rw-r--r--，值得注意的是第一个符号是 -，这样的文件在 Linux 中就是普通文件。这些文件一般是用一些相关的应用程序创建，如图像工具、文档工具、归档工具或 cp 工具等。这类文件的删除方式是用 rm 命令。

2) 目录文件

在 Linux 中，目录也是文件，它们包含文件名和子目录名以及指向那些文件和子目录的指针。目录文件是 Linux 中存储文件名的唯一地方，当把文件和目录相对应起来时，也就是用指针将其链接起来之后，就构成了目录文件。因此，在对目录文件进行操作时，一般不涉及对文件内容的操作，而只是对目录名和文件名的对应关系进行了操作。在 Linux 终端使用如下命令即可查看目录文件。

```
ng@ubuntu:/$ ls -l
total 51900
-rwxr-xr-x 1 rootroot 53054086 Nov 14 03:01 4.4.6_E8_release_20120720.tar.bz2
-rwxr-xr-x   1 root root   53054086 Nov 14 03:01 4.4.6_E8_release_20120720.tar
 drwxr-xr-x  2 root root    4096 Nov 14 00:37 bindrwxr-xr-x    3 root root    4096 Nov 14 00:44 boot
drwxr-xr-x   2 root root    4096 Nov 13 20:37 cdrom
drwxr-xr-x  15 root root    4280 Mar 22   2015 dev
```

```
drwxr-xr-x 129 root root    12288 Mar 22 01:28 etc
drwxr-xr-x   3 root root     4096 Nov 13 21:02 home
```

当在某个目录下执行,看到有类似 drwxr-xr-x,这样的文件就是目录,目录在 Linux 中是一个比较特殊的文件,注意它的第一个字符是 d。创建目录的命令可以用 mkdir 命令或 cp 命令,cp 可以把一个目录复制为另一个目录。删除用 rm 或 rmdir 命令。

3) 链接文件

Linux 文件系统实现了链接的概念,几个文件名可以与一个 i 结点相关联。i 结点含有一个字段,其中含有与文件的关联数目。要增加一个链接只需简单地建立一个目录项,该目录项的 i 结点号指向该 i 结点并增加该 i 结点的连接数即可。但删除一个链接时,也即当使用 rm 命令删除一个文件名时,内核会递减 i 结点的链接计数值,如果该计数值等于零的话,就会释放该 i 结点。这种类型的链接称为硬链接(hard link),并且只能在单独的文件系统内使用,也即不可能创建一个跨越文件系统的硬链接。而且,硬链接只能指向文件,为了防止造成目录树的循环,不能创建目录的硬链接。

在大多数 Linux 文件系统中还有另外一种链接——符号链接(Symbolic link),仅是含有一个文件名的简单文件。在从路径名到 i 结点的转换中,但内核遇到一个符号链接时,就用该符号链接文件的内容替换链接的文件名,也即用目标文件的名称来替换,并重新开始路径名的翻译工作。由于符号链接并没有指向 i 结点,因此就有可能创建一个跨越文件系统的符号链接。符号链接可以指向任何类型的文件,甚至是一个不存在的文件。由于没有与硬链接相关的限制,因此它们非常有用。然而,它们会用掉一点磁盘空间,并且需要为它们分配 i 结点和数据块。由于内核在遇到一个符号链接时需要重新开始路径名到 i 结点的转换工作,因此会造成路径名到 i 结点转换的额外负担。

链接文件有些类似于 Windows 中的"快捷方式",但是它的功能更为强大。它可以实现对不同的目录、文件系统甚至是不同的机器上的文件直接访问,并且不必重新占用磁盘空间。

4) 设备文件

在 UNIX 类操作系统中,设备是可以通过特殊的文件进行访问的。设备特殊文件不会使用文件系统上的任何空间,它只是对设备驱动程序的一个访问点。设备是指计算机中的外围硬件装置,即除了 CPU 和内存以外的所有设备。通常,设备中含有数据寄存器或数据缓存器、设备控制器,它们用于完成设备同 CPU 或内存的数据交换。

在 Linux 下,为了屏蔽用户对设备访问的复杂性,采用了设备文件,即可以通过像访问普通文件一样的方式来对设备进行访问读写。设备文件用来访问硬件设备,包括硬盘、光驱、打印机等。每个硬件设备至少与一个设备文件相关联。存在两类设备特殊文件,即字符设备特殊文件和块设备特殊文件。字符设备特殊文件(如键盘)允许以字符模式进行 I/O 操作,而块设备特殊文件(如磁盘)需要通过高速缓冲功能以块模式写数据方式进行操作。当对设备特殊文件进行 I/O 请求操作时,就会传递到(虚拟的)设备驱动程序中。对特殊文件的引用是通过主设备号和次设备号进行的,主设备号确定了设备的类型,而次设备号指明了设备单元。Linux 下设备名以文件系统中的设备文件的形式存在,所有的设备文件存放在/dev 目录下。在 Linux 终端使用如下命令:

```
ng@ubuntu:/$ ls -l /dev/tty
crw-rw-rw- 1 root tty 5, 0 Mar 22 01:28 /dev/tty
```

看到/dev/tty 的属性是 crw－rw－rw－，注意前面第一个字符是 c，这表示字符设备文件，如 Modern 等串口设备。

2. 文件属性

一谈到文件类型，大家就能想到 Windows 的文件类型，如 file.txt、file.doc、file.sys、file.mp3、file.exe 等，根据文件的后缀就能判断文件的类型。但在 Linux 操作系统中的一个文件是否能被执行，和后缀名没有太大的关系，主要与文件的属性有关。Linux 中的文件属性如图 7.4 所示。

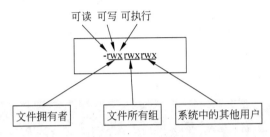

图 7.4　Linux 文件属性

首先，Linux 中文件的拥有者可以把文件的访问属性设成 3 种不同的访问权限：可读（r）、可写（w）和可执行（x）。文件又有 3 个不同的用户级别：文件拥有者（u）、所属的用户组（g）和系统中的其他用户（o）。第一个字符显示文件的类型："_"表示普通文件；"d"表示目录文件；"l"表示链接文件；"c"表示字符设备；"b"表示块设备；"p"表示命名管道，如 FIFO 文件（First In First Out，先进先出）；"f"表示堆栈文件，如 LIFO 文件（Last In First Out，后进先出）。

第一个字符之后有 3 个三位字符组："r"表示可读；"w"表示可写；"x"表示可执行；"－"表示该用户组对此没有权限。

第 1 个三位字符组表示对于文件拥有者（u）对该文件的权限；第 2 个三位字符组表示文件用户组（g）对该文件的权限；第 3 个三位字符组表示系统其他用户（o）对该文件的权限。注意目录权限和文件权限有一定的区别，对于目录而言，r 代表允许列出该目录下的文件和子目录，w 代表允许生成和删除该目录下的文件，x 代表允许访问该目录。

7.2.4　嵌入式 Linux 开发环境构建

嵌入式软件的开发是在交叉开发环境下进行的，对于嵌入式 Linux 而言，需要在宿主机（通常用 PC）建立一个 Linux 开发环境，因此必须在 PC 上安装一个 Linux 操作系统。

首先在 PC 的硬盘上预留一个盘（提示：建议是整个 Windows 系统的最后一个盘），保证空间至少 50GB，并且将该盘的内容清空，然后用 Windows 自带的磁盘工具将该盘删掉（提示：此操作有风险，建议在无重要资料的 PC 的硬盘上操作，以防止删掉该盘之后，引起别的盘的数据丢失的情况），用 Windows 自带的磁盘工具能够看到被删掉的盘为未分配的空间即可。准备一张 Ubuntu 安装 CD 或者在 http://www.ubuntu.org.cn/download 上自行选择 32 位或者 64 位 Ubuntu 系统的 ISO 格式文件,用 UltraISO 等一系列刻录软件将 ISO 文件刻录至光盘或 U 盘上。本文采用 ISO 镜像的方式安装 Ubuntu,双击 wubi.exe 可执行文件,然后一直单击 Next 按钮进行安装。安装成功之后,重新启动计算机,根据系统提示安装 Ubuntu 系统。

接下来安装交叉编译工具链。

1. 使用制作好的工具链

搭建交叉编译环境是嵌入式开发的第一步,也是必备一步。搭建交叉编译环境的方法很多,不同的体系结构、不同的操作内容甚至是不同版本的内核,都会用到不同的交叉编译器,而且,有些交叉编译器经常会有部分的 BUG,这都会导致最后的代码无法正常地运行。因此,选择合适的交叉编译器对于嵌入式开发是非常重要的。

本文采用 TQ210 开发板自带的开发软件包安装交叉编译工具链。复制光盘中的"TQ210_CD\交叉编译工具\4.4.6_TQ210_release_20120720.tar.bz2"压缩包到 PC 的根目录下,然后在终端中解压,如图 7.5 所示。

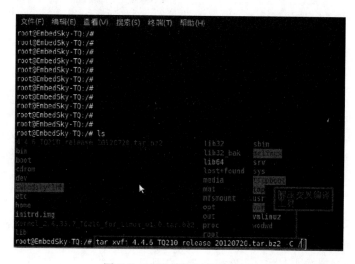

图 7.5 交叉编译工具的解压

解压完成之后修改环境变量,添加交叉编译器的路径,使用 gedit /etc/environment 命令,修改后的文件内容如图 7.6 所示。

图 7.6 配置环境变量

然后执行 source /etc/environment 命令生效,再执行 arm-linux-gcc -v 命令就可以查看刚刚安装好的交叉编译器如图 7.7 所示。

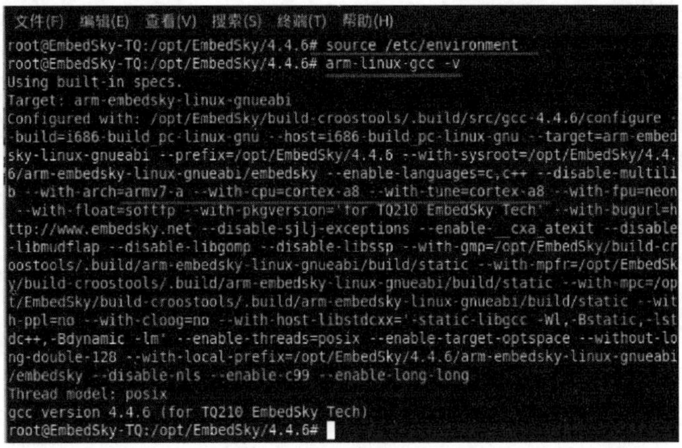

图 7.7 交叉编译工具

2. 自己制作工具链

用户也可以自己编译工具链。如果要基于 gcc 和 glibc 来制作工具链,可以使用 crosstoo 来进行编译;如果要基于 gcc 和 uClibc 来制作工具链,可以使用 buildroot 来进行编译。如果不借助于这些工具,编译过程是非常烦琐的。uClibc 比 glibc 小,在已有的接口上是兼容的,更适用于嵌入式系统。但是 uClibc 并没有包括 glibc 中的所有接口实现,因此有些应用可能在 uClibc 中不能编译。基于这个原因,本书使用 glibc,当对系统很熟悉后,或是在开发资源很受限制的产品时,可以使用 uClibc。

下面将使用/work/tools/create_crosstools 目录下的 crosstool-0.43.tar.gz 工具来编译工具链,运行时,会自动从网上下载源码,然后编译。也可以先自己下载源码,再运行 crosstool。本书已经将源码放在 src-gcc_glibc 目录下。

crosstool 官方网站为 http://kegel.com/crosstool/,可以参考其中的 crosstool-howto.html 选择、配置、编译工具链。

1) 修改 crosstool 脚本

执行以下命令解压缩:

```
$ tar xzf crosstool-0.43.tar.gz
```

glibc-2.3.6-version-info.h_err.patch 是一个补丁文件,它修改 glibc-2.3.6/csu/Makefile 里面的一个小错误,导致自动生成的 version-info.h 文件编译出错。将它复制到 crosstool 的补丁目录下:

```
$ cp glibc-2.3.6-version-info.h..err.patch crosstool-0.43/patches/glibc-2.3.6/
```

后面将执行 crosstool-0.43 目录下的 demo-arm-softfloat.sh 脚本来进行编译,摘取它的部分内容如下:

```
07    TARBALLS_DIR = $HOME/downloads
08    RESULT_TOP = /opt/crosstool
09    export TARBALLS_DIR RESULT_TOP
10    GCC_LANGUAGES - "c,c++"
26    #eval    cat arm-softfloat.dat gcc-3.3.6-glibc-2.3.2-tls.dat' sh all.sh --- notest
27    #eval    cat arm-softfloat.dat gcc-3.4.5-glibc-2.2.5.dat' sh all.sh -- notest
28    #eval    cat arm-softfloat.dat gcc-3.4.5-glibc-2.3.5.dat' sh all.sh -- notest
29    #eval    cat arm-softfloat.dat gcc-3.4.5-glibc-2.3.6.dat' sh all.sh -- notest
```

第 7 行的 TARBALLS_DIR 表示源码存放的位置。

第 8 行的 RESU LT_TOP 表示编译结果存放的位置。

第 10 行的 GCC_LANGUAGES 表示制作出来的工具链支持 C、C++语言，如果要支持其他语言，可以在里面增加。例如，下面一行表示支持 Java：

```
GCC_LANGUAGES = "c,c + +, java"
```

从第 26～29 行可知，可以选择多种 gcc、glibc 版本，本书使用默认版本：gcc-3.4.5 和 glibc-2.3.6。执行 demo-arm-softfloat.sh 脚本后，它将根据 arm-softfloat.dat、gcc-3.4.5-glibc-2.3.6.dat 这两个文件 RFL 定义的环境变量调用 all.sh 脚本进行编译。gcc-3.4.5-glibc-2.3.6.dat 文件指明了要下载或使用的文件。需要修改 demo-arm-softfloat.sh、arm-softfloat.dat、all.sh 这 3 个文件。

（1）修改 demo-arm-softfloat.sh 文件后的内容如下：

```
07    TARBALLS_DIR = /work/tools/create_crosstools/src-gcc-glilbc.
08    RESULT_TOP = /work/tools
```

（2）将 arm-sofifloat.dat 文件的内容：

```
02    TARGET = arm-softfloat-linux-gnu
```

修改为：

```
02    TARGET = arm-linux
```

它表示编译出来的工具样式为 arm-linux-gcc、arm-linux-ld 等，这是常用的名字。

（3）修改 all.sh 文件。

如果现在就执行 demo-arm-soft,float.sh,最终结果将存放在/work/tools/gcc-3.4.5-glibc-2.3.6/arm-linux 目录下。为简洁起见，修改 all.sh,将结果存放在/work/tools/gcc-3.4.5-glibc-2.3.6 目录下。

```
70    PREFIX = ${PREFIX-$RESULT_TOP/$TOOLCOMBO/$TARGET}
```

改为:

```
70   PREFIX=${PREFIX-$RESULT_TOP/$TOOLCOMBO}
```

2) 编译、安装工具链

执行以下命令:

```
$ cd crosstool-0.43/
$ ./demo-arm-softfloat.sh
```

编译两三个小时后,将在/work/tools/目录下生成 gcc-3.4.5-glibc-2.3.6 子目录,交叉编译器、库、头文件都包含在里面,然后设置 PATH 环境变量即可使用。使用下面命令测评一下:

```
$ arm-linux-gcc -v
```

现在,基本的开发环境已经建立,在后续开发过程中,要使用到其他工具时,再进行安装。

3. 交叉编译工具选项说明

源文件需要经过编译才能生成可执行文件。在 Windows 下进行开发时,只需要单击几个按钮即可编译,集成开发环境(如 Visual Studio)已经将各种编译工具的使用封装好了。Linux 下也有很优秀的集成开发工具,但是更多时候是直接使用编译工具;即使使用集成开发工具,也需要掌握一些编译选项。

PC 上的编译工具链为 gcc、ld、objcopy、objdump 等,它们编译出来的程序在 x86 平台上运行。要编译出能在 ARM 平台上运行的程序,必须使用交叉编译工具 arm-linux-gcc、arm-linux-ld 等。

7.2.5 Minicom 的安装

Linux 下的 Minicom 的功能与 Windows 下的超级终端功能相似,可以通过串口控制外部的硬件设备,适用于在 Linux 通过超级终端对嵌入式设备进行管理,同样也可以使用 Minicom 对外置 Modem 进行控制。其中最主要的配置参数就是波特率、数据位、停止位、奇偶校验位和数据流控制位等,但是它们一定要根据实际情况进行相应配置。

1. Minicom 的安装

安装 Minicom

```
# sudo apt-get install minicom
```

2. Minicom 的使用

(1) 第一次启动 Minicom 时要以 root 权限登录系统,需要进行 Minicom 的设置,输入"#minicom -s"命令,显示的内容如图 7.8 所示,按上下光标键进行上下移动选择,要对串行端口进行设置,因此选择 Serial port setup 选项,然后按 Enter 键。

（2）在弹出如图 7.9 所示的配置界面中，按 A 键设置串行端口为"/dev/ttyUSB0,"这表示使用串口 1(COM1)，如果是"/dev/ttyUSB1"则表示使用串口 2(COM 2)；按 E 键进入设置"Bps/Par/Bits"（波特率）界面，再按 I 键设置波特率为"115200"，按 F 键"Hardware Flow Control"设置（硬件流控制）为"NO"，按 Enter 键最终的设置结果如下：

图 7.8　Minicom 配置界面

图 7.9　串口配置

```
A - Serial Device(串口设备): /dev/ttyVSB0
B - Lockfile Location(锁文件位置): /var/lock
C - Callin Program(调入程序):
D - Callout Program(调出程序):
E - Bps/Par/Bits(波特率): 115200 8N1
F - Hardware Flow Control(硬件数据流控制): No
G - Software Flow Control(软件数据流控制): No
Change which setting?   (改变这些设置)
```

然后选择"Save setup as dfl"选项，按 Enter 键保存刚才的设置；再选择"Exit"选项退出设置模式，刚才的设置保存到"/etc/minirc.dfl"，接着进入初始化模式。

还可以这样设置，打开终端输入"Minicom"后，初始化进入 Minicom 的欢迎界面，这里提示按 Ctrl+A 组合键，再按 Z 键进入主配置目录。

按下 O 键，并选择串口配置选项进行配置，接下来的配置是一样的。解析一下 Minicom 命令摘要，当按下 Ctrl+D <Key>组合键时命令将被执行，Key 是对应的"字母"键如下。

D 键：拨号目录。

S 键：发送文件，上传文件有 Zmodem、Ymodem、Xmodem、Kermit、ASCII 等方式。

P 键：通信参数。对波特率进行设置。

L 键：捕捉开关。

F 键：发送中断。

T 键：终端设置。

W 键：换行开关。

G 键：运行脚本。

R 键：接收文件。
A 键：添加一个换行符。
H 键：挂断。
M 键：初始化调制解调器。
K 键：运行 Kermit 进行刷屏。
E 键：切换本地回显开关。
C 键：清除屏幕。
O 键：配置 Minicom。
J 键：暂停 Minicom。
X 键：退出和复位。
Q 键：退出没有复位。
I 键：光标模式。
Z 键：帮助屏幕。
B 键：滚动返回。

配置完成后，用串口线和网线连接 PC 和嵌入式 QT210 开发板，启动开发板的电源，即可在 Linux 下 Minicom 超级终端看到启动信息，并可以执行操作控制。

7.3　嵌入式 C 语言开发流程

　　Linux 下的 C 语言程序设计与在其他环境中的 C 语言程序设计一样，主要涉及编辑器、编译链接器、调试器及项目管理工具。Linux 下 C 语言编程常用的编辑器是 Vim 或 Emacs，编译器一般用 GCC，编译链接程序用 make，跟踪调试一般使用 GBD，项目管理用 makefile。

1. 编写源代码

　　启动 Linux 后新建一个终端，在终端窗口中使用 Vim 编辑器来编辑源程序，在命令行中输入命令"vim hello.c"，即可启动 Vim 编辑器，进入命令行模式，在该模式中可以通过上下移动光标进行"删除字符"或"整行删除"等操作，也可以进行"复制"、"粘贴"等操作，但无法编辑文字。

```
[ng@ubunt]# vim    hello.c
```

　　启动后按 I 键进入插入模式，最下方出现"—插入—"提示，只有在该模式下，用户才能进行文字编辑。然后输入 hello.c 源代码，如图 7.10 所示。

　　最后，在插入模式中，按下 Esc 键，则当前模式转入命令行模式，然后按 Shift+: 组合键进入底行模式，并在底行行中输入"：wq"（存盘退出）。

　　通过以上操作，就得到了一个名为"hello.c"的源代码文件，可以通过"ls - l"命令查看到该文件的信息。

图 7.10　hello.c 源代码

2. 编译源代码

编译源程序的工具是 GCC，在命令行输入"GCC - o hello hello.c"即可对 hello.c 源代码进行编译了，如果源程序出错，则编译通不过，这时需要重新用 Vim 修改源程序，如果没有出错提示，表示编译通过，使用 ls 命令则可以查看到一个可执行文件 hello。

3. 运行程序

在命令行中输入"./hello"即可运行该程序。命令中的"."表示当前目录，起指示路径的作用，表示运行当前目录下的 hello 程序。

4. 调试程序

调试是所有程序员都会面临的问题。当然，这不是必备的步骤，如本节中的示例比较简单，就不存在调试的问题。如果程序进一步复杂，就需要对程序进行调试，调试所用到的工具是 GDB。GDB 调试器是一款 GNU 开发组织并发布的 UNIX/Linux 下的程序调试工具。

5. 交叉编译

到目前为止，Linux 下的 C 语言编程基本完成，编译后的可执行程序是基于 x86 架构的。但是在嵌入式软件开发中往往是基于交叉编译环境的，开发是在宿主机中完成，运行是在目标机(指 ARM 架构的嵌入式产品)中。因此还需要交叉编译，通过交叉编译工具链 arm-linux-gcc 将源程序编译成嵌入式产品中的可执行程序。如在命令行中输入"arm-linux-gcc hello.c -o hello"，得到二进制文件 hello，把可执行文件 hello 下载到嵌入式开发板中，运行得到结果。

7.3.1　Vim 编辑器

Linux 下的编辑器就如 Windows 下的 Word、记事本等一样，完成对所录入文件的编辑功能。Linux 中最常用的编辑器有 Vi(Vim) 和 Emacs，它们功能强大，使用方便，广受编程。

1. Vi(Vim) 的基本模式

1) 命令行模式(Command Mode)

在该模式下用户可以输入命令来控制屏幕光标的移动，字符、单词或行的删除，移动复制某区段，也可以进入到底行模式或者插入模式下。

2) 插入模式(Insert Mode)

用户只有在插入模式下才可以进行字符输入，用户按 Esc 键可返回到命令行模式下。

3) 底行模式(Last Line Mode)

在该模式下,用户可以将文件保存或退出 Vi,也可以设置编辑环境,如寻找字符串、显示行号等。这一模式下的命令都是以":"开始。

2. Vi(Vim)的基本操作

1) 进入与离开

进入 Vi 可以直接在系统提示符下输入"vi ＜文档名称＞",Vi 可以自动载入所要编辑的文档或是创建一个新的文档,如在 shell 中输入"vi hello.c"即可进入 Vi 界面。进入"Vi"界面后最左边会出现波浪符号,凡是有该符号就代表该行目前是空的,此时进入的是命令行模式。若要离开 Vi 可以在底行模式下输入":q"(不保存离开),":wq"(保存离开)则是存档后再离开(注意冒号)。

2) Vim 中 3 种模式的切换

(1) 命令行模式、底行模式转为插入模式。进入插入模式时的命令如表 7.1 所示。

(2) 插入模式转为命令行模式、底行模式。从插入模式转为命令行模式、底行模式比较简单,只需使用 Esc 键即可。

(3) 命令行模式与底行模式转换。命令行模式与底行模式间的转换不需要其他特别的命令,而只需要直接输入相应模式中的命令键即可。

表 7.1 进入插入模式时的命令

特征	命令	作 用
新增	a	从光标所在位置后面开始新增资料,光标后的资料随新增资料向后移动
	A	从光标所在列最后面的地方开始新增资料
插入	i	从光标所在位置前面开始插入资料,游标后的资料随新增资料向后移动
	I	从光标所在列的第一个非空白字符前面开始插入资料
开始	o	在光标所在列下方新增一列,并进入插入模式
	O	在光标所在列上方新增一列,并进入插入模式

3) Vi 的删除、修改与复制

Vi 的删除、修改与复制如表 7.2 所示。

表 7.2 Vi 的删除、修改与复制

特征	ARM	作 用
删除	x	删除光标所在的字符
	dd	删除光标所在的行
	s	删除光标所在的字符,并进入插入模式
	S	删除光标所在的行,并进入插入模式
修改	r 待修改字符	修改光标所在的字符,输入"r"后直接输入待修改字符
	R	进入取代状态,可移动光标输入所指位置的修改字符,该取代状态直到按 Esc 键才结束
复制	yy	复制光标所在的行
	nyy	复制光标所在的行向下 n 行
	p	将缓冲区内的字符粘贴到光标所在位置

4) Vi(Vim)的光标移动指令

Vi(Vim)的光标移动指令如表7.3所示。

表7.3　Vi(Vim)的光标移动指令

指令	作用	指令	作用
0	移动到光标所在行的最前面	b	移动到上一个字的第一个字母
$	移动到光标所在行的最后面	w	移动到下一个字的第一个字母
[Ctrl]d	光标向下移动半页	e	移动到下一个字的最后一个字母
[Ctrl]f	光标向下移动一页	^	移动到光标所在行的第一个非空白字符
H	光标移动到当前屏幕的第一行第一列	n—	向上移动 n 行
M	光标移动到当前屏幕的中间行第一列	n+	向下移动 n 行
L	光标移动到当前屏幕的最后行第一列	nG	移动到第 n 行

5) Vi的查找与替换

Vi的查找与替换如表7.4所示。

表7.4　Vi的查找与替换

特征	ARM	作用
查找	/<要查找的字符>	向下查找要查找的字符
	?<要查找的字符>	向上查找要查找的字符
替换	:0,$ s/string1/string2/g	0,$：替换范围从第0行到最后一行； s：转入替换模式； string1/string2：把所有 string1 替换为 string2； g：强制替换而不提示

6) Vi的文件操作指令

Vi的文件操作指令如表7.5所示。

表7.5　Vi的文件操作指令

指令	作用	指令	作用
:q	结束编辑,退出 Vi	:wq	保存文档并退出
:q!	不保存编辑过的文档	:zz	功能与":wq"相同
:w	保存文档,其后可加要保存的文件名	:x	功能与":wq"相同

7.3.2　GCC编译器

GCC除了能支持C语言外,目前还支持Ada语言、C++语言、Java语言、Objective C语言、Pascal语言、COBOL语言,以及支持函数式编程和逻辑编程的Mercury语言等。

GCC的编译流程分为了4个步骤,分别为预处理(Pre-Processing)、编译(Compiling)、汇编(Assembling)、链接(Linking)。

1. GCC使用的基本语法

```
gcc  [option|  filename]
```

(1) 预处理阶段：

```
gcc -E -o [目标文件][编译文件]
```

选项"-E"可以使编译器在预处理结束时就停止编译。
选项"-o"是指定 GCC 输出的结果。
(2) 编译阶段：

```
gcc -S -o hello.s hello.i
```

选项"-S"能使编译器在进行完编译之后就停止。
(3) 汇编阶段：

```
gcc -c hello.s -o hello.o
```

选项"-c"把编译阶段生成的".s"文件生成目标文件".o"。
(4) 链接阶段：

```
gcc hello.o -o hello
```

可以生成可执行文件。
GCC 所支持后缀名如表 7.6 所示。

表 7.6　GCC 所支持后缀名解释

后缀名	所对应的语言	后缀名	所对应的语言
.c	C 原始程序	.s/.S	汇编语言原始程序
.C/.cc/.cxx	C++ 原始程序	.h	预处理文件(头文件)
.m	ObjectiveC 原始程序	.o	目标文件
.i	已经过预处理的 C 原始程序	.a/.so	编译后的库文件
.ii	已经过预处理的 C++ 原始程序		

2. GCC 常用编译选项

GCC 有超过 100 个可用选项，主要包括总体选项、告警和出错选项、优化选项和体系结构相关选项。以下对常用的选项进行介绍。

1) 总体选项

GCC 的总体选项如表 7.7 所示，很多在前面的示例中已经有所涉及。

表 7.7　GCC 总体选项

后缀名	所对应的语言
-c	只是编译不链接，生成目标文件".o"
-S	只是编译不汇编，生成汇编代码
-E	只进行预编译，不做其他处理
-g	在可执行程序中包含标准调试信息
-o file	把输出文件输出到 file 中

续表

后 缀 名	所对应的语言
-v	打印出编译器内部编译各过程的命令行信息和编译器的版本
-I dir	在头文件的搜索路径列表中添加 dir 目录
-L dir	在库文件的搜索路径列表中添加 dir 目录
-static	链接静态库
-llibrary	连接名为 library 的库文件

2）告警和出错选项

GCC 的告警和出错选项如表 7.8 所示。

表 7.8　GCC 的告警和出错选项

选　项	含　义
-ansi	支持符合 ANSI 标准的 C 程序
-pedantic	允许发出 ANSI C 标准所列的全部警告信息
-pedantic-error	允许发出 ANSI C 标准所列的全部错误信息
-w	关闭所有告警
-Wall	允许发出 GCC 提供的所有有用的报警信息
-werror	把所有的告警信息转化为错误信息，并在告警发生时终止编译过程

3）体系结构相关选项

GCC 的体系结构相关选项如表 7.9 所示。

表 7.9　GCC 体系结构相关选项

选　项	含　义
-mcpu=type	针对不同的 CPU 使用相应的 CPU 指令。可选择的 type 有 i386、i486、pentium 及 i686 等
-mieee-fp	使用 IEEE 标准进行浮点数的比较
-mno-ieee-fp	不使用 IEEE 标准进行浮点数的比较
-msoft-float	输出包含浮点库调用的目标代码
-mshort	把 int 类型作为 16 位处理，相当于 short int
-mrtd	强行将函数参数个数固定的函数用 ret NUM 返回，节省调用函数的一条指令

3．库依赖

在 Linux 下使用 C 语言开发应用程序时，完全不使用第三方函数库的情况是比较少见的，通常来讲都需要借助一个或多个函数库的支持才能够完成相应的功能。从程序员的角度看，函数库实际上就是一些头文件（.h）和库文件（.so 或者.a）的集合。虽然 Linux 下大多数函数都默认将头文件放到/usr/include/目录下，而库文件则放到/usr/lib/目录下，但并不是所有的情况都是这样。正因如此，GCC 在编译时必须让编译器知道如何来查找所需要的头文件和库文件。

GCC 采用搜索目录的办法来查找所需要的文件，"-I"选项可以向 GCC 的头文件搜索路径中添加新的目录。例如，如果在/home/david/include/目录下有编译时所需要的头文件，为了让 GCC 能够顺利地找到它们，就可以使用"-I"选项：

```
[root@ubuntt]# gcc david.c -I /home/david/include -o david
```

同样,如果使用了不在标准位置的库文件,那么可以通过"-L"选项向 GCC 的库文件搜索路径中添加新的目录。例如,如果在/home/david/lib/目录下有链接时所需要的库文件 libdavid.so,为了让 GCC 能够顺利地找到它,可以使用下面的命令:

```
[root@ubuntt]# gcc david.c -L /home/david/lib -ldavid -o david
```

值得详细解释的是"-l"选项,它指示 GCC 去连接库文件 david.so。Linux 下的库文件在命名时有一个约定,那就是应该以 lib 3 个字母开头。由于所有的库文件都遵循了同样的规范,因此在用"-l"选项指定链接的库文件名时可以省去 lib 3 个字母,也就是说 GCC 在对"-l david"进行处理时,会自动去链接名为 libdavid.so 的文件。

7.3.3 GDB 调试器

调试器并不是代码执行的必备工具,而是专为程序员方便调试程序而使用的。有编程经验的读者都知道,在编程的过程中,往往调试所消耗的时间远远大于编写代码的时间。因此,有一个功能强大、使用方便的调试器是必不可少的。GDB 是绝大多数 Linux 开发人员所使用的调试器,它可以方便地设置断点、单步跟踪等,足以满足开发人员的需要。

这里给出了一个短小的程序,由此带领读者熟悉一下 GDB 的使用流程。首先,打开 Linux 下的编辑器 Vi 或者 Emacs,编辑如下代码

```c
#include <stdio.h>
int func(int n)
{
    int sum = 0, i;
    for(i = 0; i < n; i++)
    {
        sum += i;
    }
    return sum;
}
Void main()
{
    int i;
    int result = 0;
    for(i = 1; i <= 100; i++)
    {
        result += i;
    }
    printf("result[1-100] = %d/n", result);
    printf("result[1-250] = %d/n", func(250) );
}
```

编译生成执行文件：（Linux 下）

```
gcc -g test.c -o test
```

使用 GDB 调试：

```
gdb test <---------- 启动 GDB
GNU gdb (Ubuntu/Linaro 7.4-2012.02-0ubuntu2) 7.4-2012.02
Copyright (C) 2012 Free Software Foundation, Inc.
License GPLv3+: GNU GPL version 3 or later <http://gnu.org/licenses/gpl.html>
This is free software: you are free to change and redistribute it.
There is NO WARRANTY, to the extent permitted by law. Type "show copying"
and "show warranty" for details.
This GDB was configured as "i686-linux-gnu".
For bug reporting instructions, please see:
<http://bugs.launchpad.net/gdb-linaro/>...
Reading symbols from /mnt/hgfs/share VMware/test...done.
(gdb) -l <------ l 命令相当于 list,从第一行开始列出原码
1       #include <stdio.h>
2
3       int func(int n)
4       {
5           int sum = 0, i;
6           for(i = 0; i < n; i++)
7           {
8               sum += i;
9           }
10          return sum;
11      }
12
13
14      main()
15      {
16          int i;
17          int result = 0;
18          for(i = 1; i <= 100; i++)
19          {
20              result += i;
21          }
22
23          printf("result[1-100] = %d/n", result );
24          printf("result[1-250] = %d/n", func(250) );
25      }
26
```

可以看出，GDB 列出的源代码中明确地给出了对应的行号，这样就可以大大地方便代码的定位。

1. 设置断点

设置断点是调试程序中一个非常重要的手段，它可以使程序到一定位置暂停它的运行。

因此，程序员在该位置处可以方便地查看变量的值、堆栈情况等，从而找出代码的症结所在。

在 GDB 中设置断点非常简单，只需在"b"后加入对应的行号即可（这是最常用的方式，另外还有其他方式设置断点）。

```
(gdb) b 6
breakpoint 1 at 0x80483f1: file test.c, line 6.
```

需要注意的是，在 GDB 中利用行号设置断点是指代码运行到对应行之前将其停止，如上例中，代码运行到第 5 行之前暂停（并没有运行第 5 行）。

2. 查看断点情况

在设置完断点之后，用户可以输入"info b"来查看设置断点情况，在 GDB 中可以设置多个断点。

```
(gdb) info b
Num   Type       Disp Enb Address    What
1     breakpoint keep y   0x080483f1 in func at test.c:6
```

3. 运行代码

接下来就可运行代码了，GDB 默认从首行开始运行代码，可输入"r"（run）即可（若想从程序中指定行开始运行，可在 r 后面加上行号）。

```
(gdb) r
Starting program: /mnt/hgfs/share VMware/test
breakpoint 1, func (n = 250) at test.c:6
6                    for(i = 0; i < n; i++)
(gdb)
```

可以看到，程序运行到断点处就停止了。

4. 查看变量值

在程序停止运行之后，程序员所要做的工作是查看断点处的相关变量值。在 GDB 中只需输入"p"+变量名即可。

```
(gdb) p i
$1 = -1207961320
```

5. 单步运行

单步运行可以使用命令"n"（next）或"s"（step），它们之间的区别在于：若有函数调用的时候，"s"会进入该函数而"n"不会进入该函数。因此，"s"就类似于 VC 等工具中的 step over，它们的使用如下：

```
(gdb) n
8                    sum += i;
(gdb) s
6                    for(i = 0; i < n; i++)
```

可见，使用"n"后，程序显示函数 sum 的运行结果并向下执行，而使用"s"后则进入到 sum 函数之中单步运行。

6. 恢复程序运行

在查看完所需变量及堆栈情况后，就可以使用命令"c"（continue）恢复程序的正常运行了。这时，它会把剩余还未执行的程序执行完，并显示剩余程序中的执行结果。以下是之前使用"n"命令恢复后的执行结果：

```
(gdb) c
Continuing.
result[1-100] = 5050 /nresult[1-250] = 31125 /n[Inferior 1 (process 4577) exited with code 030]
(gdb)
```

可以看出，程序在运行完后退出，之后程序处于"停止状态"。

GDB 的命令可以通过查看 help 进行查找，由于 GDB 的命令很多，因此 GDB 的 help 将其分成了很多种类（class），用户可以通过进一步查看相关 class 找到相应命令。

GDB 工作环境相关命令如下。

```
(gdb) help
List of classes of commands:
aliases -- Aliases of other commands
breakpoints -- Making program stop at certain points
data -- Examining data
files -- Specifying and examining files
internals -- Maintenance commands
obscure -- Obscure features
running -- Running the program
stack -- Examining the stack
status -- Status inquiries
support -- Support facilities
tracepoints -- Tracing of program execution without stopping the program
user-defined -- User-defined commands
Type "help" followed by a class name for a list of commands in that class.
Type "help all" for the list of all commands.
Type "help" followed by command name for full documentation.
Type "apropos word" to search for commands related to "word".
Command name abbreviations are allowed if unambiguous.
(gdb)
```

上述列出了 GDB 各个分类的命令，注意底部的部分说明其为分类命令。接下来可以具体查找各分类种的命令。

```
(gdb) help data
Examining data.
List of commands:
append -- Append target code/data to a local file
```

```
append binary -- Append target code/data to a raw binary file
append binary memory -- Append contents of memory to a raw binary file
append binary value -- Append the value of an expression to a raw binary file
append memory -- Append contents of memory to a raw binary file
append value -- Append the value of an expression to a raw binary file
call -- Call a function in the program
disassemble -- Disassemble a specified section of memory
display -- Print value of expression EXP each time the program stops
dump -- Dump target code/data to a local file
dump binary -- Write target code/data to a raw binary file
dump binary memory -- Write contents of memory to a raw binary file
dump binary value -- Write the value of an expression to a raw binary file
dump ihex -- Write target code/data to an intel hex file
dump ihex memory -- Write contents of memory to an ihex file
dump ihex value -- Write the value of an expression to an ihex file
dump memory -- Write contents of memory to a raw binary file
dump srec -- Write target code/data to an srec file
dump srec memory -- Write contents of memory to an srec file
dump srec value -- Write the value of an expression to an srec file
dump tekhex -- Write target code/data to a tekhex file
dump tekhex memory -- Write contents of memory to a tekhex file
dump tekhex value -- Write the value of an expression to a tekhex file
dump value -- Write the value of an expression to a raw binary file
find -- Search memory for a sequence of bytes
init-if-undefined -- Initialize a convenience variable if necessary
---Type <return> to continue, or q <return> to quit---
```

至此，若用户想要查找 call 命令，就可输入"help call"。

```
(gdb) help call
Call a function in the program.
The argument is the function name and arguments, in the notation of the
current working language.  The result is printed and saved in the value
history, if it is not void.
```

当然，若用户已知命令名，直接输入"help[command]"也是可以的。

GDB 中的命令主要分为工作环境相关命令、设置断点与恢复命令、源代码查看命令、查看运行数据相关命令及修改运行参数命令。

7.3.4 GDBServer 远程调试

在嵌入式软件开发中，由于目标机和宿主机中程序运行的环境不一样，当调试嵌入式程序时，前面介绍的方法就不适用了，而需要用远程调试办法来调试这类程序。远程调试环境由宿主机 GDB 和目标机调试 stub 共同构成，两者通过串口或 TCP 连接。使用 GDB 标准串行协议协同工作，实现对目标机上的系统内核和上层应用的监控和调试功能。GDB stub 是调试器的核心，它处理来自主机上 GDB 的请求，控制目标机上的被调试进程。目前，在嵌入式 Linux 系统中,主要有 3 种远程调试方法,分别适用于不同场合的调试工作:用 ROM Monitor 调试目标机程序、用 KGDB 调试系统内核和用 GDBServer 调试用户空间程序。这 3 种调试方法的区别主要在于,目标机远程调试 stub 的存在形式的不同,而其设计思路和实现方法则是大致相同的。

最常用的就是采用 GDB+GDBServer 的方式调试开发板上的嵌入式 Linux 程序。其中 GDBServer 在目标系统上运行,GDB 在宿主机即主机上运行。GDBServer 是 GDB 的一个组件,但通常不随发行版中的 GDB 一同发布,需要用户自行编译 GDB 的源代码包得到相应的 GDB 和 GDBServer。可以从 http://sourceware.org/gdb/gdb/ 获得 GDB 的最新版,下载后就可以着手编译了。

7.3.5 Make 工程管理器

所谓工程管理器,是指管理较多的文件。在大型项目开发中,通常有几十到上百个源文件,如果每次均手工输入 GCC 命令进行编译,非常不方便。因此,人们通常利用 make 工具来自动完成编译工作。这些工作包括:如果仅修改了某几个源文件,则只重新编译这几个源文件;如果某个头文件被修改了,则重新编译所有包含该头文件的源文件。利用这种自动编译可大大简化开发工作,避免不必要的重新编译。实际上,make 工具通过一个称为 makefile 的文件来完成并自动维护编译工作。makefile 需要按照某种语法进行编写,其主要内容是定义了源文件之间的依赖关系,说明了如何编译各个源文件并连接生成可执行文件。

当修改了其中某个源文件时,如果其他源文件依赖于该文件,则也要重新编译所有依赖该文件的源文件。makefile 文件是许多编译器(包括 Windows NT 下的编译器)维护编译信息的常用方法,只是在集成开发环境中,用户通过友好的界面修改 makefile 文件而已。默认情况下,GNU make 工具当前工作目录中按如下顺序搜索 makefile。

(1) GNU makefile。
(2) makefile。
(3) Makefile。

使用 Make 管理器非常简单,只需在 make 命令的后面输入目标名即可建立指定的目标,如果直接运行 make,则建立 Makefile 中的第一个目标。在 UNIX 系统中,习惯使用 Makefile 作为 makfile 文件。

此外 make 还有丰富的命令行选项,可以完成各种不同的功能。表 7.10 列出了常用的 make 命令行选项。

表 7.10　make 的命令行选项

命令格式	含　义
-C dir	读入指定目录下的 Makefile
-f file	读入当前目录下的 file 文件作为 Makefile
-i	忽略所有的命令执行错误
-I dir	指定被包含的 Makefile 所在目录

续表

命令格式	含义
-n	只打印要执行的命令,但不执行这些命令
-p	显示 make 变量数据库和隐含规则
-s	在执行命令时不显示命令
-w	如果 make 在执行过程中改变目录,则打印当前目录名

1. Makefile 基本结构

makefile 文件的操作规则如下。

(1) 如果这个工程没有编译过,所有 C 文件都要编译并被连接。

(2) 如果这个工程的某几个 C 文件被修改,只需编译被修改的 C 文件,并连接目标程序。

(3) 如果这个工程的头文件被改变了,需要编译引用了这几个头文件的 C 文件,并链接目标程序。只要 makefile 文件写得足够好,所有的这一切,只用一个 make 命令就可以完成,make 命令会自动智能地根据当前文件的修改情况来确定哪些文件需要重新编译,从而自动编译所需要的文件并链接目标程序。在一个 Makefile 中通常包含如下内容。

① 需要有 make 工具创建的目标体(target),通常是目标文件或可执行文件。
② 要创建的目标体所依赖的文件(dependency_file)。
③ 创建每个目标体时需要运行的命令(command)。

它的格式为:

```
target: dependency_files
<Tab> command
```

注意:在 Makefile 中的每一个 command 前必须有"Tab"符,否则在运行 make 命令时会出错。

例如,有 C 程序源文件为 hello.c,其源代码如下:

```
#include <stdio.h>
void main()
{
    printf("I am makefile\n");
}
```

创建的目标体为 hello.o,执行的命令为 gcc 编译指令:

```
gcc -c hello.c -o hello.o
```

然后由目标文件生成可执行文件,执行的命令为 gcc 编译指令:

```
gcc hello.o -o hello
```

那么,对应的 Makefile 就可以写为:

```
hello:hello.o
    gcc hello.o -o hello
hello.o:hello.c
    gcc -c hello.c -o hello.o
```

接着就可以使用 make 了。使用 make 的格式为"make target",这样 make 就会自动读入 Makefile(也可以是首字母小写 makefile)并执行对应 target 的 command 语句,并会找到相应的依赖文件。其操作过程如下:

```
root@ubunt makefile]# ls
hello.c  makefile
[root@ubunt makefile]# make
gcc -c hello.c -o hello.o
gcc hello.o -o hello
[root@ubunt makefile]# ls
hello   hello.c   hello.o   makefile
[root@ubunt makefile]# ./hello
I am makefile
[root@ubunt makefile]#
```

可以看到,Makefile 执行了"hello.o"对应的命令语句,并生成了"hello.o"目标体,然后由目标文件 hello.o 生成可执行文件 hello。

下面通过一个实例来讲述 make 与 makefile 文件的关系。在一个工程中有一个头文件和 5 个 C 文件。其中实现加法功能的程序 add.c 源代码如下:

```c
#include <stdio.h>
void add(int a,int b)
{
    printf("the add result is %d\n",a+b);
}
```

实现减法功能的程序 dec.c 源代码如下:

```c
#include <stdio.h>
void dec(int a,int b)
{
    printf("the dec result is %d\n",a-b);
}
```

实现乘法功能的程序 mul.c 源代码如下:

```c
#include <stdio.h>
void mul(int a,int b)
{
    printf("the mul result is %d\n",a*b);
}
```

实现除法功能的程序 div.c 源代码如下:

```c
#include <stdio.h>
void div(int a,int b)
{
if(b!=0)
   {
     printf("the div result is % d\n",a/b);
   }
   else
   {
     printf("the div result is error\n");
   }
}
```

主程序 main.c 源代码如下:

```c
#include "main.h"
void main()
{
    add(4,2);
    dec(4,2);
    mul(4,2);
    div(4,2);
    div(4,0);
}
```

头文件 main.h 源代码如下:

```c
void add(int,int);
void dec(int,int);
void mul(int,int);
void div(int,int);
```

其中应用到了前面讲述的 3 个规则,其 makefile 文件内容如下:

```
#makefile
program:main.o add.o dec.o mul.o div.o
    gcc main.o add.o dec.o mul.o div.o -o program
main.o:main.c main.h
    gcc -c main.c -o main.o
add.o:add.c
    gcc -c add.c -o add.o
dec.o:dec.c
    gcc -c dec.c -o dec.o
mul.o:mul.c
    gcc -c mul.c -o mul.o
div.o:div.c
    gcc -c div.c -o div.o
```

```
clean:
    rm *.o program
```

从上面的例子注意到,第一个字符为"♯"的行为注释行。如果一行写不完则可使用反斜杠"\"换行续写。这样使 makefile 文件更易读。可以把这个内容保存在"makefile 文件"或"makefile 文件夹"的文件中,然后在该目录下直接输入命令"make",就可以生成执行文件 program。如果要删除执行文件和所有的中间目标文件,只要简单地执行一下 make clean 就可以了。

在这个 makefile 文件中,目标文件(target)包含如下内容:执行文件 program 和中间目标文件(*.o);依赖文件(dependency_files),即冒号后面的那些.c 文件和.h 文件。每一个.o 文件都有一组依赖文件,而这些.o 文件又是执行文件 program 的依赖文件。依赖关系的实质是说明目标文件由哪些文件生成,换言之,目标文件是哪些文件更新的结果。在定义好依赖关系后,后续的代码定义了如何生成目标文件的操作系统命令,这些命令一定要以一个 Tab 键作为开头。

make 并不管命令是怎么工作的,它只管执行所定义的命令。make 会比较 targets 文件和 dependency_files 文件的修改日期,如果 dependency_files 文件的日期比 targets 文件的日期要新,或者 target 不存在,make 就会执行后续定义的命令。另外,clean 不是一个文件,它只不过是一个动作名字,有点像 C 语言中的 lable 一样,冒号后什么也没有,这样 make 就不会自动去找文件的依赖性,也就不会自动执行其后所定义的命令。要执行其后的命令,就要在 make 命令后明显地指出这个 lable 的名字。这样的方法非常有用,可以在一个 makefile 文件中定义不用的编译或是和编译无关的命令,如程序的打包或备份等。在默认方式下,只输入"make"命令时,它会做如下工作:

(1) make 会在当前目录下找名字为"makefile 文件"或"makefile 文件夹"的文件。如果找到,它会找文件中的第一个目标文件(target)。在上面的示例中,它会找到 program 文件,并把这个文件作为最终的目标文件;如果 program 文件不存在或是 program 所依赖的后面的.o 文件的修改时间要比 program 文件新,它就会执行后面所定义的命令来生成 program 文件。

(2) 如果 program 所依赖的.o 文件也不存在,make 会在当前文件中找目标为.o 文件的依赖性,如果找到,则会根据规则生成.o 文件(这有点像一个堆栈的过程)。当然,C 文件和 H 文件如果存在,make 会生成.o 文件,然后再用.o 文件生成 make 的最终结果,也就是执行文件 program。

这就是整个 make 的依赖性,make 会一层又一层地去找文件的依赖关系,直到最终编译出第一个目标文件。在找寻的过程中,如果出现错误,如最后被依赖的文件找不到,make 就会直接退出,并报错。而对于所定义的命令的错误或是编译不成功,make 就不会处理。如果在 make 找到了依赖关系之后,冒号后面的文件不存在,make 仍不工作。

通过上述分析,可以看出像 clean 这样没有被第一个目标文件直接或间接关联时,它后面所定义的命令将不会被自动执行,不过可以显式使 make 执行,即使用"make clean"命令,以此来清除所有的目标文件,并重新编译。

在编程中,如果这个工程已被编译过了,当修改了其中一个源文件时,如 add.c,根据依赖性，目标 add.o 会被重新编译（也就是在这个依赖性关系后面所定义的命令），则 add.o 文件也是最新的，即 add.o 文件的修改时间要比 program 新，所以 program 也会被重新连接了。下面是使用 makefile 编译程序的操作过程。

```
[root@ubunt]# ls
add.c  dec.c  div.c  main.c  main.h  makefile  mul.c
[root@ubunt]# make
gcc -c main.c -o main.o
gcc -c add.c -o add.o
gcc -c dec.c -o dec.o
gcc -c mul.c -o mul.o
gcc -c div.c -o div.o
gcc main.o add.o dec.o mul.o div.o -o program
[root@ubunt]# ls
add.c  add.o  dec.c  dec.o  div.c  div.o  main.c  main.h  main.o  makefile  mul.c  mul.o
   program
[root@ubunt]# ./program
the add result is 6
the dec result is 2
the mul result is 8
the div result is 2
the div result is error
[root@ubunt]# make clean
rm *.o program
[root@ubunt]# ls
add.c  dec.c  div.c  main.c  main.h  makefile  mul.c
[root@ubunt]#
```

2. Makefile 变量

GNU 的 make 工具除提供有建立目标的基本功能之外，还有许多便于表达依赖性关系以及建立目标命令的特色。其中之一就是变量或宏的定义能力。如果要以相同的编译选项同时编译十几个 C 源文件，而为每个目标的编译指定冗长的编译选项的话，将是非常乏味的。但利用简单的变量定义，可避免这种乏味的工作。在上面的示例中，先通过一个 Makefile 来看看基本规则。

```
program:main.o add.o dec.o mul.o div.o
    gcc main.o add.o dec.o mul.o div.o -o program
```

可以看到，[.o]文件的字符串被重复了两次。如果这个工程需要加入一个新的[.o]文件，需要在两个位置插入（实际是 3 个位置，还有一个位置在 clean 中）。当然，这个 makefile 文件并不复杂，所以在两个位置插入就可以了。但如果 makefile 文件变得复杂，就要在第 3 个位置插入，该位置容易被忘掉，从而会导致编译失败，所以为了 makefile 文件的易维护，在 makefile 文件中可以使用变量。makefile 文件的变量也就是一个字符串，可以理解成 C 语言中的宏。例如，声明一个变量 objects，在 makefile 文件一开始可以这样定义：

```
objects = main.o add.o dec.o mul.o div.o
```

于是，就可以很方便地在 makefile 文件中以 $(objects) 的方式来使用这个变量了。改良版的 makefile 文件就变成如下内容：

```
objects = main.o add.o dec.o mul.o div.o
program: $(objects)
    gcc $(objects) -o program
main.o:main.c main.h
    gcc -c main.c -o main.o
add.o:add.c
    gcc -c add.c -o add.o
dec.o:dec.c
    gcc -c dec.c -o dec.o
mul.o:mul.c
    gcc -c mul.c -o mul.o
div.o:div.c
    gcc -c div.c -o div.o
clean:
    rm *.o program
```

如果有新的.o文件加入，只需简单地修改一下 objects 变量就可以了。

变量是在 Makefile 中定义的名字，用来代替一个文本字符串，该文本字符串称为该变量的值。变量名是不包括":"、"#"、"="结尾空格的任何字符串。同时，变量名中包含字母、数字以及下划线以外的情况应尽量避免，因为它们可能在将来被赋予特别的含义。变量名是大小写敏感的，如变量名"foo"、"FOO"和"Foo"代表不同的变量。推荐在 Makefile 内部使用小写字母作为变量名，预留大写字母作为控制隐含规则参数或用户重载命令选项参数的变量名。

在具体要求下，这些值可以代替目标体、依赖文件、命令及 makefile 文件中其他部分。在 Makefile 中的变量定义有两种方式：一种是递归展开方式，另一种是简单方式。

递归展开方式定义的变量是在引用该变量时进行替换的，即如果该变量包含了对其他变量的应用，则在引用该变量时一次性将内嵌的变量全部展开，虽然这种类型的变量能够很好地完成用户的指令，但是它也有严重的缺点，如不能在变量后追加内容（因为语句"CFLAGS=$(CFLAGS)-O"在变量扩展过程中可能导致无穷循环）。

为了避免上述问题，简单扩张型变量的值在定义处展开，并且只展开一次，因此它不包含任何对其他变量的引用，从而消除变量的嵌套引用。

递归展开方式的定义格式为：

```
VAR = var
```

简单扩展方式的定义格式为：

```
VAR: = var
```

Make 中的变量格式为：

```
$(VAR)
```

Makefile 中的变量分为用户自定义变量、预定义变量、自动变量及环境变量。如上例中的 objects 就是用户自定义变量,自定义变量的值由用户自行设定,而预定义变量和自动变量通常在 Makefile 都会出现的变量,其中部分有默认值,也就是常见的设定值,当然用户可以对其进行修改。

预定义变量包含了常见编译器、汇编器的名称及其编译选项,表 7.11 列出了 Makefile 中常见预定义变量及其部分默认值。

表 7.11 Makefile 中常见预定义变量

命令格式	含义
AR	库文件维护程序的名称,默认值为 ar
AS	汇编程序的名称,默认值为 as
CC	C 编译器的名称,默认值为 cc
CPP	C 预编译器的名称,默认值为 $(CC)-E
CXX	C++ 编译器的名称,默认值为 g++
FC	Fortran 编译器的名称,默认值为 f77
RM	文件删除程序的名称,默认值为 rm-f
ARFLAGS	库文件维护程序的选项,无默认值
ASFLAGS	汇编程序的选项,无默认值
CFLAGS	C 编译器的选项,无默认值
CPPFLAGS	C 预编译的选项,无默认值
CXXFLAGS	C++ 编译器的选项,无默认值
FFLAGS	Fortran 编译器的选项,无默认值

可以看出,表中的 CC 和 CFLAGS 是预定义变量,其中由于 CC 没有采用默认值,因此需要把"CC=gcc"明确列出来。在嵌入式开发中往往先在宿主机上进行开发调试,这个时候使用的是和宿主机 CPU 架构相同的编译器。然后需要移植到 CPU 为其他架构的目标机器上,这个时候就需要使用适合目标机器 CPU 的编译器重新编译,有了 CC 这个预定义变量,只需要简单地使用 CC 来更换编译器便可实现交叉编译过程。

另外 CFLAGS 也是经常用到的预定义变量,通过这个变量很容易设置编译时需要的一些选项。

由于常见的 GCC 编译语句中通常包含了目标文件和依赖文件,而这些文件在 makefile 文件中目标体的一行已经有所体现,因此,为了进一步简化 Makefile 的编写,就引入了自动变量。自动变量通常可以代表编译语句出现目标文件和依赖文件等,并且具有本地含义(即下一语句中出现的相同变量代表的是下一语句的目标文件和依赖文件)。表 7.12 列出了 Makefile 中常见自动变量。

表 7.12 Makefile 中常见自动变量

命令格式	含义
$*	不包含扩展名的目标文件名称
$+	所有的依赖文件,以空格分开,并以出现的先后为序,可能包含重复的依赖文件
$<	第一个依赖文件的名称
$?	所有时间戳比目标文件晚的依赖文件,并以空格分开

续表

命令格式	含义
$@	目标文件的完整名称
$^	所有不重复的依赖文件，以空格分开
$%	如果目标是归档成员，则该变量表示目标的归档成员名称

另外，在 Makefile 中还可以使用环境变量。使用环境变量的方法相对比较简单，make 在启动时会自动读取系统当前已经定义了的环境变量，并且会创建与之具有相同名称和数值的变量。但是，如果用户在 Makefile 中定义了相同名称的变量，那么用户自定义变量将会覆盖同名的环境变量。对上述 Makefile 再次修改如下。

这个 Makefile 文件中引入了预定义变量"CC"和"CFLAGS"，自动变量"$@"和"$^"对于初学者可能增加了阅读的难度，但是熟练了之后，就会发现增加了 Makefile 编写的灵活性。

```
#makefile
objects = main.o add.o dec.o mul.o div.o
CC = gcc
CFLAGS = -Wall -O -g
program: $(objects)
    $(CC) $^ -o $@
main.o:main.c main.h
    $(CC) $(CFLAG) -c main.c -o main.o
add.o:add.c
    $(CC) $(CFLAG) -c add.c -o add.o
dec.o:dec.c
    $(CC) $(CFLAG) -c dec.c -o dec.o
mul.o:mul.c
    $(CC) $(CFLAG) -c mul.c -o mul.o
div.o:div.c
    $(CC) $(CFLAG) -c div.c -o div.o
clean:
rm *.o program
```

3. Makefile 规则

Makefile 的规则是 Make 进行处理的依据，它包括了目标体、依赖文件及其之间的命令语句。一般地，Makefile 中的一条语句就是一个规则。在上面的示例中，都明显地指出了 Makefile 中的规则关系，如"$(CC) $(CFLAGS)-c $<-o $@"，但为了简化 Makefile 的编写，make 还定义了隐式规则和模式规则，下面就分别对其进行讲解。

1) 隐式规则

GNU make 包含有一些内置的或隐含的规则，这些规则定义了如何从不同的依赖文件建立特定类型的目标。隐式规则能够告诉 make 怎样使用传统的技术完成任务，这样当用户使用它们时就不必详细指定编译的具体细节，而只需把目标文件列出即可。Make 会自动搜索隐式规则目录来确定如何生成目标文件。表 7.13 给出了常见的隐式规则目录。

表 7.13　Makefile 中常见隐式规则目录

对应语言后缀名	规则
C 编译：.c 变为 .o	$(CC)-c $(CPPFLAGS) $(CFLAGS)
C++ 编译：.cc 或 .C 变为 .o	$(CXX)-c $(CPPFLAGS) $(CXXFLAGS)
Pascal 编译：.p 变为 .o	$(PC)-c $(PFLAGS)
Fortran 编译：.r 变为 -o	$(FC)-c $(FFLAGS)

根据上面的隐式规则将上面的 makefile 文件进一步简化如下。

```
#makefile
objects = main.o add.o dec.o mul.o div.o
CC = gcc
CFLAGS =- Wall - O - g
program: $(objects)
$(CC) $^ - o $@
clean:
rm *.o program
```

为什么可以省略后面 main.c、add.c、dec.c、mul.c、div.c 5 个程序的编译命令呢？因为 Make 的隐式规则指出：所有".o"文件都可以自动由".c"文件使用命令"$(CC) $(CPPFLAGS) $(CFLAGS)-c file.c-o file.o"生成。这样 main.o、add.o、dec.o、mul.o、div.o 就会分别调用这个规则生成。

2) 模式规则

模式规则是用来定义相同处理规则的多个文件的。它不同于隐式规则，隐式规则仅仅能够用 make 默认的变量来进行操作，而模式规则还能引入用户自定义变量，为多个文件建立相同的规则。从而简化 Makefile 的编写。例如，下面的模式规则定义了如何将任意一个 X.c 文件转换为 X.o 文件：

```
%.c:%.o
$(CC) $(CCFLAGS) $(CPPFLAGS) - c - o $@ $<
```

模式规则的格式类似于普通规则，这个规则中的相关文件前必须用"%"标明。这种规则更加通用，因为可以利用模式规则定义更加复杂的依赖性规则。

7.4　文件 I/O

7.4.1　文件 I/O 编程基础

1. 系统调用和 API

在 Linux 中，为了保护内核空间，将程序的运行空间分为内核空间和用户空间（内核态和用户态），它们运行在不同的级别上，在逻辑上是相互隔离的，因此用户进程在通常情况下不允许访问内核数据，也无法使用内核函数，它们只能在用户空间操作用户数据，调用用户空间的函数。操作系统为用户提供了两个接口：一个是用户编程接口 API，用户利用这些操作命令来组织和控制任务的执行或管理计算机系统；另一个接口是系统调用，编程人员使用系统调用来请求操作系统提供服务。

如图 7.11 所示，系统调用是操作系统提供给用户程序调用的一组"特殊"接口，用户程序可以通过这组接口来获得操作系统内核提供的服务。而系统调用并不是直接与程序员进行交互的，它仅仅是一个通过软中断机制向内核提交请求，以获得内核服务的接口。进行系统调用时，程序运行空间需要从用户空间进入内核空间，处理后再返回到用户空间，Linux 系统调用部分是非常精简的系统调用（只有 250 个左右），它继承了 UNIX 系统调用中最基本和最有用的部分，包括进程控制、文件系统控制、系统控制、内存管理、网络管理、Socket 控制、用户管理、进程间通信 8 个模块。

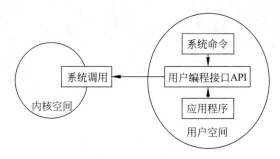

图 7.11　系统调用

在实际使用中程序员调用的通常是 API，用户可以使用 API 函数来调用相对应的系统调用，但并不是所有的函数都一一对应一个系统调用，有时，一个 API 函数会需要几个系统调用来共同完成函数的功能，甚至还有一些 API 函数不需要调用相应的系统调用。

在 Linux 中，用户编程接口（API）遵循了在 UNIX 中最流行的应用编程界面标准——POSIX 标准。POSIX 标准是由 IEEE 和 ISO/IEC 共同开发的标准系统。该标准基于当时现有的 UNIX 实践和经验，描述了操作系统的系统调用编程接口（实际上就是 API），用于保证应用程序可以在源代码一级上在多种操作系统上移植运行。这些系统调用编程接口主要是通过 C 库（libc）实现的。

系统命令实际上是一个可执行程序，它的内部引用了用户编程接口（API）来实现相应的功能，最终可能还会需要系统调用来完成相应的功能。所以，事实上命令控制界面（系统命令）也是在系统调用的基础上开发而成的。

2. Linux 中的文件及文件描述符

Linux 中文件可以分为 4 种：普通文件、目录文件、链接文件和设备文件。Linux 系统如何区分和引用特定文件呢？这里就需要了解文件描述符：对于 Linux 而言，所有对设备和文件的操作都使用文件描述符来进行的。文件描述符是一个非负的整数，它是一个索引值，并指向内核中每个进程打开文件的记录表。当打开一个现存文件或创建一个新文件时，内核就向进程返回一个文件描述符；当需要读写文件时，也需要把文件描述符作为参数传递给相应的函数。

通常，一个进程启动时，都会打开 3 个文件：标准输入、标准输出和标准出错处理。这 3 个文件分别对应文件描述符为 0、1 和 2（也就是宏替换 STDIN_FILENO、STDOUT_

FILENO 和 STDERR_FILENO,鼓励读者使用这些宏替换,这样便于程序的阅读理解)。

7.4.2 基本 I/O 操作

Linux 对于输入/输出(I/O)操作,通常为打开、读取、写入、定位、关闭 5 个方面,分别对应 5 个系统调用,即 open、read、write、lseek 和 close 这 5 个函数,也称为不带缓冲区的 I/O 操作。程序员可以直接操作硬件,这样为开发驱动等底层的系统应用提供了方便。这些函数都不属于 ANSIC C 的组成部分,是属于 POSIX 的一部分。POSIX 表示可移植操作系统接口,由 IEEE 开发,ANSI 和 ISO 标准化。其原型为:

```
#include<sys/types.h>
#include<sys/stat.h>       /* 声明 mode_t */
#include<fcntl.h>          /* 声明调用 open()时使用的 flag 常量 */
#include<unistd.h>         /* 声明 ssize_t  */
int open( const char * pathname, int flags,mode_t mode);
ssize_t read(int fd, void * buf, size_t nbytes);
ssize_t write(int fd, const void * buf, size_t nbytes);
off_t lseek(int fd,off_t offset, int whence);
int close(int fd)
```

除了这几个最基本的函数外,Glibc 还提供了在各种应用层次下使用的输入/输出函数,本节将主要介绍基于文件描述符的低级 I/O 函数。基本 I/O 函数的一个共同特点就是,它们都是通过文件描述符(File Descriptor)来完成文件 I/O 操作的,如 read 函数中的第一个参数 fd 就是文件描述符。文件描述符是一个整数,有效的文件描述从 0 开始一直到系统定义的某个界限。这些整数实际上是进程打开文件表的索引,这个表由操作系统在内部维护,用户程序是不能直接访问的。下面将对每个函数进行详细的介绍。

1. open 函数

open 函数原型如下:

```
int open( const char * pathname, int flags)
int open( const char * pathname, int flags,mode_t mode)
```

函数传入参数含义如下。

pathname:为字符串,表示被打开的文件名称,可以包含路径。

flags:为一个或多个标志,表示文件的打开方式,常用标志如表 7.14 所示。

表 7.14 常用 flags 标志

标 识 名	含义和作用
O_RDONLY	只读方式打开
O_WRONLY	只写方式打开
O_RDWR	读写方式打开
O_CREAT	如果文件不存在,就创建新的文件
O_EXCL	如果使用 O_CREAT 时文件存在,则可返回错误消息

续表

标 识 名	含义和作用
O_TRUNC	如文件已存在,且以只读或只写成功打开,则先全部删除文件中原有数据
O_APPEND	以添加方式打开文件,在打开文件的同时,文件指针指向文件的末尾

mode:被打开文件的存取权限模式,可以使用八进制数来表示新文件的权限,也可采用 <sys/stat.h> 中定义的符号常量,如表 7.15 所示。当打开已有文件时,将忽略这个参数。

函数返回值:成功则返回文件描述符,出错返回 −1。

注意:在 open 函数中,flags 参数可通过"|"组合构成;O_RDONLY、O_WRONLY、O_RDWR 这 3 种方式是互斥的,不可同时使用,因此这 3 个参数只能出现一个。

为了防止对文件的意外操作,往往需要以合适的方式来打开文件。如某个安装进程,只需要从配置文件中读取参数,而不会往其中写入内容,则最好以 O_RDONLY 只读方式来打开;如在安装时需要往一个文件中写入安装日志,则可以以 O_WRONLY 只写模式打开。可见在部署相关文件时,也最好能够做到文件专用。每个文件只负责一个特定的用途,这有利于提高这些文件的重复利用。

表 7.15 文件模式符号常量

符号常量	值	含 义	符号常量	值	含 义
S_IRWXU	00700	所属用户读、写和执行权限	S_IWGRP	00020	组用户写权限
S_IRUSR	00400	所属用户读权限	S_IXGRP	00010	组用户执行权限
S_IWUSR	00200	所属用户写权限	S_IRWXO	00007	其他用户读、写和执行权限
S_IXUSR	00100	所属用户执行权限	S_IROTH	00004	其他用户读权限
S_IRWXG	00070	组用户读、写和执行权限	S_IWOTH	00002	其他用户写权限
S_IRGRP	00040	组用户读权限	S_IXOTH	00001	其他用户执行权限

2. read 和 write 函数

read 和 write 函数原型如下:

```
ssize_t read(int fd,void * buf,size_t count)
ssize_t write(int fd,const void * buf,size_t count)
```

函数传入参数含义如下。

fd:文件描述符。

buf:指定存储器读出数据的缓冲区。

count:指定读出或写入的字节数。

函数返回值:如果发生错误,那么返回值为 −1,同时设置 errno 变量为错误代码。如果操作成功,则返回值是实际读取或写入的字节数,这个字节数可能小于要求的字节数 count,对于读操作而言,当文件所剩的字节数少于 count 时,就会出现这种情况;而对于写操作来说,当磁盘已满或者某些别的问题时,也会发生这种情况。

由于每次读写的字节数是可以设定的,即使每次读取或写入一个字节也是可以的,但是在数据量较大时,这样做会比一次读取大块数据付出的代价高得多。因此在使用这两个函数时,应该尽量采取块读写的方式,提高 I/O 的效率。

3. close 函数

当使用完文件时可以使用 close 函数关闭文件，close 函数会让缓冲区中的数据写回磁盘，并释放文件所占的资源。close 函数原型如下：

```
int close( int fd )
```

函数传入参数：fd 文件描述符。

函数返回值：若文件顺利关闭则返回 0，发生错误则返回 -1，并置 errno。通常文件在关闭时出错是不常见的，但也不是不可能的情况，特别是在关闭通过网络访问的文件时就会出现这种情况。

4. 综合实例

以上 4 个函数是不带缓存的文件 I/O 操作的基本函数，它们可以实现基本的 I/O 操作，下面通过一个实例来说明这几个函数的用法。

```c
/****fileio.c***/
#include <unistd.h>
#include <sys/types.h>
#include <sys/stat.h>
#include <fcntl.h>
#include <stdio.h>
int main(void)
{
    int fd,size;
    char s[] = "This program is used to show how to use open(),write(),read() function.\nHave fun!\n";
    char buffer[80];
    /* 以可读写的方式打开一个文件,如果不存在则创建该文件 */
    fd = open( "temp.log", O_WRONLY|O_CREAT );
    if (fd==-1)
    {
        printf("Open or create file named \"temp.log\" failed.\n");
        return -1;
    }
    write( fd, s, sizeof(s) );      /* 向该文件中写入一个字符串 */
    close( fd );
    fd = open( "temp.log", O_RDONLY );
    if ( -1 == fd )
    {
        printf("Open file named \"temp.log\" failed.\n");
        return -1;
    }
    /* 读取文件内容保存到 buffer 指定的字符串数组中,返回读取的字符个数 */
    size = read( fd, buffer, sizeof(buffer) );
    close( fd );
    printf( "%s", buffer );
    return 0;
}
```

代码的编译运行过程以及结果如下。

```
[root@ubunt]# gcc fileio.c -o fileio
[root@ubunt]# ls
fileio.c  fileio
[root@ubunt]# ./fileio
This program is used to show how to use open(),write(),read() function.
Have funThis program is used to show how to use open(),write(),read() function.
Have fun!
[root@ubunt]# ls
fileio.c  fileio  temp.log
[root@ubunt]# more temp.log
This program is used to show how to use open(),write(),read() function.
Have fun!
```

7.4.3 标准I/O操作

前面内容所述的文件及I/O读写都是基于文件描述符的。这些都是基本的I/O控制，是不带缓存的。在高层应用中，不带缓冲区的I/O操作效率往往较低，而由用户自行维护缓冲区不仅烦琐，且容易出错。因此ANSI制定了一系列基于流缓冲的标准I/O函数，它是符合ANSI C的标准I/O处理，这里有很多函数读者已经非常熟悉了（如fopen、scanf函数等），因此本节中仅简要介绍最主要的函数。

这些函数基本都定义在C语言标准库的<stdio.h>头文件中，如果仔细查看这个文件，会发现有的函数存在一些名字相近的"兄弟函数"，如printf()、fprintf()和sprintf()。事实上它们代表了对3种不同类型流的相同操作，printf()针对标准流，fprintf()针对文件流，sprintf()针对字符流。大部分的标准I/O函数都有针对上述3种不同类型流的版本，其实现功能完全相同，但是函数名称和调用的顺序存在不同程度的差异，在使用过程中，要针对实际应用选择合适的函数。

1. fopen()函数

打开文件有3个标准函数，分别为fopen、fdopen和freopen。它们的函数原型如下：

```
#include <stdio.h>
FILE * fopen(const char * pathname,const char * type);
FILE * freopen(const char * pathname, const char * type, FILE * fp);
FILE * fdopen(int filedes, const char * type);
```

它们以不同的模式打开文件，并返回一个指向文件流的FILE指针，此后对文件读写都是通过这个FILE指针来进行。

每个文件流都和一个底层文件描述符相关联。可以把底层的输入输出操作与高层的文件流操作混在一起使用，但一般来说这并不是一个明智的做法，因为数据缓冲的后果难以预料。fopen()函数可以指定打开文件的路径和模式，路径由参数path指定，模式相当于open()函数中的标志位flag。如表7.16所示，说明了fopen中mode的各种取值。

表 7.16 mode 的取值说明

mode 字符串	含义
r 或 rb	打开只读文件,该文件必须存在
r+ 或 r+b	打开可读写的文件,该文件必须存在
w 或 wb	打开只写文件,若文件存在则文件长度清为 0,否则则建立该文件
w+ 或 w+b	打开可读写文件,若文件存在则文件长度清为 0,否则则建立该文件
a 或 ab	以追加的方式打开可读写文件,若文件存在则写入的数据将附加到文件的尾部,不会修改文件原有的数据。若文件不存在则建立该文件
a+ 或 a+b	以追加的方式打开只写文件,若文件存在则写入的数据将附加到文件的尾部,不会修改文件原有的数据。若文件不存在则建立该文件

凡是在 mode 字符串中带有 b 字符的,如 rb、r+b 等,表示打开的文件为二进制文件。不同的打开方式对文件结尾的处理方式是不同的,不过通常 Linux 系统会自动识别不同类型的文件而忽略这个符号。fdopen()函数会将参数 fd 的文件描述符,转换为对应的文件指针后返回。freopen()函数会将已打开的文件指针 stream 关闭后,打开参数 path 的文件。它们参数表中的 mode 与 fopen()函数的 mode 取值情况是一致的。

2. fclose 函数

关闭文件的函数为 fclose,它的函数原型如下:

```
int fclose(FILE * fp);
```

这时缓冲区的数据将写入文件中,并释放系统所提供的文件资源。如果只是希望将缓冲区中的数据写入文件,但因为可能后面还要用到文件指针,不希望这个时候关闭它,可以使用另外一个函数 fflush(),函数原型如下:

```
int fflush(FILE * fp);
```

3. fread 和 fwrite 函数

fread 和 fwrite 函数原型如下:

```
#include <stdio.h>
size_t fread(void * ptr, size_t size, size_t nmemb, FILE * stream);
size_t fwrite(const void * ptr, size_t size, size_t nmemb, FILE * stream);
```

返回值:读或写的记录数,成功时返回的记录数等于 nmemb,出错或读到文件末尾时返回的记录数小于 nmemb,也可能返回 0。

fread 和 fwrite 用于读写记录,这里的记录是指一串固定长度的字节,如一个 int、一个结构体或者一个定长数组。参数 size 指出一条记录的长度,而 nmemb 指出要读或写多少条记录,这些记录在 ptr 所指的内存空间中连续存放,共占 size * nmemb 个字节,fread 从文件 stream 中读出 size * nmemb 个字节保存到 ptr 中,而 fwrite 把 ptr 中的 size * nmemb 个字节写到文件 stream 中。

nmemb 是请求读或写的记录数,fread 和 fwrite 返回的记录数有可能小于 nmemb 指定的记录数。例如,当前读写位置距文件末尾只有一条记录的长度,调用 fread 时指定 nmemb 为 2,则返回值为 1。如果当前读写位置已经在文件末尾了,或者读文件时出错了,则 fread 返回 0。如果写文件时出错了,则 fwrite 的返回值小于 nmemb 指定的值。

4. 综合实例

下面的示例由两个程序组成,一个程序把结构体保存到文件中,另一个程序从文件中读出结构体。完成写功能的程序如下:

```c
/*** writerec.c ****/
#include <stdio.h>
#include <stdlib.h>
struct record
{
    char name[10];
    int age;
};
int main(void)
{
  struct record array[2] = {{"Ken", 24}, {"Knuth", 28}};
  FILE *fp = fopen("recfile", "w");
  if (fp == NULL)
  {
      perror("Open file recfile");
      exit(1);
  }
  fwrite(array, sizeof(struct record), 2, fp);
  fclose(fp);
  return 0;
}
```

完成读功能的程序如下:

```c
/***** readrec.c *****/
#include <stdio.h>
#include <stdlib.h>
struct record
{
    char name[10];
    int age;
};
int main(void)
{
    struct record array[2];
    FILE *fp = fopen("recfile", "r");
    if (fp == NULL)
    {
      perror("Open file recfile");
      exit(1);
    }
```

```
        fread(array, sizeof(struct record), 2, fp);
        printf("Name1:%s\tAge1:%d\n", array[0].name, array[0].age);
        printf("Name2:%s\tAge2:%d\n", array[1].name, array[1].age);
        fclose(fp);
        return 0;
}
```

程序的编译运行过程以及结果如下。

```
[root@ubunt]# gcc -o writerec writerec.c
[root@ubunt]# gcc -o readrec readrec.c
[root@ubunt]# ls
readrec.c  writerec.c  readrec  writerec
[root@ubunt]# ./writerec
[root@ubunt]# od -tx1 -tc -Ax recfile
000000  4b  65  6e  00  00  00  00  00  00  00  00  00  18  00  00
   00
         K   e   n  \0  \0  \0  \0  \0  \0  \0  \0  \0 030  \0  \0
  \0
000010  4b  6e  75  74  68  00  00  00  00  00  00  00  1c  00  00
   00
         K   n   u   t   h  \0  \0  \0  \0  \0  \0  \0 034  \0  \0
  \0
000020
[root@ubunt]# ./readrec
Name1:KenAge1: 24
Name2:KnuthAge2: 28
[root@ubunt]#
```

把一个 struct record 结构体看作一条记录,由于结构体中有填充字节,每条记录占 16 字节,把两条记录写到文件中共占 32 字节。该程序生成的 recfile 文件是二进制文件而非文本文件,因为其中不仅保存着字符型数据,还保存着整型数据 24 和 28(在 od 命令的输出中以八进制显示为 030 和 034)。注意,直接在文件中读写结构体的程序是不可移植的,如果在一种平台上编译运行 write bin.c 程序,把生成的 recfile 文件复制到另一种平台并在该平台上编译运行 readbin.c 程序,则不能保证正确读出文件的内容,因为不同平台的大小端可能不同(因而对整型数据的存储方式不同),结构体的填充方式也可能不同(因而同一个结构体所占的字节数可能不同,age 成员在 name 成员之后的什么位置也可能不同)。

7.4.4 Linux 串口编程

用户常见的数据通信的基本方式可分为并行通信与串行通信两种。

并行通信是指利用多条数据传输线将一个资料的各位同时传送。它的特点是传输速度快,适用于短距离通信,但要求传输速度较高的应用场合。

串行通信是指利用一条传输线将资料一位位地顺序传送。特点是通信线路简单,利用简单的线缆就可实现通信,降低成本,适用于远距离通信,但传输速度慢的应用场合。

串口是计算机一种常用的接口,常用的串口有 RS-232-C 接口。它是于 1970 年由美国电子工业协会(EIA)联合贝尔系统、调制解调器厂家及计算机终端生产厂家共同制定的用于串行通信的标准,它的全称是"数据终端设备(DTE)和数据通信设备(DCE)之间串行二进制数据交换接口技术标准"。该标准规定采用一个 DB25 芯引脚的连接器或 9 芯引脚的连接器,芯片内部常具有 UART 控制器,其可工作于 Interrupt(中断模式)或 DMA(直接内存访问)模式。UART 的操作主要包括数据发送、数据接收、产生中断、产生波特率、Loopback 模式、红外模式、自动流控模式等部分。

串口参数的配置一般包括波特率、起始位数量、数据位数量、停止位数量和流控协议。在此,可以将其配置为波特率 115200、起始位 1b、数据位 8b、停止位 1b 和无流控协议。

在 Linux 中,所有的设备文件一般都位于"/dev"下,其中串口一、串口二对应的设备名依次为"/dev/ttySAC0"、"/dev/ttySAC1",可以查看在"/dev"下的文件以确认。

在 Linux 下对设备的操作方法与对文件的操作方法是一样的,因此,对串口的读写就可以使用简单的 read、write 函数来完成,在使用串口之前必须设置相关配置,包括波特率、数据位、校验位、停止位等。串口设置由下面结构体实现:

```c
#include<termios.h>
struct termios{
unsigned short c_iflag;      //输入模式标志
unsigned short c_oflag;      //输出模式标志
unsigned short c_cflag;      //控制模式标志
unsigned short c_lflag;      //本地模式标志
unsigned char c_line;        //行标识
unsigned char c_cc[NCCS];    //控制字符
};
```

在这个结构中最为重要的是 c_cflag,通过对它的赋值,用户可以设置波特率、字符大小、数据位、停止位、奇偶校验位和硬件流控等。另外 c_iflag 和 c_cc 也是比较常用的标志。在此主要对这 3 个成员进行详细说明。

c_cflag 支持的常量名称如下。

c_cflag	CCTS_OFLOW	输出的 CTS 流控制
	CIGNORE	忽略控制标志
	CLOCAL	忽略调制-解调器状态行
	CREAD	启用接收装置
	CRTS_IFLOW	输入的 RTS 流控制
	CSIZE	字符大小屏蔽
	CSTOPB	送两个停止位,否则为 1 位
	HUPCL	最后关闭时断开
	MDMBUF	经载波的流控输出
	PARENB	进行奇偶校验
	PARODD	奇校验,否则为偶校验

输入模式 c_iflag 成员控制接收端的字符输入处理。

C_iflag	BRKINT	接到 BREAK 时产生 SIGINT
	ICRNL	将输入的 CR 转换为 NL
	IGNBRK	忽略 BREAK 条件
	IGNCR	忽略 CR
	IGNPAR	忽略奇偶错字符
	IMAXBEL	在输入队列空时振铃
	INLCR	将输入的 NL 转换为 CR
	INPCK	打开输入奇偶校验
	ISTRIP	剥除输入字符的第 8 位
	IUCLC	将输入的大写字符转换成小写字符
	IXANY	使任一字符都重新起动输出
	IXOFF	使起动/停止输入控制流起作用
	IXON	使起动/停止输出控制流起作用
	PARMRK	标记奇偶错

设置串口属性主要是配置 termios 结构体中的各个变量,其主要流程包含以下几个步骤。

(1) 保存原先串口配置使用的 tcgetattr(fd,&oldtio)函数。

```
struct termios newtio,oldtio;
tcgetattr( fd,&oldtio );
```

(2) 激活选项有 CLOCAL 和 CREAD,用于本地连接和接收使能。

```
newtio.c_cflag |= CLOCAL | CREAD;
```

(3) 设置波特率,使用 cfsetispeed、cfsetospeed 函数

```
cfsetispeed(&newtio, B115200);
cfsetospeed(&newtio, B115200);
```

(4) 设置数据位,需使用掩码设置。

```
newtio.c_cflag &= ~CSIZE;
newtio.c_cflag |= CS8;
```

(5) 设置奇偶校验位,使用 c_cflag 和 c_iflag。

设置奇校验:

```
newtio.c_cflag |= PARENB;
newtio.c_cflag |= PARODD;
newtio.c_iflag |= (INPCK | ISTRIP);
```

设置偶校验:

```
newtio.c_iflag |= (INPCK | ISTRIP);
newtio.c_cflag |= PARENB;
newtio.c_cflag &= ~PARODD;
```

(6) 设置停止位,通过激活 c_cflag 中的 CSTOPB 实现。若停止位为 1,则清除 CSTOPB,若停止位为 2,则激活 CSTOPB。

```
newtio.c_cflag &= ~CSTOPB;
```

(7) 设置最少字符和等待时间,对于接收字符和等待时间没有特别要求时,可设为 0。

```
newtio.c_cc[VTIME] = 0;     //等待超时 n*100ms
newtio.c_cc[VMIN] = 0;      //最少接收字符数
```

(8) 处理要写入的引用对象。tcflush 函数刷清(抛弃)输入缓存(终端驱动程序已接收到,但用户程序尚未读)或输出缓存(用户程序已经写,但尚未发送)。

```
int tcflush( int filedes, int queue )
```

queue 数应当是下列 3 个常数之一。
TCIFLUSH:刷新收到的数据但是不读。
TCOFLUSH:刷新写入的数据但是不传送。
TCIOFLUSH:同时刷新收到的数据但是不读,并且刷新写入的数据但是不传送。
例如:

```
tcflush(fd,TCIFLUSH);
```

(9) 激活配置。在完成配置后,需激活配置使其生效。使用 tsettattr() 函数。原型:

```
int tcgetattr(int  filedes, struct  termios * termptr);
int tcsetattr(int  filedes, int  opt,  const  struct  termios * termptr);
```

tcsetattr 的参数 opt 可以指定在什么时候新的终端属性才起作用。opt 可以指定为下列常数中的一个。
TCSANOW:更改立即发生。
TCSADRAIN:发送了所有输出后更改才发生。若更改输出参数则应使用此选择项。
TCSAFLUSH:发送了所有输出后更改才发生。更进一步,在更改发生时未读的所有输入数据都被删除(刷清)。
例如:

```
tcsetattr(fd,TCSANOW,&newtio)
```

串口配置函数如下:

```
int set_opt( int fd, int nSpeed, int nBits, char nEvent, int nStop)
{
    struct termios newtio,oldtio;
    //保存测试现有串口参数设置,在这里如果串口号出错,会有相关的出错信息
```

```c
    if(tcgetattr(fd,&oldtio)!= 0)
    {
        perror("SetupSerial 1");
        return -1;
    }
    bzero(&newtio,sizeof(newtio));                //设置字符大小
newtio.c_cflag |= CLOCAL|CREAD;                   //通过位掩码的方式激活本地连接和接受使能选项
newtio.c_iflag &= ~CSIZE;
switch(nBits)//设置停止位
{
    case 7:
        newtio.c_cflag |= CS7;
        break;
    case 8:
        newtio.c_cflag |= CS8;
        break;
}
switch(nEvent)                                    //设置奇偶效验位
{
    case 'o':                                     //奇数
        newtio.c_cflag |= PARENB;
        newtio.c_cflag |= PARODD;
        newtio.c_iflag |= (INPCK | ISTRIP);
        break;
    case 'E':                                     //偶数
        newtio.c_iflag |= (INPCK | ISTRIP);
        newtio.c_cflag |= PARENB;
        newtio.c_cflag &= ~PARODD;
        break;
    case 'N':                                     //无奇偶效验位
        newtio.c_cflag &= ~PARENB;
        break;
}
swtch(nSpeed)                                     //设置数据传输率
{
    case 2400:
        cfsetispeed(&newtio,B2400);
        cfsetospeed(&newtio,B2400);
        break;
    case 4800:
        cfsetispeed(&newtio,B4800);
        cfsetospeed(&newtio,B4800);
        break;
    case 9600:
        cfsetispeed(&newtio,B9600);
        cfsetospeed(&newtio,B9600);
        break;
    case 115200:
        cfsetispeed(&newtio,B115200);
```

```
            cfsetospeed(&newtio,B115200);
            break;
        case 460800:
            cfsetispeed(&newtio,B460800);
            cfsetospeed(&newtio,B460800);
            break;
        default:
            cfsetispeed(&newtio,B9600);
            cfsetospeed(&newtio,B9600);
            break;
    }
    if(nStop == 1)                                  //设置停止位
        newtio.c_cflag &= ~CSTOPB;
    else if(nStop == 2)
        newtio.c_cflag |= CSTOPB;
    newtio.c_cc[VTIME] = 0;                         //设置等待时间和最少的接收字符
    newtio.c_cc[VMIN] = 0;
    tcflush(fd,TCIFLUSH);                           //处理未接收字符
    if((tcsetattr(fd,TCSANOW,&newtio))!= 0)         //激活新配置
    {
        perror("com set error");
        return -1;
    }
    printf("set done!\n");
    return 0;
}
```

7.4.5 串口使用详解

在配置完串口的相关属性后,就可以对串口进行打开、读写操作了。它所使用的函数和普通文件读写的函数一样,都是 open、write 和 read。它们相区别的只是串口是一个终端设备,因此在函数的具体参数的选择时会有一些区别。另外,这里会用到一些附加的函数,用于测试终端设备的连接情况等。下面将对其进行具体讲解。

打开串口和打开普通文件一样,使用的函数同普通文件一样,都是 open 函数。

```
fd = open("/dev/ttySAC0",O_RDWR |O_NONBLOCK | O_NOCTTY);
```

可以看到,这里除了普通的读写参数外,还有两个参数 O_NOCTTY 和 O_NDELAY。

O_NOCTTY 标志用于通知 Linux 系统,这个程序不会成为对应这个端口的控制终端。如果没有指定这个标志,那么任何一个输入(诸如键盘中止信号等)都将会影响用户的进程。

O_NDELAY 标志通知 Linux 系统,这个程序不关心 DCD 信号线所处的状态(端口的另一端是否激活或者停止)。如果用户指定了这个标志,则进程将会一直处在睡眠状态,直到 DCD 信号线被激活。

接下来可恢复串口的状态为阻塞状态,用于等待串口数据的读入,可用 fcntl 函数实现:

```
fcntl(fd,F_SETFL,0);
```

再接着可以测试打开文件描述符是否引用一个终端设备,以进一步确认串口是否正确打开:

```
isatty(STDIN_FILENO)
```

该函数调用成功则返回 0,若失败则返回 −1。

这时,一个串口就已经成功打开了。接下来就可以对这个串口进行读、写操作。

7.4.6 串口编程实例

下面给出了一个完整的打开串口的函数,同样也考虑到了各种不同的情况。

```c
#include <stdio.h>
#include <malloc.h>
#include <sys/socket.h>
#include <unistd.h>
#include <arpa/inet.h>
#include <errno.h>
#include <string.h>
#include <error.h>
#include <stdlib.h>
#include <sys/types.h>
#include <sys/select.h>
#include <pthread.h>
#include <signal.h>
int seri_init(int name_num, int speed_num, int databits, int stopbits)
{
    int seri_fd;
    //串口设备名
    char * serial_name[5] = {"/dev/ttySAC0", "/dev/ttySAC1", "/dev/ttySAC2", "/dev/ttySAC3","/dev/ttyUSB0"};
    //波特率
    speed_t    speed_arr[8] = {B115200, B38400, B19200, B9600, B4800, B2400, B1200, B300};
    //串口结构体
    struct termios opt;
    int reset = 1;                          //串口重设标志
    //打开串口:读写,不为串口控制终端,阻塞
    while((seri_fd = open(serial_name[name_num], O_RDWR |O_NONBLOCK | O_NOCTTY)) == -1)
    {
        printf("open serial port %s wrong: %s\n", serial_name[name_num], strerror(errno));
    }
    //获取串口属性
    while(tcgetattr(seri_fd, &opt) == -1)
    {
        printf("get serial port attribute wrong: %s\n", strerror(errno));
```

```c
}
while(reset == 1)
{
    //设置串口为非规范模式
    opt.c_cflag |= (CLOCAL | CREAD);          //忽略Modem状态线,读入使能
    opt.c_lflag &= ~(ICANON | ECHO | ECHOE | ECHONL | ISIG | IEXTEN);
    //设置串口为非规范模式,禁用字符回射
    opt.c_iflag &= ~(IGNBRK | BRKINT | PARMRK | ISTRIP | INLCR | IGNCR | ICRNL | IXON);
    opt.c_oflag &= ~OPOST;                    //不对输出进行特殊字符处理
    opt.c_cc[VTIME] = 1;                      //设置read timer为100ms
    opt.c_cc[VMIN] = 0;                       //从read调用开始100ms未响应,则返回
    //设置数据位
    opt.c_cflag &= ~CSIZE;
    switch ( databits )
    {
        case 8 :
            opt.c_cflag |= CS8;
            break;
        case 7 :
            opt.c_cflag |= CS7;
            break;
        case 6 :
            opt.c_cflag |= CS6;
            break;
        case 5 :
            opt.c_cflag |= CS5;
            break;
        default :
            printf("wrong datebits!\n");
            break;
    }
    //设置停止位
    switch ( stopbits )
    {
        case 1 :
            opt.c_cflag &= ~CSTOPB;
            break;
        case 2 :
            opt.c_cflag |= CSTOPB;
            break;
        default :
            printf("wrong stopbits!\n");
            break;
    }
    //取消校验
    opt.c_cflag &= ~PARENB;
    //设置波特率
    cfsetispeed(&opt, speed_arr[speed_num]);
    cfsetospeed(&opt, speed_arr[speed_num]);
    //更新设置
```

```
            if(tcsetattr(seri_fd, TCSANOW, &opt) == -1)
            {
                printf("set serial port attribute wrong: % s\n", strerror(errno));
                reset = 1;
            }else{
                printf("serial port initial successed\n");
                reset = 0;
            }
        }
        return seri_fd;
    }
    void main()
    {
        int fd;
        fd = seri_init(1,3,8,1);
        if(fd < 0)
        {
            printf("open fd fail\n");
        }
```

7.4.7 Modbus 通信协议

1. Modbus 协议特点

Modbus 是一种开放性的应用层通信协议,由 Modicon 公司于 1979 年推出,并公开推向市场。Modbus 协议主要应用于电子控制器上,通过此协议,可以实现控制器之间、控制器和其他设备之间的通信。与其他总线标准相比,Modbus 具有协议简单、实施容易、性价比高、可靠性好等优点,在工业自动化领域获得了越来越广泛的应用。利用 Modbus 的开放性,不同厂商生产的控制设备能够互联成工业网络,进行集中监控。随着 Modbus 的广泛应用,相关产品的需求正不断增长。目前,支持 Modbus 协议的 PLC、智能仪表等工控产品在市场上占有较大的份额,Modbus 已经成为事实上的工业标准。

2. Modbus 协议数据格式

Modbus 协议有 ASCII 和 RTU 两种传输模式,在一个 Modbus 网络上的所有设备,都必须选择相同的传输模式和串口参数。

两种传输模式中,传输设备将 Modbus 消息转为有起点和终点的帧,接收设备在消息起点处开始工作,读地址分配信息,判断哪一个设备被选中(广播方式则传给所有设备),判知何时信息已完成。

1) ASCII 帧格式

使用 ASCII 模式,消息以冒号字符(ASCII 码 3AH)开始,以回车换行符结束(ASCII 码 0DH、0AH)。其他域可以使用的传输字符是十六进制的 0~9、A~F。网络上的设备不断监测":"字符,当有一个冒号接收到时,每个设备都解码下个域(地址域)来判断是否发给自己。

消息中字符间发送的时间间隔最长不能超过1秒,否则接收的设备将认为传输错误。一个典型消息帧如图7.12所示。

起始位	设备地址	功能代码	数据	LRC校验	结束符
1字符	2字符	2字符	n字符	2字符	2字符

图7.12 ASCII传输模式帧格式

2) RTU帧格式

使用RTU模式,消息发送至少要以3.5个字符时间的停顿间隔开始。在网络波特率下多样的字符时间,这是最容易实现的,如图7.13中T1-T2-T3-T4所示。传输的第一个域是设备地址。可以使用的传输字符是十六进制的0～9,A～F。网络设备不断监测网络总线,包括停顿间隔时间内。当第一个域(地址域)接收到,每个设备都进行解码以判断是否发给自己。在最后一个传输字符后,一个至少3.5个字符时间的停顿标定了消息的结束。一个新的消息可在此停顿后开始。

整个消息帧必须作为一连续的流传输。如果在帧完成之前有超过1.5个字符时间的停顿时间,接收设备将刷新不完整的消息并假定下一字节是一个新消息的地址域。同样地,如果一个新消息在小于3.5个字符时间内接着前个消息开始,接收设备则认为它是前一消息的延续。这将导致一个错误,因为在最后的CRC域的值不可能是正确的。图7.13是一个典型RTU帧格式。

起始位	设备地址	功能代码	数据	CRC校验	结束符
T1-T2-T3-T4	8bit	8bit	n个8bit	16bit	T1-T2-T3-T4

图7.13 RTU传输模式帧格式

3) 地址域

消息帧的地址域包含两个字符(ASCII帧格式)或8位(RTU帧格式)。设备地址范围是1～255。主设备通过将要联络的从设备的地址放入消息中的地址域来选通从设备。当发送响应消息时,从设备把自己的地址放入响应的地址域中,以告知主设备是哪一台从设备响应了消息。地址0用作广播地址,所有的从设备都接收这样的消息。

4) 功能域

消息帧中的功能代码域包含了两个字符(ASCII帧格式)或8位(RTU帧格式)。可能的代码范围是十进制的1～255。当消息从主设备发往从设备时,功能代码域将告之从设备需要执行哪些行为。例如,读取输入的开关状态,读一组寄存器的数据内容,读从设备的诊断状态等。当从设备响应时,功能代码域指示是正常响应还是有某种错误发生(称为异常响应)。对正常响应,从设备回应的响应的功能代码。对于异常响应,从设备返回异常功能代码。

5) 数据域

从主设备发给从设备消息的数据域包含附加的信息,设备必须用于执行由功能代码所定义的行为。如果没有错误发生,从设备返回的数据域包含请求的数据。如果有错误发生,此域包含异常代码,主设备可以判断采取下一步操作。

6) 错误检测域

标准的 Modbus 网络有两种错误检测方法。错误检测域的内容视所选的检测方法而定。当选用 ASCII 模式作字符帧时,错误检测域包含两个 ASCII 字符。这是使用 LRC(纵向冗长检测)方法对消息内容计算得出的,不包括开始的冒号符及回车换行符。LRC 字符附加在回车换行符前面。当选用 RTU 模式作字符帧时,错误检测域包含 16 位值(用两个 8 位的字符来实现)。错误检测域的内容是通过对消息内容进行循环冗余校验方法得出的。CRC 域附加在消息的最后,添加时先是低字节然后是高字节,故 CRC 的高位字节是发送消息的最后一个字节。

7.4.8 ZigBee 通信协议

ZigBee 协议栈体系结构由应用层、应用汇聚层、网络层、数据链路层和物理层组成,如图 7.14 所示

图 7.14 ZigBee 协议栈体系结构

应用层定义了各种类型的应用业务,是协议栈的最上层用户。应用汇聚层负责把不同的应用映射到 ZigBee 网络层上,包括安全与时鉴权、多个业务数据流的汇聚、设备发现和业务发现。网络层的功能包括拓扑管理、MAC 管理、路由管理和安全管理。

1. 数据链路层

数据链路层可分为逻辑链路控制子层(LLC Logic Link Control)和介质访问控制子层(Medium Access Control,MAC)。IEEE 802.15.4 的 LLC 子层功能包括传输可靠性保障、数据包的分段与重组、数据包的顺序传输。IEEE 802.15.4 MAC 子层功能包括设备间无线链路的建立和拆除、确认的帧传送与接收、信道接入控制、帧校验、预留时隙管理和广播信息管理。

ZigBee/IEEE 802.15.4 网络中所有结点都工作在同一个信道上,当讨论某个结点要向另一个结点传输数据时,如果网络内其他结点正在通信并发送数据,就有可能发生冲突。为此,在 MAC 层采用了 CSMA/CA 的媒质访问控制技术,简单来说,就是结点在发送数据之前先监听信道,如果信道空闲,则可以发送数据,否则,就要进行随机的退避,即延迟一段随机时间,然后再进行监听,这个退避的时间是指数增长的,但有一个最大值,即如果上一次退避之后再次监听信道忙,则退避时间要增倍,这样做的原因是如果多次监听信道都忙,有可能表明信道上的数据量大,因此让结点等待更多的时间,避免繁忙的监听,通过这种信道接

入技术,所有结点竞争共享同一个信道。在 MAC 层中还规定了"超帧"的格式,在超帧的开始发送信标帧,里面含有一些时序以及网络的信息,紧接着是竞争接入时期,在这段时间内各结点以竞争方式接入信道,再后面是非竞争接入时期,结点采用时分复用的方式接入信道,然后是非活跃时期,结点进入休眠状态,等待下一个超帧周期的开始以发送信标帧。而非信标模式则比较灵活,结点均以竞争方式接入信道,不需要周期性地发送信标帧。显然,在信标模式中由于有了周期性的信标,整个网络的所有结点都能进行同步,但这种同步的规模不会很大。实际上,在 ZigBee 中用得更多的可能是非信标模式。

2. 物理层

ZigBee 直接使用了 IEEE802.15.4 标准的物理层和 MAC 层。ZigBee 工作在 3 种不同的频带上,欧洲的 868MHz 频带、美国的 915MHz 频带和全球通用的 2.4GHz 频带。968MHz 频带、915MHz 频带和 2.4GHz 频带的物理层并不相同,它们各自的信道带宽分别是 0.6MHz、2MHz 和 5MHz,分别有 1 个、10 个和 16 处信道。不同频带的扩频和调制方式也有所区别,虽然都是使用了直接序列扩频(DSSS)的方式,但是比特到码片的变换方式有比较大的差别;调制方面都使用了调相技术,但 868MHz 和 915MHz 频段采用的是 BPSK,而 2.4GHz 频段采用的是 OQPSK。

3. 网络层

1) 网络拓扑结构

ZigBee 网络组网可以灵活地采用多种拓扑结构,可以采用星形拓扑结构,也可以采用网状和树状拓扑结构等。

星形拓扑结构具有组网简单、成本低;但网络覆盖范围小,一旦中心结点发生故障,所有与中心结点连接的传感器结点与网络中心的通信都将中断,网状拓扑结构组网可靠性高、覆盖范围大的优点,但电波使用寿命短、管理复杂。树状拓扑结构综合了以上两种拓扑结构的特点,相对来讲,会使 ZigBee 网络灵活、高效。

在星形拓扑结构组网时,整个网络有一个 ZigBee 协调器设备来进行整个网络的控制,ZigBee 协调器能启动和维持网络的正常工作,使网络内的终端设备实现通信,如果采用网状和树状拓扑结构组网,ZigBee 协调器则负责启动网络以及选择关键的网络参数。在树状网络中,路由器采用分级路由策略来传送数据和控制信息。网状网络中,设备之间使用完全对等的通信方式。ZigBee 路由器不发送通信信标。

2) 网络层及路由算法

ZigBee 网络层的功能包括拓扑管理、MAC 管理、路由管理和安全管理。网络层的主要功能是路由管理,路由算法是它的核心。网络层主要支持两种路由算法,即树状路由和网状路由。

3) 网络层中各部分的数据接口和网络层服务功能

(1) 网络层中各部分的数据接口。ZigBee 网络层的各个组成部分和彼此间的接口关系如图 7.15 所示。

图 7.15 中的 NLDE-SAP 是网络层数据实体的服务接入点,NLME-SAP 是网络层管理实体的服务接入点,MCPS-SAP 是媒体接入控制公共部分子层的服务接入点,MLME-SAP 是 MAC 子层管理实体的服务接入点。

网络层通过两种服务接入点提供网络层数据服务和网络层管理服务,网络层数据服务

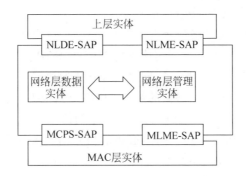

图 7.15 ZigBee 网络层的各个组成部分和彼此间接口关系

通过网络层数据实体服务接入点接入,网络层管理服务通过网络层管理实体服务接入点接入,这两种服务通过媒体接入控制公共部分子层的服务接入点和 MAC 子层管理实体的服务接入点为 MAC 层提供接口;通过网络层数据实体的服务接入点和 MAC 子层管理实体的服务接入点为应用层实体提供接口服务。

(2) 网络层服务功能。网络层要为 IEEE802.15.4 的 MAC 子层提供支持,确保 ZigBee 的 MAC 层正常工作,并为应用层提供合适的服务接口。为了向应用层提供其接口,网络层提供了两个必需的功能服务实体,它们分别为数据服务实体和管理服务实体。网络层数据实体(NLDE)通过网络层数据实体服务接入点(NLDE-SAP)提供数据传输服务,网络层管理实体(NLME)通过网络层管理实体服务接入点(NLME-SAP)提供网络管理服务。

① 网络层数据实体提供的服务。

产生网络层协议数据单元(NPDU),网络层数据实体通过增加一个适当的协议头,从应用支持层协议数据单元中生成网络层的协议数据单元。

指定拓扑传输路由,网络层数据实体能够发送一个网络层的协议数据单元到一个数据传输的目标终端设备,目标终端设备也可以是通信链路中的一个中间通信设备。

② 网络层管理实体提供的服务。

- 配置一个新的设备。为保证设备正常工作的需要,设备应具有足够的堆栈,以满足配置的需要。配置选项包括对一个 ZigBee 协调器和连接一个现有网络设备的初始化操作。
- 加入或离开网络。具有连接或者断开一个网络的能力,以及建立一个 ZigBee 协调器或者 ZigBee 路由器。
- 寻址。ZigBee 协调器和 ZigBee 路由器具有为新加入网络的设备分配地址的能力。
- 邻居发现。具有发现、记录和汇报相关的一跳邻居设备信息的能力。
- 接收控制。具有控制设备接收机接收状态的能力,即控制接收机什么时间接收、接收时间长短,以保证 MAC 层的同步或者正常接收等。

(3) 原语。在分层的通信协议中,层与层之间通过服务访问点 SAP 相连,每一层都可以通过本层和下层的 SAP 调用下层为其提供相应的服务,同时通过与上层的 SAP 为上层提供相应的服务。访问点 SAP 有通信协议中层与层之间的为通信接口,但具体的服务是以通信原语的形式供上层调用的。在调用下层服务时,只需要遵循统一的原语规范,而不必了解下层是怎样处理原语的,通过这种方式实现了数据层与层之间的透明传输。层与层之间的原语分成请求原语、确认原语、指示原语和响应原语。

（4）网络层管理服务。网络层管理实体服务接入点为其上层和网络层管理实体之间传送管理命令提供通信接口，网络层管理实体支持 NLME-SAP 接口原语，这些原语包括网络发现、网络的形成、路由器初始化、设备同网络的连接等原语。

（5）网络层帧格式。ZigBee 网络帧的组成：网络层帧报头，包含帧控制、地址和序列信息；网络层帧的可变长有效载荷，包含帧类型所指定的信息。

① 通用网络层帧的结构与格式。网络层帧的格式由一个网络层帧报头和一个网络层负载组成。帧头部分域的顺序是固定的，但根据不同的具体应用情况，不是必须包括所有域。通用的网络层帧格式如图 7.16 所示。

字节:2	2	2	0/1	0/1	变长
帧控制	目的地址	源地址	广播半径域	广播序列号	帧负载
		路由帧			
		网络层帧报头			网络负载

图 7.16 通用的网络层帧格式

② 不同域的说明。
- 帧控制域。由 16 位组成，内容包括帧类型、地址、序列域及其他的控制标记。
- 目的地址域。在网络层帧中，必须要有目的地址域，该域长度为两个字节，用来存放目标设备的网络地址或广播地址(0xffff)。
- 源地址域。在网络层帧中，该域也是必备的，长度为两个字节，其值是 16 位的源设备网络地址。
- 广播半径域。广播半径域在帧的目的地址为广播地址时才存在，长度为一个字节，用来设定传输半径。
- 广播序列号域。在网络层帧中，该域是必备的，长度为一个字节，每次发送帧时该位加 1。
- 帧负载域。该域长度可变，包含了各种帧的具体信息。

4. 应用层

ZigBee 协议栈的层级有 IEEE802.15.4 的 MAC、物理层(PHY)及 ZigBee 网络层，网络层上面是应用层。应用层包括 APS(Application Support Layer，应用支持子层)和 ZDO (ZigBee Device Object，ZigBee 设备对象)等部分，主要规定了一些和应用相关的功能，包括端点(Endpoint)的规定、绑定(Binding)、服务发现和设备发现等。

APS 子层的任务包括维护绑定表和绑定设备间消息传输；绑定是指根据两个设备所提供的服务和它们的需求将两个设备关联起来。

（1）ZigBee 应用支持子层。应用支持子层(APS)是网络层和应用层之间接口，通过此接口可以调用一系列被 ZDO 和用户自定义应用对象的服务。

（2）ZigBee 设备协定。ZigBee 应用层规范描述了 ZigBee 设备的绑定、设备发现和服务发现在 ZigBee 设备对象(ZDO)中的实现方式，ZigBee 设备协定(Device Profile)支持以下几种设备间通信功能。

① 设备和服务发现。
② 终端设备绑定请求过程。
③ 绑定和接触绑定过程。
④ 网络管理。

（3）ZigBee 设备对象。ZigBee 设备对象（ZDO）是一种通过调用网络和应用支持子层原语来实现 ZigBee 规范中规定的 ZigBee 终端设备。ZigBee 设备对象 ZDO 主要功能：对 APS 子层、网络层、安全服务模块（SSP）及除了应用层中端点 1~240 以外的 ZigBee 设备层和初始化；集成终端应用的配置信息，实现设备服务发现、网络管理、网络安全、绑定管理和结点管理等功能。

7.5 Linux 进程

7.5.1 进程概述

1. 进程的定义

进程的概念首先是在 60 年代初期由 MIT 的 Multics 系统和 IBM 的 TSS/360 系统引入的。经过了 50 多年的发展，人们对进程有过各种各样的定义。现列举较为著名的几种。

（1）进程是一个独立的可调度的活动（E. Cohen，D. Jofferson）。
（2）进程是一个抽象实体，当它执行某个任务时，将要分配和释放各种资源（P. Denning）。
（3）进程是可以并行执行的计算部分（S. E. Madnick，LT. Donovan）。

以上进程的概念都不相同，但其本质是一样的。它指出了进程是一个程序的一次执行的过程。程序是静态的，它是一些保存在磁盘上的指令的有序集合，没有任何执行的概念；而进程是一个动态的概念，它是程序执行的过程，包括了动态创建、调度和消亡的整个过程。它是程序执行和资源管理的最小单位。因此，对系统而言，当用户在系统中输入命令执行一个程序的时候，它将启动一个进程。

2. 进程控制块

进程是 Linux 系统的基本调度单位，那么从系统的角度看如何描述并表示它的变化呢？在这里，是通过进程控制块来描述的。进程控制块包含了进程的描述信息、控制信息及资源信息，它是进程的一个静态描述。在 Linux 中，进程控制块中的每一项都是一个 task_struct 结构，它是在 include/linux/sched.h 中定义的。

3. 进程的标识

在 Linux 中最主要的进程标识有进程号（ProcessIdenityNumber，PID）和它的父进程号（ParentProcessID，PPID）；其中 PID 唯一地标识一个进程。PID 和 PPID 都是非零的正整数。

在 Linux 中获得当前进程的 PID 和 PPID 的系统调用函数为 getpid 和 getppid，通常程序获得当前进程的 PID 和 PPID 可以将其写入日志文件以做备份。getpid 的作用很简单，就是返回当前进程的进程 ID，请大家看以下的示例：

```
/***** getpid.c *****/
#include<stdio.h>
#include<unistd.h>
#include<stdlib.h>
main()
{
 printf("The current process ID is %d\n",getpid());
 printf("The current process PP ID is %d\n",getppid());
}
```

编译并运行程序 getpid.c：

```
[root@ubunt]#gcc getpid.c - o getpid
[root@ubunt]#ls
Getpid.c getpid
[root@ubunt]#./getpid
The current process ID is 31333
The current process PP ID is 18424
```

读者自己的运行结果很可能与这个数字不一样，这是很正常的，再运行一遍：

```
[root@ubunt]#./getpid
The current process ID is31351
The current process PPID is 18424
[root@ubunt]#
```

7.5.2　Linux 进程编程

1. 进程的创建

fork 函数是 Linux 中一个非常重要的函数，fork 函数用于从已存在进程中创建一个新进程。fork 函数在 Linux 函数库中的原型如下：

```
#include<sys/types.h>     /*提供类型 pid_t 的定义*/
#include<unistd.h>        /*提供函数的定义*/
pid_t   fork(void);
```

新进程称为子进程，而原进程称为父进程。这两个分别带回它们各自的返回值，其中父进程的返回值是子进程的进程号，是一个大于 0 的整数，而子进程则返回 0。因此，可以通过返回值来判定该进程是父进程还是子进程。如果出错则返回 −1。

需要注意的是使用 fork 函数得到的子进程是父进程的一个复制品，它从父进程处继承了整个进程的地址空间，包括进程上下文、进程堆栈、内存信息、打开的文件描述符、信号控制设定、进程优先级、进程组号、当前工作目录、根目录、资源限制、控制终端等，而子进程所独有的只有它的进程号、资源使用和计时器等。因此可以看出，使用 fork 函数的代价是很大的，它复制了父进程中的代码段、数据段和堆栈段中的大部分内容，使得 fork 函数的执行速度并不很快。下面通过一个小程序来对它有更多的了解。

```c
/***** fork_test.c *****/
#include<stdio.h>
#include<sys/types.h>
#include<unistd.h>
main()
{
    pid_t pid;                    /*此时仅有一个进程*/
    int n = 4;
    pid = fork();                 /*此时已经有两个进程在同时运行*/
    if(pid<0)
        printf("errorin fork!\n");
    else if(pid == 0)             /*返回0表示子进程*/
    {
    n++;
    printf("Iam the child process,my process ID is %d,n = %d\n",getpid(),n);
        }
    else                          /*返回大于0表示父进程*/
{
    n--;
    printf("I am the parent process,my process ID is %d,n = %d\n",getpid(),n);
}
    }
```

看这个程序的时候,头脑中必须首先了解一个概念:在语句"pid=fork()"之前,只有一个进程在执行这段代码,但在这条语句之后,就变成两个进程在执行了,这两个进程的代码部分完全相同,其流程如图7.17所示。

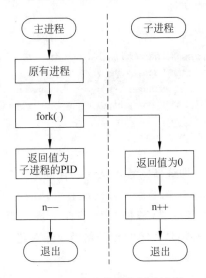

图7.17 父子进程执行的流程

编译并运行：

```
[root@ubunt]#gcc - o fock_test fork_test.c
[root@ubunt]#ls
fork_test.c fock_test
[root@ubunt]#./fock_test
I am the child process,my process ID is 6221,n = 5
I am the parent process,my process ID is 6220,n = 3
[root@ubunt]#
```

语句"pid=fork();"产生了两个进程中,原先就存在的那个被称为"父进程",新出现的那个被称为"子进程"。父子进程的区别除了进程标志符(process ID)不同外,变量 pid 的值也不相同,pid 存放的是 fork 的返回值。fork 调用的一个奇妙之处就是它仅仅被调用一次,却能够返回两次,它可能有 3 种不同的返回值：①在父进程中,fork 返回新创建子进程的进程 ID；②在子进程中,fork 返回 0；③如果出现错误,fork 返回一个负值。

fork 出错可能有两种原因：①当前的进程数已经达到了系统规定的上限,这时 errno 的值被设置为 EAGAIN。②系统内存不足,这时 errno 的值被设置为 ENOMEM。fork 系统调用出错的可能性很小,而且如果出错,一般都为第一种错误。如果出现第二种错误,说明系统已经没有可分配的内存,正处于崩溃的边缘,这种情况对 Linux 来说是很罕见的。

2. exec 函数族

fork 函数是用于创建一个子进程,该子进程几乎复制了父进程的全部内容,但是这个新创建的进程如何执行呢？exec 函数族就提供了一个在进程中启动另一个程序执行的方法。用 fork 创建子进程后执行的是和父进程相同的程序(但有可能执行不同的代码分支),子进程往往要调用一种 exec 函数以执行另一个程序。当进程调用一种 exec 函数时,该进程的用户空间代码和数据完全被新程序替换,从新程序的启动例程开始执行。调用 exec 并不创建新进程,所以调用 exec 前后该进程的 id 并未改变。其实有 6 种以 exec 开头的函数,统称 exec 函数,exec 函数原型如下：

```
#include<unistd.h>
int execl(const char * path,constchar * arg,...)
int execv(const char * path,char * constargv[])
int execle(const char * path,constchar * arg,...,char * constenvp[])
int execve(const char * path,char * constargv[],char * constenvp[])
int execlp(const char * file,constchar * arg,...)
int execvp(const char * file,char * constargv[])
```

这些函数如果调用成功则加载新的程序从启动代码开始执行,不再返回,如果调用出错则返回－1,所以 exec 函数只有出错的返回值而没有成功的返回值。

这些函数原型看起来很容易混淆,但只要掌握了规律就很好记。不带字母 p(表示 path)的 exec 函数第一个参数必须是程序的相对路径或绝对路径,如"/bin/ls"或"./a.out",而不能是"ls"或"a.out"。

对于带字母 p 的函数,如果参数中包含/,则将其视为路径名。否则视为不带路径的程序名,在 PATH 环境变量的目录列表中搜索这个程序。

带有字母 l(表示 list)的 exec 函数要求将新程序的每个命令行参数都当作一个参数传给它，命令行参数的个数是可变的，因此函数原型中有"..."，"..."中的最后一个可变参数应该是 NULL，起标记的作用。对于带有字母 v(表示 vector)的函数，则应该先构造一个指向各参数的指针数组，然后将该数组的首地址当作参数传给它，数组中的最后一个指针也应该是 NULL，就像 main 函数的 argv 参数或者环境变量表一样。

对于以 e(表示 environment)结尾的 exec 函数，可以把一份新的环境变量表传给它，其他 exec 函数仍使用当前的环境变量表执行新程序，如图 7.18 所示。

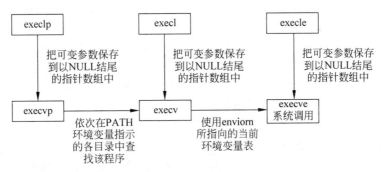

图 7.18　exec 函数族的关系

事实上，只有 execve 是真正的系统调用，其他 5 个函数最终都调用 execve，这些函数之间的关系如图 7.18 所示。exec 调用举例如下：

```
/*** exec.c ***/
#include <unistd.h>
#include <stdlib.h>
void main(void)
{
    execlp("ps","ps","-ef",NULL);
    perror("execps");
    exit(1);
}
```

程序的编译和执行过程以及结果如下：

```
[root@ubunt]# gcc exec.c -o exec
[root@ubunt]# ls
exec.c  exec
[root@ubunt]# ./exec
UID  PID  PPID  C  STIME  TTY  TIME  CMD
root  1  0  0  2005  ?  00:00:05  init
root  2  1  0  2005  ?  00:00:00  [keventd]
root  3  0  0  2005  ?  00:00:00  [ksoftirqd_CPU0]
root  4  0  0  2005  ?  00:00:00  [ksoftirqd_CPU1]
root  21787  21739  0  17:16  pts/1  00:00:00  grep ntp
[root@ubunt]#
```

由于 exec 函数只有错误返回值，只要返回了一定是出错了，因此不需要判断它的返回值，直接在后面调用 perror 即可。注意在调用 execlp 时传了两个"ps"参数，第一个"ps"是程序名，execlp 函数要在 PATH 环境变量中找到这个程序并执行它，而第二个"ps"是第一个命令行参数，execlp 函数并不关心它的值，只是简单地把它传给 ps 程序，ps 程序可以通过 main 函数的 argv[0] 取到这个参数。这个程序运行的结果与在 shell 中直接输入命令"ps-ef"是一样的，当然在不同的系统不同的时刻其结果可能不同。

3. 进程的退出

一个 C 语言的程序总是从 main() 函数开始执行的，main() 函数的原型为：

```
int main( int argc, char * argv[])
```

其中，argc 是命令行参数的数目，argv 是指向参数的各个指针所构成的数组。当内核执行 C 程序时，即使用 exec() 函数执行一个程序，内核首先开启一个特殊的启动例程，该例程从内核取得命令行参数和环境变量值，然后调用 main() 函数。而一个进程终止则存在异常终止和正常终止两种情况。进程异常终止的两种方式是：当进程接收到某些信号时；或是调用 abort() 函数，它产生 SIGABRT 信号，这是前一种的特例。一个进程正常终止有 3 种方式：①由 main() 函数返回；②调用 exit() 函数；③调用 _exit() 或 _Exit() 函数。

由 main() 函数返回的程序，一般应在函数的结尾处通过 return 语句指明函数的返回值，如果不指定这个返回值，main() 通常会返回 0。但这种特性与编译器有关，因此为了程序的通用性，应该养成主动使用 return 语句的习惯。

exit() 的作用是来终止进程的。当程序执行到 exit 时，进程会无条件地停止剩下的所有操作，清除包括 PCB 在内的各种数据结构，并终止本进程的运行。

_exit() 函数的作用是直接使进程停止运行，清除其使用的内存空间，并清除其在内核中的各种数据结构；而 exit() 函数则在执行退出之前加了若干道工序，它要检查文件的打开情况，把文件缓冲区中的内容写回文件，即"清理 I/O 缓冲"。其区别如图 7.19 所示。

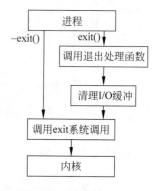

图 7.19 exit 和 _exit 函数的区别

由于在 Linux 的标准函数库中，有一种被称为"缓冲 I/O (buffered I/O)"的操作，就是对应每一个打开的文件，在内存中都有一片缓冲区。每次读文件时，会连续读出若干条记录，这样在下次读文件时就可以直接从内存的缓冲区中读取；同样，每次写文件的时候，也仅仅是写入内存中的缓冲区，等满足了一定的条件，再将缓冲区中的内容一次性写入文件。这种技术可以增加文件读写的速度，但也为编程带来了一点麻烦。例如，有一些数据，已经写入了文件缓冲区，但是因为没有满足特定的条件，它们还没有写回到文件，这时用 _exit() 函数直接将进程关闭，缓冲区中的数据就会丢失。因此，若想保证数据的完整性，就一定要使用 exit() 函数，如果进程没有对文件的操作，那就使用 _exit() 函数直接退出。

使用 exit() 的示例如下：

```
/ ***** exit1.c ****** /
#include <stdio.h>
#include <stdlib.h>
main()
{
    printf("out put begin\n");
    printf("content inbuffer");
    exit(0);
}
```

程序的编译过程以及运行结果如下。

```
[root@ubunt]#gcc exit1.c -o exit1
[root@ubunt]#ls
exit1.c exit1
[root@ubunt]#./exit1
out put begin
content inbuffer
[root@ubunt]#
```

从输出的结果中可以看到，调用 exit 函数时，缓冲区中的记录也能正常输出。使用 _exit() 的示例如下：

```
/ ***** exit2.c ****** /
#include <stdio.h>
#include <unistd.h>
main()
{
    printf("out put begin\n");
    printf("content inbuffer");
    _exit(0);
}
```

程序的编译过程以及运行结果如下。

```
[root@ubunt]#gcc exit2.c -o exit2
[root@ubunt]#ls
exit2.c exit2
[root@ubunt]#./exit2
out put begin
[root@ubunt]#
```

从最后的结果可以看到，调用_exit 函数无法输出缓冲区中的记录。在一个进程调用了 exit 之后，该进程并不会马上就完全消失，而是留下一个称为僵尸(Zombie)的数据结构。僵尸进程是一种非常特殊的进程，它几乎已经放弃了所有内存空间，没有任何可执行代码，也不能被调度，仅仅在进程列表中保留一个位置，记载该进程的退出状态等信息供其他进程收集，除此之外，僵尸进程不再占有任何内存空间。

4. wait 和 waitpid

如果一个父进程终止，而它的子进程还存在（这些子进程或者仍在运行，或者已经是僵尸进程了），则这些子进程的父进程改为 init 进程。init 是系统中的一个特殊进程，通常程序文件是 /sbin/init，进程 id 是 1，在系统启动时负责启动各种系统服务，之后就负责清理子进程，只要有子进程终止，init 就会调用 wait 函数清理它。wait 和 waitpid 函数的原型如下：

```
#include <sys/types.h>
#include <sys/wait.h>
pid_t wait(int * status)
pid_t waitpid(pid_t pid, int * status, int options)
```

其中，status 是一个整型指针，是该子进程退出时的状态。status 若为空，则代表任意状态结束的子进程；status 若不为空，则代表指定状态结束的子进程。

pid 用来设置等待进程，其含义如下。

pid>0：只等待进程 ID 等于 pid 的子进程，不管已经有其他子进程运行结束退出了，只要指定的子进程还没有结束，waitpid 就会一直等待下去。

pid=-1：等待任何一个子进程退出，此时和 wait 作用一样。

pid=0：等待其组 ID 等于调用进程的组 ID 的任一子进程函数传入值。

pid<-1：等待其组 ID 等于 pid 的绝对值的任一子进程。

options 可选项，通常有如下可选项。

WNOHANG：若由 pid 指定的子进程不立即可用，则 waitpid 不阻塞，此时返回值为 0。

WUNTRACED：若实现某支持作业控制，则由 pid 指定的任一子进程状态已暂停，且其状态自暂停以来还未报告过，则返回其状态函数传入值。

若调用成功则返回清理掉的子进程 id，若调用出错则返回 -1。父进程调用 wait 或 waitpid 时可能会出现以下情况。

(1) 阻塞（如果它的所有子进程都还在运行）。

(2) 带子进程的终止信息立即返回（如果一个子进程已终止，正等待父进程读取其终止信息）。

(3) 出错立即返回（如果它没有任何子进程）。

这两个函数的区别是：如果父进程的所有子进程都还在运行，调用 wait 将使父进程阻塞，而调用 waitpid 时如果在 options 参数中指定 WNOHANG 可以使父进程不阻塞而立即返回 0。wait 等待第一个终止的子进程，而 waitpid 可以通过 pid 参数指定等待哪一个子进程。可见，调用 wait 和 waitpid 不仅可以获得子进程的终止信息，还可以使父进程阻塞等待子进程终止，起到进程间同步的作用。如果参数 status 不是空指针，则子进程的终止信息通过这个参数传出，如果只是为了同步而不关心子进程的终止信息，可以将 status 参数指定为 NULL。

由于 wait 函数的使用较为简单，在此仅以 waitpid 为例进行讲解。本例中首先使用 fork 新建一子进程，然后让其子进程暂停 5s（使用了 sleep 函数）。接下来对原有的父进程使用 waitpid 函数，并使用参数 WNOHANG 使该父进程不会阻塞。若有子进程退出，则 waitpid 返回子进程号；若没有子进程退出，则 waitpid 返回 0，并且父进程每隔一秒循环判断一次。

```c
/***** waitpid.c ********/
#incude <sys/types.h>
#include <sys/wait.h>
#include <unistd.h>
#include <stdio.h>
#include <stdlib.h>
int main(void)
{
    pid_t pc ,pr;
    pc = fork();
    if(pc < 0)
    {
        printf("fork failed");
    }
    //子进程
    else if(pc == 0)
    {
        sleep(5);
        exit(0);
    }
    else
    {
        do{
            pr = waitpid(pc,NULL,WNOHANG);
            if(pr = 0)
            {
                printf("The child process has not exited\n");
                sleep(1);
            }
        }while(pr == 0);
        if(pr == pc)
            printf("Get child %d\n",pr);
        else
            printf("some error occured.\n");
    }
}
```

```
[root@ubunt]#gcc - o waitpid waitpid.c
[root@ubunt]#ls
Waitpid.c waitpid
[root@ubunt]#./waitpid
The child process has not exited
The child process has not exited
The child process has not exited
The child process has not exited
The child process has not exited
Get child 2228
[root@ubunt]#
```

可见经过5次循环后,捕获到了子进程的退出信号,具体的子进程号在不同的系统中会有所区别。读者还可以尝试把语句"pr=waitpid(pid,NULL,WNOHANG);"修改为"pr=waitpid(NULL);"和"pr=waitpid(pid,NULL,0);",运行结果为:

```
[root@ubunt]#./waitpid
Get child 2242
[root@ubunt]#
```

可见在上述两种情况下,父进程在调用waitpid或wait之后就将自己阻塞,直到有子进程退出为止。

7.5.3 Zombie 进程

一个进程在终止时会关闭所有文件描述符,释放在用户空间分配的内存,但它的PCB还保留着,内核在其中保存了一些信息:如果是正常终止则保存着退出状态,如果是异常终止则保存着导致该进程终止的信号是哪个。这个进程的父进程可以调用wait或waitpid获取这些信息,然后彻底清除掉这个进程。一个进程的退出状态可以在Shell中用特殊变量$?查看,因为Shell是它的父进程,当它终止时Shell调用wait或waitpid得到它的退出状态同时彻底清除掉这个进程。

```c
/***** zombie.c *****/
#include<unistd.h>
#include<stdlib.h>
int main(void)
{
    pid_t pid=fork();
    if(pid<0)
    {
        perror("fork");
        exit(1);
    }
    if(pid>0)
    {/* parent */
        while(1);
    }
    /* child */
    return 0;
}
```

如果一个进程已经终止,但是它的父进程尚未调用wait或waitpid对它进行清理,这时的进程状态称为僵尸(Zombie)进程。任何进程在刚终止时都是僵尸进程,正常情况下,僵尸进程都立刻被父进程清理了,为了观察到僵尸进程,写一个不正常的程序,父进程fork()创建子进程,子进程终止,而父进程既不终止也不调用wait清理子进程。

在后台运行这个程序,然后用ps命令查看:

```
[root@ubunt]#gcczombie.c-ozombie
[root@ubunt]#ls
zombie.czombie
[root@ubunt]#./zombie&
[2]8105
[root@ubunt]#psu
USERPID%CPU%MEMVSZRSSTTYSTATSTARTTIMECOMMAND
Root14940.00.11864380tty4Ss+02:500:00/sbin/mingettytt
Root14950.00.11864380tty5Ss+02:500:00/sbin/mingettytt
root4970.00.11864380tty3Ss+02:500:00/sbin/mingettytt
root14980.00.11864400tty6Ss+02:500:00/sbin/mingettytt
root15610.68.63823221920tty1Rs+02:507:14/usr/bin/Xorg:0
root810573.40.11720284pts/0R20:110:05./zombie
root81060.00.000pts/0Z20:110:00[zombie]<defunct>
root81070.00.34632892pts/0R+20:110:00psu
root184240.00.765881852pts/0Ss10:160:01bash
root189450.00.469121240pts/0T10:180:00vicp
[root@ubunt]#
```

在./zombie 命令后面加个 & 表示后台运行,Shell 不等待这个进程终止就立刻打印提示符并等待用户输入命令。现在 Shell 是位于前台的,用户在终端的输入会被 Shell 读取,后台进程是读不到终端输入的。第二条命令 psu 是在前台运行的,在此期间 Shell 进程和./zombie 进程都在后台运行,等到 psu 命令结束时 Shell 进程又重新回到前台。父进程的 pid 是 8105,子进程是僵尸进程,pid 是 8106,ps 命令显示僵尸进程的状态为 Z,在命令行一栏还显示<defunct>。

7.5.4 进程间的通信和同步

进程间通信就是在不同进程之间传播或交换信息,那么不同进程之间存在着什么双方都可以访问的介质呢? 每个进程各自有不同的用户地址空间,任何一个进程的全局变量在另一个进程中都看不到,所以进程之间要交换数据必须通过内核,在内核中开辟一块缓冲区,进程 1 把数据从用户空间复制到内核缓冲区,进程 2 再从内核缓冲区把数据读走,内核提供的这种机制称为进程间通信(Inter Process Communication,IPC),如图 7.20 所示。

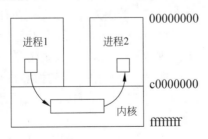

图 7.20 进程间通信

进程间通信主要包括有如下几种。
(1) 管道及有名管道。管道可用于具有亲缘关系进程间的通信,有名管道(name_pipe)

除了管道的功能外,还可以在许多并不相关的进程之间进行通信。

(2) 信号(Signal)。信号是比较复杂的通信方式,用于通知接收进程有某种事件发生,除了用于进程间通信外,进程还可以发送信号给进程本身;Linux 除了支持 UNIX 早期信号语义函数 signal 外,还支持语义符合 Posix 标准的信号函数 sigaction。

(3) 报文(Message)队列(消息队列)。消息队列是消息的链接表,包括 Posix 消息队列、systemV 消息队列。有足够权限的进程可以向队列中添加消息,被赋予读权限的进程则可以读取队列中的消息。消息队列克服了信号承载信息量少、管道只能承载无格式字节流及缓冲区大小受限等缺点。

(4) 共享内存。共享内存使得多个进程可以访问同一块内存空间,是最快的可用 IPC 形式;是针对其他通信机制运行效率较低而设计的。往往与其他通信机制,如信号量结合使用,来达到进程间的同步及互斥。

(5) 信号量。信号量主要作为进程间以及同一进程不同线程之间的同步手段。

(6) 套接字(Socket)。更为一般的进程间通信机制,可用于不同机器之间的进程间通信。起初是由 UNIX 系统的 BSD 分支开发出来的,但现在一般可以移植到 Linux 上。

在接下来的小节中将重点介绍管道通信、共享内存通信及信号通信这几种进程间通信的方式。

7.5.5 管道通信

简单来说,管道就是一种连接一个进程的标准输出到另一个进程的标准输入的方法。管道是最古老的 IPC 工具,从 UNIX 系统一开始就存在。它提供了一种进程之间单向的通信方法。管道在系统中的应用很广泛,即使在 shell 环境中也要经常使用管道技术。管道通信分为管道和有名管道,管道可用于具有亲缘关系进程间的通信,有名管道除了管道的功能外,还可以在许多并不相关的进程之间进行通信。

1. 管道

当进程创建一个管道时,系统内核设置了两个管道可以使用的文件描述符。一个用于向管道中输入信息(write),另一个用于从管道中获取信息(read)。管道有如下特点。

(1) 管道是半双工的,数据只能向一个方向流动;双方通信时,需要建立起两个管道;只能用于父子进程或者兄弟进程之间(具有亲缘关系的进程)。

(2) 单独构成一种独立的文件系统:管道对于管道两端的进程而言,就是一个文件,对于它的读写也可以使用普通的 read、write 等函数。但它不是普通的文件,它不属于某种文件系统,而是自立门户,单独构成一种文件系统,并且只存在于内存中。

(3) 数据的读出和写入:一个进程向管道中写入的内容被管道另一端的进程读出。写入的内容每次都添加在管道缓冲区的末尾,并且每次都是从缓冲区的头部读出数据。

1) 管道的创建

管道是基于文件描述符的通信方式,当一个管道建立时,它会创建两个文件描述符 fd[0] 和 fd[1],其中 fd[0] 固定用于读管道,而 fd[1] 固定用于写管道,无名管道的建立比较简单,可以使用 pipe() 函数来实现。其函数原型如下:

```c
#include <unistd.h>
int pipe(int fd[2])
```

说明：参数 fd[2]表示管道的两个文件描述符,之后就可以直接操作这两个文件描述符；函数调用成功则返回 0,失败返回－1。

2) 管道的关闭

使用 pipe()函数创建了一个管道,那么就相当于给文件描述符 fd[0]和 fd[1]赋值,之后对管道的控制就像对文件的操作一样,那么就可以使用 close()函数来关闭文件,关闭了 fd[0]和 fd[1]就关闭了管道。

3) 管道的读写操作

下面结合实例介绍管道的读写操作,前面已经说过管道两端可分别用描述字 fd[0]和 fd[1]来描述,需要注意的是,管道的两端是固定了任务的。即一端只能用于读,由描述字 fd[0]表示,称其为管道读端；另一端则只能用于写,由描述字 fd[1]来表示,称其为管道写端。如果试图从管道写端读取数据,或者向管道读端写入数据都将导致错误发生。要想对管道进行读写,可以使用文件的 I/O 函数,如 read、write 等。下述示例实现了子进程向父进程写数据的过程。

```c
/***** pipe.c *******/
#include <unistd.h>
#include <sys/types.h>
#include <errno.h>
#include <stdio.h>
#include <stdlib.h>
#include <string.h>
int main()
{
    int     fd[2], nbytes;
    pid_t   childpid;
    char    string[] = "Hello, world!\n";
    char    readbuffer[80];
    if(pipe(fd)< 0)                        /* 创建管道 */
    {
      printf("创建失败\n");
      return -1;
    }
    if((childpid = fork()) == -1)          /* 创建一子进程 */
    {
      perror("fork");
      exit(1);
    }
    if(childpid == 0)                      /* 子进程 */
    {
        close(fd[0]);                      /* 子进程关闭读取端 */
        sleep(3);                          /* 暂停确保父进程已关闭相应的写描述符 */
        write(fd[1], string, strlen(string)); /* 通过写端发送字符串 */
```

```
            close(fd[1]);                        /*关闭子进程写描述符*/
            exit(0);
        }
        else
        {
            close(fd[1]);                        /*父进程关闭写端*/
            nbytes = read(fd[0], readbuffer, sizeof(readbuffer));
                                                 /*从管道中读取字符串*/
            printf("Received string: %s", readbuffer);
            close(fd[0]);                        /*关闭父进程读描述符*/
        }
        return(0);
    }
```

上面的示例代码中,利用 pipe(fd)调用新建了一个管道,还建立了一个由两个元素组成的数组,用来描述管道。管道被定义为两个单独的文件描述符,一个用来输入,一个用来输出。能从管道的一端输入,然后从另一端读出。如果调用成功,pipe 函数返回值为 0。返回后,数组 fd 中存放的是两个新的文件描述符,其中元素 fd[0]包含的文件描述符用于管道的输入,元素 fd[1]包含的文件描述符用于管道的输出。

语句"write(fd[1], string, strlen(string))"利用 write 函数把消息写入管道。站在应用程序的角度,它是在向 stdout 输出。现在,该管道存有消息,可以利用语句"read(fd[0], readbuffer, sizeof(readbuffer))"的 read 函数来读它。对于应用程序来说,利用 stdin 描述符从管道读取消息。read 函数把从管道读取的数据存放到 buffer 变量中。然后在 buffer 变量的末尾添加一个 NULL,这样就能利用 printf 函数正确地输出它了。将该程序编译,运行结果如下所示。

```
[root@ubunt]# gcc pipe.c -o pipe
[root@ubunt]# ls
pipe.c  pipe
[root@ubunt]# ./pipe
Received string: Hello, world!
[root@ubunt]#
```

2. 标准流管道

如果编程者认为上面创建和使用管道的方法过于烦琐,则可以使用下面的简单的方法。

库函数:

```
popen();
```

原型:

```
FILE * popen ( char * command, char * type);
```

返回值:如果成功,返回一个新的文件流;如果无法创建进程或者管道,返回 NULL。

此标准的库函数通过在系统内部调用 pipe()来创建一个半双工的管道,然后它创建一个子进程，启动 shell，最后在 shell 上执行 command 参数中的命令。管道中数据流的方向是由第二个参数 type 控制的。此参数可以是 r 或者 w，分别代表读或写。但不能同时为读和写。在 Linux 操作系统下，管道将会以参数 type 中第一个字符代表的方式打开。所以，如果编程者在参数 type 中写入 rw，管道将会以读的方式打开。虽然此库函数的用法很简单，但也有一些不利的地方。例如，它失去了使用系统调用 pipe()时对系统的控制。尽管这样，因为可以直接地使用 shell 命令，所以 shell 中的一些通配符和其他的一些扩展符号都可以在 command 参数中使用。使用 popen()创建的管道必须使用 pclose()关闭。其实，popen/pclose 和标准文件输入/输出流中的 fopen()/fclose()十分相似。

库函数：

```
pclose();
```

原型：

```
int pclose( FILE * stream );
```

返回值：返回 popen 中执行命令的终止状态，如果 stream 无效或者系统调用失败，则返回−1。

注意：此库函数等待管道进程运行结束，然后关闭文件流。

库函数 pclose()在使用 popen()创建的进程上执行。当它返回时，它将破坏管道和文件系统。在下面的示例中，用 sort 命令打开了一个管道，然后对一个字符数组排序：

```
/ ****** popen.c ****** /
# include <stdio.h>
# include <unistd.h>
# include <stdlib.h>
# define MAXSTRS 5
int main(void)
{
  int   cntr;
  FILE * pipe_fp;
  char * strings[MAXSTRS] = { "echo", "bravo", "alpha","charlie", "delta"};
  if (( pipe_fp = popen("sort", "w")) == NULL)   /* 调用 popen 创建管道 */
   {
     perror("popen");
     exit(1);
   }
   for(cntr = 0; cntr < MAXSTRS; cntr++)          /* 循环处理 */
   {
     fputs(strings[cntr], pipe_fp);
     fputc('\n', pipe_fp);
   }
   pclose(pipe_fp);                               /* 关闭管道 */
   return(0);
}
```

程序的编译运行过程以及结果如下。

```
[root@ubunt]# gcc popen.c -o popen
[root@ubunt]# ls
popen.c  popen
[root@ubunt]# ./popen
alpha
bravo
charlie
charlie
delta
echo
[root@ubunt]#
```

3. 有名管道

应该说,"管道"机制是项重要的发明。它为 UNIX 操作系统所带来的变化是革命性的,甚至可以说,没有管道就没有当初"UNIX 环境"的形成。但是,人们也认识到,管道机制也存在着一些缺点和不足。由于管道是一种"无名"、"无形"的文件,它就只能通过 fork() 的过程创建于"近亲"的进程之间,而不可能成为可以在任意两个进程之间建立通信的机制,更不可能成为一种一般的、通用的进程间通信模型。同时,管道机制的这种缺点本身就强烈地暗示着人们,只要用"有名"、"有形"的文件来实现管道,就能克服这种缺点。这里所谓"有名",是指这样一个文件应该有个文件名,使得任何进程都可以通过文件名或路径名与这个文件挂上钩;所谓"有形",是指文件的 inode 应该存在于磁盘或其他文件系统介质上,使得任何进程在任何时间(而不仅仅是在 fork() 时)都可以建立(或断开)与这个文件之间的联系。所以,有了管道以后,"有名管道"的出现就是必然的了。与管道相比较,有名管道,即 FIFO 管道和一般的管道基本相同,但也有一些显著的不同。

(1) FIFO 管道不是临时对象,而是在文件系统中作为一个特殊的设备文件而存在的实体。并且可以通过 mkfifo 命令来创建。进程只要拥有适当的权限就可以自由地使用 FIFO 管道。

(2) 不同祖先的进程之间可以通过有名管道共享数据。

(3) 当共享管道的进程执行完所有的 I/O 操作以后,有名管道将继续保存在文件系统中以便以后使用。

1) FIFO 的创建

为了实现"有名管道",在"普通文件"、"块设备文件"、"字符设备文件"之外,又设立了一种文件类型,称为 FIFO 文件("先进先出"文件)。对这种文件的访问严格遵循"先进先出"的原则,不允许有在文件内移动读写指针位置的 lseek() 操作。这样一来,就可以像在磁盘上建立个文件一样地建立一个有名管道,有几种方法创建一个有名管道。

```
mknod MYFIFO p
mkfifo a=rw MYFIFO
```

上面的两个命令执行同样的操作,但其中有一点不同。mkfifo 命令提供一个在创建之后直接改变 FIFO 文件存取权限的途径,而 mknod 命令需要调用 chmod 命令。一个物理文

件系统可以通过 p 指示器十分容易地分辨出 FIFO 文件。请注意文件名后的管道符号"|"。

```
$ ls -l MYFIFO
prw-r--r--   1 root     root            0 Dec 14 22:15 MYFIFO|
```

下面主要介绍一下 mkfifo 函数,该函数的作用是在文件系统中创建一个文件,该文件用于提供 FIFO 功能,即有名管道。前面讲的那些管道都没有名字,因此它们被称为匿名管道,简称管道。对文件系统来说,匿名管道是不可见的,它的作用仅限于在父进程和子进程两个进程间进行通信。而有名管道是一个可见的文件,因此,它可以用于任何两个进程之间的通信,不管这两个进程是不是父子进程,也不管这两个进程之间有没有关系。mkfifo 函数的原型如下:

```c
#include <sys/types.h>
#include <sys/stat.h>
int mkfifo( const char * pathname, mode_t mode );
```

mkfifo 函数需要两个参数,第一个参数(pathname)是将要在文件系统中创建的一个专用文件;第二个参数(mode)用来规定 FIFO 的读写权限。mkfifo 函数如果调用成功,返回值为 0;如果调用失败返回值为 -1。

2) 使用实例

有名管道可以用于任何两个进程间通信,因为有名字可引用。注意管道都是单向的,因此双方通信需要两个管道。下面以一个示例来说明如何使用有名管道,该示例有两个程序,一个用于读管道,另一个用于写管道。写管道程序如下:

```c
// ***** fifowrite.c ***
#include <sys/types.h>
#include <sys/stat.h>
#include <stdio.h>
#include <errno.h>
#include <fcntl.h>
#include <string.h>
#include <unistd.h>
#include <stdlib.h>
int main()
{ char write_fifo_name[] = "lucy";
  char read_fifo_name[] = "peter";
  int write_fd, read_fd;
  char buf[256];
  int len;
  struct stat stat_buf;
  int ret = mkfifo(write_fifo_name, S_IRUSR | S_IWUSR);
  if( ret == -1)
   {
    printf("Fail to create FIFO %s: %s", write_fifo_name, strerror(errno));
    exit(-1);
   }
```

```c
    write_fd = open(write_fifo_name, O_WRONLY);
    if(write_fd == -1)
    {
      printf("Fail to open FIFO %s: %s",write_fifo_name,strerror(errno));
      exit(-1);
    }
    while((read_fd = open(read_fifo_name,O_RDONLY)) == -1)
    {
      sleep(1);
    }
    while(1)
{
  printf("Lucy: ");
    fgets(buf, 256, stdin);
    buf[strlen(buf)-1] = '\0';
    if(strncmp(buf,"quit", 4) == 0)
    {
       close(write_fd);
       unlink(write_fifo_name);
       close(read_fd);
       exit(-1);
    }
    while((read_fd = open(read_fifo_name,O_RDONLY)) == -1)
    {
       sleep(1);
    }
while(1)
    {
      printf("Lucy: ");
      fgets(buf, 256, stdin);
      buf[strlen(buf)-1] = '\0';
      if(strncmp(buf,"quit", 4) == 0)
      {
      close(write_fd);
      unlink(write_fifo_name);
      close(read_fd);
      exit(0);
         }
write(write_fd, buf, strlen(buf));
len = read(read_fd, buf, 256);
      if( len > 0)
          {
             buf[len] = '\0';
             printf("Peter: %s\n", buf);
          }
       }
    }
}
```

读管道程序如下:

```c
// ***** fiforead.c ***
#include <sys/types.h>
#include <sys/stat.h>
#include <string.h>
#include <stdio.h>
#include <errno.h>
#include <fcntl.h>
#include <stdlib.h>
int main(void)
{   char write_fifo_name[] = "peter";
    char read_fifo_name[] = "lucy";
    int write_fd, read_fd;
    char buf[256];
    int len;
    int ret = mkfifo(write_fifo_name, S_IRUSR | S_IWUSR);
    if( ret == -1)
      {
       printf("Fail to create FIFO %s: %s",write_fifo_name,strerror(errno));
       exit(-1);
      }
    while((read_fd = open(read_fifo_name, O_RDONLY)) == -1)
      {
      sleep(1);
    }
write_fd = open(write_fifo_name, O_WRONLY);
if(write_fd == -1)
    {
     printf("Fail to open FIFO %s: %s", write_fifo_name, strerror(errno));
     exit(-1);
    }
while(1)
  {
    len = read(read_fd, buf, 256);
    if(len > 0)
     {
      buf[len] = '\0';
      printf("Lucy: %s\n",buf);
     }
    printf("Peter: ");
    fgets(buf, 256, stdin);
    buf[strlen(buf)-1] = '\0';
    if(strncmp(buf,"quit", 4) == 0)
    {
     close(write_fd);
     unlink(write_fifo_name);
     close(read_fd);
     exit(0);
    }
```

```
        write(write_fd, buf, strlen(buf));
    }
}
```

两个程序的编译过程如下：

```
[root@ubunt]# gcc fiforead.c -o fiforead
[root@ubunt]# gcc fifowrite.c -o fifowrite
[root@ubunt]# ls
fiforead.c  fifowrite.c  fiforead  fifowrite
```

为了能够较好地观察运行结果，需要把两个程序分别在两个终端中运行，首先是运行 fifowrite，然后是 fiforead，最后分别在两个终端里观察输出信息。

终端一：

```
[root@ubunt]# ./fifowrite
Lucy: hi! I am lucy!
Peter: hi! I am peter!
Lucy:
```

终端二：

```
[root@ubunt]# ./fiforead
Lucy: hi! I am lucy!
Peter: hi! I am peter!
```

7.5.6 共享内存通信

共享内存可以说是最有用的进程间通信方式，也是最快的 IPC 形式。两个不同进程 A、B 共享内存的意思是，同一块物理内存被映射到进程 A、B 各自的进程地址空间。进程 A 可以即时看到进程 B 对共享内存中数据的更新，反之亦然。由于多个进程共享同一块内存区域，必然需要某种同步机制，如互斥锁和信号量。

进程间需要共享的数据被放在一个称为 IPC 共享内存区域的地方，所有需要访问该共享区域的进程都要把该共享区域映射到本进程的地址空间中。系统 V 共享内存通过 shmget 获得或创建一个 IPC 共享内存区域，并返回相应的标识符。对于系统 V 共享内存，主要有 shmget()、shmat()、shmdt() 及 shmctl() 等 API。

shmget() 用来获得共享内存区域的 ID，如果不存在指定的共享区域就创建相应的区域。shmat() 把共享内存区域映射到调用进程的地址空间中，这样进程就可以方便地对共享区域进行访问操作。shmdt() 调用用来解除进程对共享内存区域的映射。shmctl() 实现对共享内存区域的控制操作。下面主要介绍前面 3 个函数，其原型如下。

```
#include <sys/types.h>
#include <sys/ipc.h>
```

```
#include<sys/shm.h>
int shmget(key_tkey,int size,int shmflg)
char * shmat(int shmid,const void * shmaddr,int shmflg)
int shmdt(const void * shmaddr)
```

1. shmget 函数

shmget 函数的作用是在内存中获得一段共享内存区域。

函数传入参数 key 为 IPC 结构的键值，通常取常量 IPC_PRIVATE；参数 size 为该共享内存区大小，如果创建一个新的区域，必须指定其 size 参数。如果引用一个已有的区域，则 size 应该为 0；参数 shmflg 为权限位，可以用八进制表示。

函数返回值：该系统调用成功则返回共享内存段标识符 ID，即 shmid；若出错则返回 -1。

2. shmat 函数

映射共享内存，使用函数 shmat，它的作用是创建的共享内存映射到具体的进程空间去。

函数传入参数 shmid 为通过 shmget 得到的共享内存区标识符 ID；参数 shmaddr 表示将共享内存映射到指定位置，若为 0 则表示把该段共享内存映射到调用进程的地址空间，推荐采用这个参数；参数 shmflg 为选项位用来设置权限，常用的选项是 SHM_RDONLY，表示以只读的方式共享内存，默认为 0 表示以读写的方式共享内存。

函数返回值：调用成功则返回被映射的段地址，否则返回 -1。

使用以上两个函数，就可以使用这段共享内存了，也就是可以使用不带缓冲的 I/O 读写命令对其进行操作。

3. shmdt 函数

shmdt 函数用来撤销映射。函数传入参数 shmaddr 表示被映射的共享内存段地址。函数成功则返回 0，否则返回 -1。

4. 使用实例

通过示例来说明以上函数的用法。创建了两个程序：sharewrite.c 创建一个系统 V 共享内存区，并在其中写入格式化数据；另外一个程序 shareread.c 访问同一个系统 V 共享内存区，读出其中的格式化数据。

sharewrite.c 源代码如下。

```
/***** sharewrite.c *******/
#include<sys/ipc.h>
#include<sys/shm.h>
#include<sys/types.h>
#include<unistd.h>
#include<stdio.h>
#include<string.h>
Typedefstruct
{
    charname[4];
    intage;
}people;
```

```c
main(int argc, char ** argv)
{
    Int shm_id, i;
    key_t key;
    Char temp;
    people * p_map;
    key = ftok(".", 'a');
    if(key == -1)
        perror("ftokerror");
    shm_id = shmget(key, 4096, IPC_CREAT);
    if(shm_id == -1)
    {
        perror("shmgeterror");
        return;
    }
    p_map = (people *)shmat(shm_id, NULL, 0);
    temp = 'a';
    for(i = 0; i < 10; i++)
    {
        temp += 1;
        memcpy((*(p_map + i)).name, &temp, 1);
        (*(p_map + i)).age = 20 + i;
    }
    if(shmdt(p_map) == -1)
        perror("detacherror");
}
```

shareread.c 源代码如下。

```c
/********** shareread.c ************/
#include <sys/ipc.h>
#include <sys/shm.h>
#include <sys/types.h>
#include <unistd.h>
#include <stdio.h>
Typedef struct
{
    char name[4];
    int age;
} people;
main(int argc, char ** argv)
{
    Int   shm_id, i;
    key_t  key;
    People  * p_map;
    key = ftok(".", 'a');
    if(key == -1)
        perror("ftokerror");
    shm_id = shmget(key, 4096, IPC_CREAT);
```

```
        if(shm_id==-1)
        {
            perror("shmgeterror");
            return;
        }
        p_map=(people*)shmat(shm_id,NULL,0);
        for(i=0;i<10;i++)
        {
            printf("name:%s\n",(*(p_map+i)).name);
            printf("age%d\n",(*(p_map+i)).age);
            if((i+1)%5==0)
            printf("\n");
        }
        if(shmdt(p_map)==-1)
        perror("detacherror");
}
```

分别把两个程序编译为 sharewrite 及 shareread,先后执行./sharewrite 及./shareread,其操作过程及其输出结果如下:

```
[root@ubunt]#gcc-osharereadshareread.c
[root@ubunt]#gcc-osharewritesharewrite.c
[root@ubunt]#ls
shareread.csharewrite.csharereadsharewrite
[root@ubunt]#./sharewrite
[root@ubunt]#./shareread
name:bage20name:cage21name:dage22name:eage23name:fage24
name:gage25name:hage26name:Iage27name:jage28name:kage29
[root@ubunt]#
```

7.5.7 其他通信方式

其他的通信方式包括消息队列、信号量、信号以及套接字等进程间通信方式。消息队列就是一个消息的列表。用户可以从消息队列中添加消息、读取消息等。从这点上看,消息队列具有一定的 FIFO 的特性,但是它可以实现消息的随机查询,比 FIFO 具有更大的优势。同时,这些消息又是存在于内核中的,由"队列 ID"来标识;信号量不仅可以完成进程间通信,而且可以实现进程同步;套接字是应用非常广泛的进程间通信方式,它不仅能完成一般的进程间通信,更可用于不同机器之间的进程间通信。

7.6 线程概述

进程是系统中程序执行和资源分配的基本单位。每个进程都拥有自己的数据段、代码段和堆栈段,这就造成了进程在进行切换等操作时都需要有比较负责的上下文切换等动作。

为了进一步减少处理机的空转时间支持多处理器和减少上下文切换开销,进程在演化中出现了另一个概念——线程。它是一个进程内的基本调度单位,也可以称为轻量级进程。线程是在共享内存空间中并发的多道执行路径,它们共享一个进程的资源,如文件描述和信号处理。因此,大大减少了上下文切换的开销。

同进程一样,线程也将相关的变量值放在线程控制表内。一个进程可以有多个线程,也就是有多个线程控制表及堆栈寄存器,但却共享一个用户地址空间。要注意的是,由于线程共享了进程的资源和地址空间,因此任何线程对系统资源的操作都会给其他线程带来影响,所以多线程中的同步就是非常重要的问题了。

7.6.1 线程的分类和特性

线程按照其调度者可以分为用户级线程和核心级线程两种。

1. 用户级线程

用户级线程主要解决的是上下文切换的问题,它的调度算法和调度过程全部由用户自行选择决定,在运行时不需要特定的内核支持。在这里,操作系统往往会提供一个用户空间的线程库,该线程库提供了线程的创建、调度和撤销等功能,而内核仍然仅对进程进行管理。如果一个进程中的某一个线程调用了一个阻塞的系统调用函数,那么该进程包括该进程中的其他所有线程也同时被阻塞。这种用户级线程的主要缺点是在一个进程中的多个线程的调度中无法发挥多处理器的优势。

2. 核心级线程

轻量级进程是内核支持的用户线程,是内核线程的一种抽象对象。每个线程拥有一个或多个轻量级线程,而每个轻量级线程分别被绑定在一个内核线程上。这种线程允许不同进程中的线程按照同一相对优先调度方法进行调度,这样就可以发挥多处理器的并发优势。现在大多数系统都采用用户级线程与核心级线程并存的方法。一个用户级线程可以对应一个或几个核心级线程,也就是"一对一"或"多对一"模型。这样既可满足多处理机系统的需要,也可以最大限度地减少调度开销。

使用线程机制大大加快上下文切换速度而且节省很多资源。但是因为在用户态和内核态均要实现调度管理,所以会增加实现的复杂度和引起优先级翻转的可能性。一个多线程程序的同步设计与调试也会增加程序实现的难度。

7.6.2 线程的实现

Linux 系统下的多线程遵循 POSIX 线程接口,称为 pthread。编写 Linux 下的多线程程序,需要使用头文件 pthread.h,连接时需要使用库 libpthread.a。创建线程实际上就是确定调用该线程函数的入口点,这里通常使用的函数是 pthread_create。在线程创建以后,就开始运行相关的线程函数。pthread_create 函数的原型如表 7.17 所示。

表 7.17 pthread_create 函数

所需头文件	#include <pthread.h>
函数原型	int pthread_create ((pthread_t * thread, pthread_attr_t * attr, void * (* start_routine)(void *), void * arg))
函数传入值	thread：线程标识符 attr：线程属性设置，通常取为 NULL start_routine：线程函数的起始地址，是一个以指向 void 的指针作为参数和返回值的函数指针 arg：传递给 start_routine 的参数
函数返回值	成功：0； 出错：返回错误码

由于一个进程中的多个线程是共享数据段的，因此通常在线程退出之后，退出线程所占用的资源并不会随着线程的终止而得到释放。正如进程之间可以用 wait() 系统调用来同步终止并释放资源一样，线程之间也有类似机制，那就是 pthread_join() 函数。pthread_join 可以用于将当前线程挂起，等待线程的结束。这个函数是一个线程阻塞的函数，调用它的函数将一直等待到被等待的线程结束为止，当函数返回时，被等待线程的资源就被收回。函数 pthread_join 用来等待一个线程的结束。其函数原型如表 7.18 所示。

表 7.18 pthread_join 函数

所需头文件	#include <pthread.h>
函数原型	int pthread_join ((pthread_t th, void ** thread_return))
函数传入值	th：等待线程的标识符 thread_return：用户定义的指针，用来存储被等待线程结束时的返回值（不为 NULL 时）
函数返回值	成功：0； 出错：返回错误码

一个线程的结束有两种途径，一种是线程创建后，就开始运行相关的线程函数，函数结束了，调用它的线程也就结束了；另一种方式是通过函数 pthread_exit 来实现。这是线程的主动行为。这里要注意的是，在使用线程函数时，不能随意使用 exit 退出函数进行出错处理，由于 exit 的作用是使调用进程终止，往往一个进程包含多个线程，因此，在使用 exit 之后，该进程中的所有线程都终止了。因此，在线程中就可以使用 pthread_exit 来代替进程中的 exit。pthread_exit 函数的原型如表 7.19 所示。

表 7.19 pthread_exit 函数

所需头文件	#include <pthread.h>
函数原型	void pthread_exit(void * retval)
函数传入值	retval：线程结束时的返回值，可由其他函数如 pthread_join() 来获取

7.6.3 线程属性

线程的多相属性是可以修改的，这些属性主要包括绑定属性、分离属性、堆栈地址、堆栈大小及优先级。其中系统默认的属性为非绑定、非分离、默认 1MB 的堆栈以及与父进程同样级别的优先级。线程属性结构为 pthread_attr_t，它同样在头文件/usr/include/pthread.h 中定义。属性值不能直接设置，需使用相关函数进行操作，初始化的函数为 pthread_attr_init，这个函数必须在 pthread_create 函数之前调用。

1. 绑定属性

关于线程的绑定，牵涉另外一个概念：轻进程（Light Weight Process，LWP）。轻进程可以理解为内核线程，它位于用户层和系统层之间。系统对线程资源的分配、对线程的控制是通过轻进程来实现的，一个轻进程可以控制一个或多个线程。默认状况下，启动多少轻进程、哪些轻进程来控制哪些线程是由系统来控制的，这种状况即称为非绑定的。绑定状况下，则顾名思义，即某个线程固定的"绑"在一个轻进程之上。被绑定的线程具有较高的响应速度，这是因为 CPU 时间片的调度是面向轻进程的，绑定的线程可以保证在需要的时候它总有一个轻进程可用。通过设置被绑定的轻进程的优先级和调度级可以使得绑定的线程满足诸如实时反应之类的要求。

设置线程绑定状态的函数为 pthread_attr_setscope，它有两个参数，第一个是指向属性结构的指针，第二个是绑定类型，它有 PTHREAD_SCOPE_SYSTEM（绑定的）和 PTHREAD_SCOPE_PROCESS（非绑定的）两个取值。

2. 分离属性

线程的分离状态决定一个线程以什么样的方式来终止自己。在非分离情况下，当一个线程结束时，它所占用的系统资源并没有被释放，也就是没有真正的终止。只有当 pthread_join() 函数返回时，创建的线程才能释放自己占用的系统资源。而在分离属性情况下，一个线程结束时立即释放它所占有的系统资源。这里要注意的一点是，如果设置一个线程的分离属性，而这个线程运行又非常快，那么它很可能在 pthread_create() 函数返回之前就终止了，它终止以后就可能将线程号和系统资源移交给其他的线程使用，这时调用 pthread_create() 的线程就得到了错误的线程号。

这些属性的设置都是通过特定的函数来完成的，通常首先调用 pthread_attr_init() 函数进行初始化，之后再调用相应的属性设置函数，最后调用 pthread_attr_destroy() 函数对分配的属性结构指针进行清理和回收。设置绑定属性的函数为 pthread_attr_setscope()，设置线程分离属性的函数为 pthread_attr_setdetachstate()，设置线程优先级的相关函数为 pthread_attr_getschedparam()（获取线程优先级）和 pthread_attr_setschedparam()（设置线程优先级）。在设置完这些属性后，就可以调用 pthread_create() 函数来创建线程了。

pthread_attr_init() 函数的原型如表 7.20 所示。

表 7.20 pthread_attr_init 函数

所需头文件	#include <pthread.h>
函数原型	int pthread_attr_init(pthread_attr_t * attr)
函数传入值	attr：线程属性结构指针
函数返回值	成功：0； 出错：返回错误码

pthread_attr_setscope()函数的原型如表7.21所示。

表 7.21 pthread_attr_setscope 函数

所需头文件	#include <pthread.h>	
函数原型	int pthread_attr_setscope(pthread_attr_t * attr, int scope)	
函数传入值	attr：线程属性结构指针	
	scope	PTHREAD_SCOPE_SYSTEM：绑定
		PTHREAD_SCOPE_PROCESS：非绑定
函数返回值	成功：0； 出错：返回错误码	

pthread_attr_setdetachstate()函数的原型如表7.22所示。

表 7.22 pthread_attr_setschedparam 函数

所需头文件	#include <pthread.h>
函数原型	int pthread_attr_setschedparam (pthread_attr_t * attr, struct sched_param * param)
函数传入值	attr：线程属性结构指针； param：线程优先级
函数返回值	成功：0； 出错：返回错误码

pthread_attr_getschedparam()函数的原型如表7.23所示。

表 7.23 pthread_attr_getschedparam 函数

所需头文件	#include <pthread.h>
函数原型	int pthread_attr_getschedparam (pthread_attr_t * attr, struct sched_param * param)
函数传入值	attr：线程属性结构指针； param：线程优先级
函数返回值	成功：0； 出错：返回错误码

pthread_attr_setschedparam()函数的原型如表7.24所示。

表 7.24 pthread_attr_setschedparam 函数

所需头文件	#include <pthread.h>
函数原型	int pthread_attr_setschedparam (pthread_attr_t * attr, struct sched_param * param)
函数传入值	attr：线程属性结构指针； param：线程优先级
函数返回值	成功：0；出错：返回错误码

7.6.4 线程之间的同步与互斥

由于多线程共享进程的资源和地址空间，因此对这些资源进行操作时，必须考虑到线程间资源访问的唯一性问题。线程同步可以使用互斥锁和信号量的方式来解决线程间数据的共享和通信问题,互斥锁一个明显的缺点是它只有两种状态:锁定和非锁定。而条件变量通过允许线程阻塞和等待另一个线程发送信号的方法弥补了互斥锁的不足,它常和互斥锁一起使用。使用时,条件变量被用来阻塞一个线程,当条件不满足时,线程往往解开相应的互斥锁并等待条件发生变化。一旦其他的某个线程改变了条件变量,它将通知相应的条件变量唤醒一个或多个正被此条件变量阻塞的线程。这些线程将重新锁定互斥锁并重新测试条件是否满足。一般来说,条件变量被用来进行线程间的同步。下面介绍这几个函数。

1. 互斥锁线程控制

互斥锁是用一种简单的加锁方法来控制对共享资源的原子操作。这个互斥锁只有两种状态,也就是上锁和解锁,可以把互斥锁看作某种意义上的全局变量。在同一时刻只能有一个线程掌握某个互斥锁,拥有上锁状态的线程能够对共享资源进行操作。若其他线程希望上锁一个已经被上锁的互斥锁,则该线程就会挂起,直到上锁的线程释放掉互斥锁为止。可以说,这把互斥锁保证让每个线程对共享资源按顺序进行原子操作。

互斥锁机制主要包括下面的基本函数。

(1) 互斥锁初始化函数 pthread_mutex_init(),如表 7.25 所示。

表 7.25 pthread_mutex_init 函数

所需头文件	#include <pthread.h>	
函数原型	int pthread_mutex_init(pthread_mutex_t * mutex, const pthread_mutexattr_t * mutexattr)	
函数传入值	mutex:互斥锁	
	mutexattr	PTHREAD_MUTEX_INITIALIZER:创建快速互斥锁
		PTHREAD_RECURSIVE_MUTEX_INITIALIZER_NP:创建递归互斥锁
		PTHREAD_ERRORCHECK_MUTEX_INITIALIZER_NP:创建检错互斥锁
函数返回值	成功:0; 出错:返回错误码	

(2) 互斥锁上锁函数 pthread_mutex_lock(),如表 7.26 所示。

(3) 互斥锁判断上锁函数 pthread_mutex_trylock(),如表 7.26 所示。

(4) 互斥锁接锁函数 pthread_mutex_unlock(),如表 7.26 所示。

(5) 消除互斥锁函数 pthread_mutex_destroy(),如表 7.26 所示。

表 7.26 互斥锁机制的主要函数

所需头文件	#include <pthread.h>
函数原型	int pthread_mutex_lock(pthread_mutex_t * mutex,) int pthread_mutex_trylock(pthread_mutex_t * mutex,) int pthread_mutex_unlock(pthread_mutex_t * mutex,) int pthread_mutex_destroy(pthread_mutex_t * mutex,)
函数传入值	mutex:互斥锁
函数返回值	成功:0; 出错:1

其中，互斥锁可以分为快速互斥锁、递归互斥锁和检错互斥锁。这3种锁的区别主要在于其他未占有互斥锁的线程在希望得到互斥锁时是否需要阻塞等待。快速锁是指调用线程会阻塞直至拥有互斥锁的线程解锁为止。递归互斥锁能够成功地返回，并且增加调用线程在互斥上加锁的次数，而检错互斥锁则为快速互斥锁的非阻塞版本，它会立即返回并返回一个错误信息。默认属性为快速互斥锁。

使用实例如下：

```c
#include <stdio.h>
#include <stdlib.h>
#include <unistd.h>
#include <pthread.h>
#include <errno.h>
pthread_mutex_mutex = PTHREAD_MUTEX_INITIALIZER;
int lock_var;
time_t end_time;
void pthread1(void *arg);
void pthread2(void *arg);

int main(int argc, char *argv[])
{
    pthread_t id1, id2;
    pthread_t mon_th_id;
    int ret;
    end_time = time(NULL) + 10;
    /* 互斥锁初始化 */
    pthread_mutex_init(&mutex, NULL);
    ret = pthread_create(&id1, NULL, (void *)pthread1, NULL);
    if (ret!= 0)
    {
        perror("pthread cread1");
    }
    ret = pthread_create(&id1, NULL, (void *)pthread1, NULL);
    if (ret!= 0)
    {
        perror("pthread cread2");
    }
    pthread_join(id1, NULL);
    pthread_join(id2, NULL);
    exit(0);
}
void pthread1(void *arg)
{
    int i;
    while(time(NULL)< end_tiem)
    {
        /* 互斥锁解锁 */
        if(pthread_mutex_lock(&mutex!= 0);
```

```c
            {
                perror("pthread_mutex_lock");
            }
            else
                printf("Tpthread1: pthread1 lock the variable\n");
            for(i = 0;i < 2;i++)
            {
                sleep(1);
                lock_var++;
            }
            /* 互斥锁解锁 */
            if(pthread_mutex_unlock(&mutex!= 0);
            {
                perror("pthread_mutex_unlock");
            }
            else
                printf("Tpthread1: pthread1 unlock the variable\n");
            sleep(1);
    }
void pthread2(void * arg)
{
        int nolock = 0
        int ret;
        while(time(NULL)< end_time)
        {
            /* 测试互斥锁 */
            ret = pthread_mutex_trylock(&mutex);
            if(ret == EBUSY)
            {
                printf("Tpthread2:the varible is locked by pthread1\n");
            }
            else
            {
                if(ret!= 0)
                {
                    perror("pthread_mutex_trylock");
                    exit(1);
                }
                else
                    printf("pthread2: pthread2 unlock the variable\n");
            }
            sleep(3);
        }
}
```

2. 条件变量互斥锁的主要包括的基本函数

1) pthread_cond_init()函数

该函数条件变量的结构为 pthread_cond_t，函数 pthread_cond_init()被用来初始化一个条件变量。它的原型为：

```
int pthread_cond_init(pthread_cond_t * cond,const pthread_cond_attr_t * cond_attr)
```

其中 cond 是一个指向结构 pthread_cond_t 的指针，cond_attr 是一个指向结构 pthread_cond_attr_t 的指针。结构 pthread_cond_attr_t 是条件变量的属性结构，和互斥锁一样，可以用它来设置条件变量是进程内可用还是进程间可用，默认值是 PTHREAD_PROCESS_PRIVATE，即此条件变量被同一进程内的各个线程使用。注意初始化条件变量只有未被使用时才能重新初始化或被释放。释放一个条件变量的函数为 pthread_cond_destroy(pthread_cond_tcond)。

2) pthread_cond_wait()函数

使线程阻塞在一个条件变量上。它的函数原型为：

```
extern int pthread_cond_wait(pthread_cond_t * __restrict __cond,pthread_mutex_t * __restrict __mutex)
```

线程解开 mutex 指向的锁并被条件变量 cond 阻塞。线程可以被函数 pthread_cond_signal 和函数 pthread_cond_broadcast 唤醒，但是要注意的是，条件变量只是起阻塞和唤醒线程的作用，具体的判断条件还需用户给出，如一个变量是否为 0 等，这一点可以从后面的示例中看到。线程被唤醒后，它将重新检查判断条件是否满足，如果还不满足，一般来说线程应该仍阻塞在这里，等待被下一次唤醒。这个过程一般用 while 语句实现。

3) pthread_cond_timedwait()函数

用来阻塞线程的另一个函数是 pthread_cond_timedwait()，它的原型为：

```
extern int pthread_cond_timedwait __P((pthread_cond_t * __cond,pthread_mutex_t * __mutex,__conststructtimespec * __abstime))
```

它比函数 pthread_cond_wait()多了一个时间参数，经历 abstime 段时间后，即使条件变量不满足，阻塞也被解除。

4) pthread_cond_signal()函数

它的函数原型为：

```
extern int pthread_cond_signal(pthread_cond_t * __cond)
```

它用来释放被阻塞在条件变量 cond 上的一个线程。多个线程阻塞在此条件变量上时，哪一个线程被唤醒是由线程的调度策略所决定的。要注意的是，必须用保护条件变量的互斥锁来保护这个函数，否则条件满足信号又可能在测试条件和调用 pthread_cond_wait 函数之间被发出，从而造成无限制地等待。

以上介绍了几个常用的函数，在多线程编程中，以下列出了经常使用的其他线程函数。

(1) 获得父进程 ID：

```
pthread_tpthread_self(void)
```

(2) 测试两个线程号是否相同:

```
int pthread_equal(pthread_t __thread1,pthread_t __thread2)
```

(3) 互斥量初始化:

```
pthread_mutex_init(pthread_mutex_t *, __constpthread_mutexattr_t *)
```

(4) 销毁互斥量:

```
int pthread_mutex_destroy(pthread_mutex_t * __mutex)
```

(5) 再试一次获得对互斥量的锁定(非阻塞):

```
int pthread_mutex_trylock(pthread_mutex_t * __mutex)
```

(6) 锁定互斥量(阻塞):

```
int pthread_mutex_lock(pthread_mutex_t * __mutex)
```

(7) 解锁互斥量:

```
int pthread_mutex_unlock(pthread_mutex_t * __mutex)
```

(8) 条件变量初始化:

```
int pthread_cond_init(pthread_cond_t * __restrict __cond, __constpthread_condattr_t * __restrict __cond_attr)
```

(9) 销毁条件变量 COND:

```
int pthread_cond_destroy(pthread_cond_t * __cond)
```

(10) 唤醒线程等待条件变量:

```
int pthread_cond_signal(pthread_cond_t * __cond)
```

(11) 等待条件变量(阻塞):

```
int pthread_cond_wait(pthread_cond_t * __restrict __cond, pthread_mutex_t * __restrict __mutex)
```

(12) 在指定的时间到达前等待条件变量:

```
int pthread_cond_timedwait(pthread_cond_t * __restrict __cond, pthread_mutex_t * __restrict __mutex, __conststructtimespec * __restrict __abstime)
```

第 8 章

网 络 编 程

8.1 套接字编程简介

1. 数据格式

网络地址的表示主要通过两个重要的数据类型:结构体 sockaddr 和 sockaddr_in。这两个结构类型都是用来保存 socket 信息的。

```
struct sockaddr
{
    unsigned short sa_family;  /* 地址族 */
    char sa_data[14];          /* 14 字节的协议地址,包含该 socket 的 IP 地址和端口号. */
};
```

sa_family:一般为 AF_INET,代表 Internet(TCP/IP)地址族的 IPv4 协议,其他的值请查阅相关手册。

sa_data:包含了一些远程计算机的 IP 地址、端口号和套接字的数目,这些数据是混杂在一起的。

结构体 sockaddr_in:

```
struct sockaddr_in
{
    short int sin_family;           /* 地址族 */
    unsigned short int sin_port;    /* 端口号 */
    struct in_addr sin_addr;        /* IP 地址 */
    unsigned char sin_zero[8];      /* 填充 0 以保持 */
    /* 与 struct sockaddr 同样大小 */
};
```

这个结构更方便使用。sin_zero 用来将 sockaddr_in 结构填充到与 struct sockaddr 同样的长度,可以用 bzero()或 memset()函数将其置为零。指向 sockaddr_in 的指针和指向

sockaddr 的指针可以相互转换,这意味着如果一个函数所需参数类型是 sockaddr 时,可以在函数调用时将一个指向 sockaddr_in 的指针转换为指向 sockaddr 的指针;或者相反。

2. 字节顺序转换

在网络上面有着许多类型的机器,这些机器在表示数据的字节顺序是不同的,计算机数据存储有两种字节优先顺序:高位字节优先和低位字节优先。Internet 上数据以高位字节优先顺序在网络上传输,所以对于在内部是以低位字节优先方式存储数据的机器,在 Internet 上传输数据时就需要进行转换,否则就会出现数据不一致。为了统一起来,Linux 有专门的字节转换函数:

```
unsigned long int htonl(unsigned long int hostlong);
unsigned short int htons(unisgned short int hostshort);
unsigned long int ntohl(unsigned long int netlong);
unsigned short int ntohs(unsigned short int netshort);
```

在上述 4 个转换函数中,h 代表 host,n 代表 network,s 代表 short,l 代表 long。第一个函数的意义是将本机器上的 long 数据转化为网络上的 long,其他几个函数的意义类似。

3. IP 地址转换

通常用户在表达地址时采用的是点分十进制表示的数值(或者是以冒号分开的十进制 IPv6 地址),而在通常使用的 socket 编程中所使用的则是二进制值,这就需要将这两个数值进行转换。在 IPv4 中用到的函数有 inet_aton()、inet_addr() 和 inet_ntoa(),而 IPv4 和 IPv6 兼容的函数有 inet_pton() 和 inet_ntop()。由于 IPv6 是下一代互联网的标准协议,因此本书讲解的函数都能够同时兼容 IPv4 和 IPv6,但在具体举例时仍以 IPv4 为例。

inet_pton() 函数是将点分十进制地址映射为二进制地址,而 inet_ntop() 是将二进制地址映射为点分十进制地址。

```
int inet_aton(const char * cp, struct in_addr * inp)
char * inet_ntoa(struct in_addr in)
```

函数里面 a 代表 ASCII,n 代表 network。第一个函数表示将 a.b.c.d 的 IP 转换为 32 位的 IP 存储在 inp 指针里面;第二个函数表示是将 32 位 IP 转换为 a.b.c.d 的格式。

4. IP 和域名的转换

在实际中 IP 地址是很难记忆的,通常都是借助 DNS 服务,如"www.163.com",但是这个名字怎样转换为 IP 地址呢?通过使用 gethostbyname() 函数和 gethostbyaddr() 函数,这两个函数定义如下:

```
struct hostent * gethostbyname(const char * hostname);
struct hostent * gethostbyaddr(const char * addr, int len, int type);
```

两个函数返回了一个指向 struct hostent 的指针,这个 struct hostent 定义如下:

```
struct hostent
{
    char * h_name;              /* 主机的正式名称 */
    char * h_aliases;           /* 主机的别名 */
    int h_addrtype;             /* 主机的地址类型 AF_INET */
```

```
        int h_length;              /* 主机的地址长度 对于 IPv4 是 4 字节 32 位 */
        char ** h_addr_list;       /* 主机的 IP 地址列表 */
}; #define h_addr h_addr_list[0]   /* 主机的第一个 IP 地址 */
```

gethostbyname()函数可以将机器名转换为一个结构指针,在这个结构里面储存了域名的信息;gethostbyaddr()函数可以将一个 32 位的 IP 地址(C0A80001)转换为结构指针。这两个函数失败时返回 NULL 且设置 h_errno 错误变量,调用 h_strerror()可以得到详细的出错信息。

5. 服务信息函数

在网络程序中有时需要知道端口、IP 和服务信息。这个时候可以使用以下几个函数:

```
int getsockname(int sockfd,struct sockaddr * localaddr,int * addrlen);
int getpeername(int sockfd,struct sockaddr * peeraddr, int * addrlen);
struct servent * getservbyname(const char * servname,const char * protoname);
struct servent * getservbyport(int port,const char * protoname);
struct servent
{
    char * s_name;             /* 正式服务名 */
    char ** s_aliases;         /* 别名列表 */
    int s_port;                /* 端口号 */
    char * s_proto;            /* 使用的协议 */
}
```

一般很少用以上这几个函数。对于客户端,当要得到连接的端口号时,在 connect 调用成功后使用可得到系统分配的端口号。对于服务端,用 INADDR_ANY 填充后,为了得到连接的 IP,可以在 accept 调用成功后,使用而得到 IP 地址。在网络上有许多的默认端口和服务,如端口 21 对应 FTP、80 对应 WWW。为了得到指定的端口号的服务,可以调用第四个函数,相反为了得到端口号可以调用第三个函数。

8.2 套接字选项

本节对套接字配置的获取或者设置进行介绍,通过对本节的学习将能够掌握基本的套接字属性配置方法。

1. 获取和设置套接字选项 getsocketopt()/setsocketopt()

函数 getsockopt()和函数 setsockopt()的原型如下:

```
#include <sys/types.h>
#include <sys/socket.h>
int getsockopt(int s, int level, int optname, void * optval, socklen_t * optlen);
int setsockopt(int s, int level, int optname, const void * optval, socklen_t optlen);
```

函数 getsockopt()和函数 setsockopt()是用来获取或者设置与某个套接字关联的选项。选项可能存在于多层协议中,但是总会出现在最上面的套接字层。当对套接字选项进行操作时,必须给出选项所处的层和选项的名称。为了操作套接字层的选项,应该将层的值指定为 SOL_SOCKET。为了操作其他层的选项,必须给出控制选项的协议类型号。例如,为了表示一个选项由 TCP 协议解析,层应该设定为协议号 TCP。参数含义如下。

s：套接字描述符。
level：套接字所在的层。
optname：套接字选项名。
optval：所操作的缓冲区指针。
optlen：所传入参数的实际长度。
返回值：函数执行成功返回 0,失败返回 -1。

2. 套接字选项

按照参数选项级别 level 值的不同,套接字选项大致可分为通用套接字选项、IP 选项、TCP 选项三类。

8.2.1 SOL_SOCKET 协议族选项

SOL_SOCKET 级别的套接字选项是通用类型的套接字选项,这个选项中可以命令字比较多,如有 SO_BROADCAST、SO_DEBUG、SO_DONTROUTE、SO_ERROR、SO_KEEPALIVE、SO_LINGER、SO_OOBINLINE、SO_RCVLOWAT、SO_SNDLOWAT 等命令字对套接字的基本特性进行控制。

1. SO_BROADCAST 广播选项

这个选项用于进行广播设置,默认情况下系统的广播是禁止的,因为很容易误用广播的功能造成网络灾难。为了避免偶尔的失误造成意外,默认情况下套接字接口禁用了广播。如果确实需要使用广播功能,需要用户打开此功能。

广播使用 UDP 套接字,其含义是允许将数据发送到子网网络的每个主机上。此项选项的输入数据参数是一个整型变量。当输入的值为 0 时,表示禁止广播,其他值表示允许广播。

```
#define yes  1
#define no   0
int s;
int err;
int optval = yes;
s = socket(AF_INET, SOCK_DGRAM, 0);
err = setsockopt(s,SOL_SOCKET,SO_BROADCAST, &optval, sizeof(optval));
if(err)
perror("setsockopt");
```

如果 setsockopt() 函数返回为 0,套接字 s 已经允许进行广播,需要注意必须使用 socket(AF_INET, SOCK_DGRAM, 0) 建立一个 UDP 套接字。

注意：广播功能需要网络类型的支持,如点对点的网络架构,就不能进行广播功能设置。

2. SO_DEBUG 调试选项

SO_DEBUG 调试选项表示允许调试套接字,此选项仅支持 TCP,当打开此选项时,Linux 内核程序跟踪在此套接字上的发送和接收的数据,并将调试信息放到一个环形缓冲区中。例如,下面的代码将 TCP 套接字设置为可调试。进行数据收发后,可以使用命令 TRPT 来查看跟踪结果。

```
#define  yes  1              /*设置有效*/
#define  no   0              /*设置无效*/
int s;                       /*套接字变量*/
int err;                     /*错误值*/
int optval = yes;            /*设置选项值为有效*/
s = socket(AF_INET, STREAM, 0);
err = setsockopt(s,SOL_SOCKET,SO_DEBUG, &optval, sizeof(optval));
```

3. SO_DONTROUTE 不经过路由选项

这个选项的设置使发出的数据分组不经过正常的路由机制。分组将按照发送数据的目的地址和子网掩码,选择一个合适的网络接口进行发送,而不用经过路由机制。如果不能有选定的网络接口确定,则会返回 ENETUNREACH 错误。选项设置后,网络数据不通过网关发送,只能发送给直接连接的主机或者用一个子网内的主机。可以通过将 send() 函数的选项设置中加上 MSG_DONTROUTE 标志来实现相同的效果。选项的值是布尔型整数的标识。

这个选项可以在两个网卡的局域网内使用,系统根据发送的目的 IP 地址,自动匹配合适的子网,如将子网 A 的数据发送到网络接口 B 上。

4. SO_ERROR 错误选项

这个选项用来获得套接字错误,仅能够获取而不能进行设置。在 Linux 内核中的处理过程如下。

(1) 当套接字发生错误时,兼容 BSD 的网络协议将内核中的变量 so_error 设置为形如 UNIX_Exxx 的值。

(2) 内核通过两种方式通知用户进程:①如果进程通过使用函数 select() 阻塞,该函数会返回-1,并将查询的套接字描述符集合中一个或两个集合进行设置。当检查可读时,可读的套接字描述符集合错误描述符集进行设置;当检查写时,可写套接字描述符集合错误描述符集进行设置。②如果进行使用信号驱动 I/O 模型,则进程或者进程组收到 SIGIO 信号。

(3) 进程在返回后,可以通过 getsockopt 的 SO_ERROR 选项获得发生的错误号,这个值通过一个 int 类型的变量获得。

5. SO_KEEPALIVE 保持链接选项

选项 SO_KEEPALIVE 用于设置 TCP 连接的保持,当设置此项后,连接会测试链接的状态。这个选项用于可能长时间没有数据交流的连接,通常在服务器端进行设置。

当设置 SO_KEEPALIVE 选项后,如果在两个小时内没有数据通信时,TCP 会自动发送一个活动探测数据报文,对方必须对此进行响应,通常有如下 3 种情况。

(1) TCP 的连接正常,发送一个 ACK 响应,这个过程应用层是不知道的;再过两个小时,又会再发送一个。

(2) 对方发送 RST 响应,对方在 2 个小时内进行了重启或者崩溃。之前的连接已经失效,套接字收到一个 ECONNRESET 错误,之前的套接字关闭。

(3) 对方无任何响应,则本机的 TCP 发送另外 8 个探测分节,相隔 75 秒一个,试图得到一个响应。在发出第一个探测分节 11 分钟 15 秒后若仍无响应就放弃。套接字的待处理错误被置为 ETIMEOUT,套接字本身则被关闭。如 ICMP 错误是"host unreachable(主机不可达)",说明对方主机并没有崩溃,但是不可达,这种情况下待处理错误被置为 EHOSTUNREACH。

根据上面的介绍可以知道,对端以一种非优雅的方式断开连接时,可以设置 SO_KEEPALIVE 属性使得在 2 小时以后发现对方的 TCP 连接是否依然存在。

```
keepAlive = 1;
setsockopt(s,SOL_SOCKET,SO_KEEPALIVE,(void *)&keepalive, ssizeof(keepalive));
```

如果不能接受如此之长的等待时间,从 TCP-keepalive-HOWTO 上可以知道一共有两种方式可以设置,一种是修改内核关于网络方面的配置参数,另外一种就是 SOL_TCP 字段的 TCP_KEEPIDLE、TCP_KEEPINTVL、TCP_KEEPCNT 3 个选项。

6. SO_LINGER 缓冲区处理方式选项

选项 SO_LINGER 用于设置 TCP 连接关闭时的行为方式,就是关闭流式连接时的发送缓冲区中的数据如何处理。

7. SO_OOBINLINE 带外数据处理方式选项

带外数据放入正常数据流,在普通数据流中接收带外数据。当进行了此项的设置后,带外数据不再通过另外的通道获得,数据在普通数据流中可以获得带外数据。

在某些情况下,发送的数据会超过所限制的数据量。通常这些数据使用不同于通常情况的接收方式来进行的,使用 SO_OOBINLINE 可以设置使用通用方法来接收带外数据。

```
#define yes 1         /*设置有效*/
#define no  0         /*设置无效*/
int s;                /*套接字变量*/
int err;              /*错误值*/
int optval = yes;     /*设置选项值为有效*/
s = socket(AF_INET, STREAM, 0);
err = setsockopt(s,SOL_SOCKET,SO_OOBINLINE, &optval, sizeof(optval));
if(err)
perror("setsockopt");
```

在设置选项之后,带外数据就会与一般数据一起接收。在这种方式下,所接收的越界数据与通常数据相同,增加了带宽。

8. SO_RCVLOWAT 和 SO_SNDLOWAT 缓冲区下限选项

发送缓冲区下限选项 SO_RCVLOWAT 和接收缓冲区下限选项 SO_SNDLOWAT 用来调整缓冲区的下限值。函数 select() 使用发送缓冲区下限和接收缓冲区下限来判断可读和可写。

当 select() 轮询可读的时候,接收缓冲区中的数据必须达到可写的下限值,select() 才返回。对于 TCP 和 UDP,默认的值均为 1,即接收到一个字节的数据 sclect 函数就可以返回。

当 select() 轮询可写的时候,需要发送缓冲区中的空闲空间大小达到下限值,函数才返回。对于 TCP 通常为 2048 个字节。UDP 的发送缓冲区的可用空间字节数从不发生变化,为发送缓冲区的大小,因此只要 UDP 套接字发送的数据小于发送缓冲区的大小,就总是可以发送的。

9. SO_RCVTIMEO 和 SO_SNDTIMEO 收发超时选项

选项 SO_RCVTIMEO 表示接收数据的超时时间,SO_SNDTIMEO 表示发送数据的超时时间,默认情况下在接收和发送数据的时候是不会超时的,如 recv() 函数当没有数据的时候会永远阻塞。这两个选项影响到的函数有如下两类。

接收超时影响的 5 个函数为:read()、readv()、recv()、recvfrom() 和 recvmsg()。

发送超时影响的 5 个函数为:write()、writev()、send()、sendto() 和 sendmsg()。

10. SO_REUSEADDR 地址重用选项

这个参数表示允许重复使用本地地址和端口,这个设置在服务器程序中经常使用。

例如,某个服务器进程占用了 TCP 的 80 端口进行监听,当再次在此端口监听时会返回错误。设置 SO_REUSEADDR 可以解决这个问题,允许共用这个端口。某些非正常退出的服务器程序,可能需要占用端口一段时间才能允许其他进程使用,即使这个程序已经死掉,内核仍然需要一段时间才能释放此端口,不设置 SO_REUSEADDR 将不能正确绑定端口。

设置地址和端口复用的情况,可使用 getsockopt() 函数。

```
#define yes  1          /*设置有效*/
#define no   0          /*设置无效*/
int s;                  /*套接字变量*/
int err;                /*错误值*/
int optval = yes;       /*设置选项值为有效*/
s = socket(AF_INET, SOCK_DGRAM, 0);
err = setsockopt(s,SOL_SOCKET,SO_REUSEADDR, &optval, sizeof(optval));
if(err)
perror("setsockopt");
```

如果需要端口复用的情况,可使用 getsockopt() 函数。

11. SO_EXCLUSIVEADDRUSE 端口独占选项

与 SO_REUSEADDR 相反,SO_EXCLUSIVEADDRUSE 选项表示以独占的方式使用端口,不允许其他应用程序占用此端口,此时不能使用 SO_REUSEADDR 来共享使用某一个端口。

选项 SO_REUSEADDR 可以对一个端口进行多重绑定,即如果没有使用选项 SO_EXCLUSIVEADDRUSE 显示的设置某一端口的不可绑定状态。多个进程可以同时绑定在某个端口上,即使调用 SO_REUSEADDR 的用户权限低,也就是说低级权限的用户是可以重绑定在高级权限如服务启动的端口上的,这是一个非常大的安全隐患,造成程序可以被很容易的监听。如果不想让程序被监听,需要使用本选项进行设置。

12. SO_TYPE 套接字类型选项

这个选项用于设置或者获得套接字的类型,如 SOCK_STREAM 或者 SOCK_DGRAM

等表示套接字类型的数值。

这个套接字选项经常用在忘记套接字类型或者不知道套接字类型的情况。例如，在如下的代码中先建立一个 TCP 套接字，但是之后忘记这个套接字的类型了，可以使用 SO_TYPE 选项获取其类型。

```
s = socket(AF_INET,SOCK_STREAM,0);
int type;
int length = 4;
err = getsockopt(    S, SOL_SOCKET, SO_TYPE,&type,& length);
if(SOCK_STREAM == type)
     printf("TCP 套接字\n");
else if(SOCK_DGRAM == type)
     printf ("UDP 套接字\n");
```

13. SO_BSDCOMPAT 与 BSD 套接字兼容选项

选项 SO_BSDCOMPAT 表示是否与 BSD 套接字兼容，目前这个选项存在一些安全漏洞，如果没有特殊的原因不要使用这个选项。

例如，Linux 的内核中的 net/core/sock.c 文件中，获得套接字选项的函数 sock_getsockopt()中，如果设置了 SO_BSDCOMPAT 选项，其中的参数会被错误初始化并将值返回给调用的用户，导致信息泄露。

14. SO_BINDTODEVICE 套接字网络接口绑定选项

套接字选项 SO_BINDTODEVICE 可以将套接字与某个网络设备绑定，这在同一个主机上存在多个网路设备的情况十分有用，使用这种方法，可以将某些数据显示的指定从哪个网络设备发送。

15. SO_PRIORITY 套接字优先级选项

套接字选项 SO_PRIORITY 设置通过此套接字进行发送的报文的优先级，由于 Linux 中发送报文队列的排队规则是高优先级的数据优先被处理，因此设置这个选项可以调整套接字的优先级。

这个值通过 optval 来设置，优先级的范围是 0~6（包含优先级 0 和优先级 6）。下面的代码将套接字 s 的优先级设置为 6。

```
opt = 6;
set sockopt(s, SOL_SOCKET, SO_PRIORITY, &opt, sizeof(opt));
```

8.2.2 IPPROTO_IP 选项

IPPROTO_IP 级别的套接字选项主要是 IP 层协议的操作，主要包含控制 IP 头部选项的 IP_HDRINCL、IP 头部选项信息可控的 IP_OPTIONS、服务类型设置的 IP_TOS、IP 包的生存时间设置的 IP_TTL 等选项控制命令字。

1. IP_HDRINCL 选项

一般情况下，Linux 内核会自动计算和填充 IP 头部数据。如果套接字是一个原始套接字，设置此选项有效之后，则 IP 头部需要用户手动填充。用户在发送数据的时候需要手动填充 IP 的头部信息，这个选项通常是在需要用户自定义数据包格式的时候使用。

使用此选项需要注意的是，一旦设置此选项生效，用户发送的 IP 数据包将不再进行分片。因此，用户的数据包不能太大，否则网卡可能不能进行发送，造成数据失败。

2. IP_OPTNIOS 选项

此选项允许设置 IP 头部的选项信息，在发送数据的时候会按照用户设置的 IP 选项来进行。进行 IP_OPTIONS 选项设置的时候，其参数是指向选项设置信息的指针和选项的长度，选项长度最大为 40 个字节。

在 TCP 连接中，当进行连接的时候，如果连接信息中包含 IP 选项设置，则选项会自动设置为路由器包含的设置信息。在连接过程中，传入包中不能对这个选项进行更改。

3. IP_TOS 选项

服务类型选项可以设置或者获取服务类型的值。对于发送的数据可以将服务器类型设置在文件＜netinet/ip.h＞中定义。

4. IP_TTL 选项

生存时间选项，使用此选项可以设置或者获得发送报文的 TTL 值。一般情况下值为 64，对于原始套接字此值为 255。

设置 IP 的生存时间值，可以调整网络数据的发送速度。例如，通过一个 TCP 链接发送数据，如果 TTL 的值过大，就有各种路由方法可选。调整 TCP 的 TTL 值之后，比较长的路由路径会被取消。

5. IPPROTO_TCP 选项

IPPTOTO_TCP 级别的套接字选项是对 TCP 层的操作，主要包括控制 TCP 生存时间的 TCP_KEEPALIVE、最大重传时间的 TCP_MAXRT、最大分节大小的 TCP_MAXSEG、屏蔽 Nagle 算法的 TCP_NODELAY 和 TCP_CORE。

6. TCP_KEEPALIVE 选项

此选项用于获取或者设置存活探测的时间间隔，在 SO_KEEPALIVE 设置的情况下，此选项才有效。默认情况下存活时间的值为 7200 秒，即两个小时系统进行一次存活时间探测。

下面的代码将 TCP 的存活时间设置为 60 秒：

```
int     alive_time = 60;                    /*设置存活时间为60秒*/
int     length_alive = sizeof(int);
int s = socket(AF_INET,SOCK_STREAM,0);      /*建立一个TCP套接字*/
/*设置新的存活时间值为60秒*/
setsockopt(s, IPPROTO_TCP, TCP_KEEPALIVE, & alive_time, length_alive);
```

7. TCP_MAXSEG 选项

使用此选项可以获取或设置 TCP 连接的最大分节大小（MSS）。返回值是 TCP 连接中向另一端发送的最大数据大小，它通常使用 SYN 与另一端协商 MSS，双发的 MSS 选择两者提出的最小值。

8. TCP_MAXRT 选项

最大重传时间，表示在连接断开之前重传需要经过的时间。此数值以秒为单位，0 表示系统默认值，−1 表示永远重传。下面的代码将系统的最大重传时间设置为 3 秒，如果一个 TCP 报文在 3 秒之内没有收到回复，则会进行数据的重传。

```
int    maxrt = 3;                                    /*设置最大重传时间为3秒*/
int    length_maxrt = sizeof(int);
int s = socket(AF_INET,SOCK_STREAM,0);               /*建立一个TCP套接字*/
/*设置新的最大重传时间值为 3 秒 */
setsockopt(s, IPPROTO_TCP, TCP_MAXRT, & maxrt, length_alive);
```

8.3 基本 TCP 套接字编程

8.3.1 socket 概述

在 Linux 中的网络编程是通过 socket 接口来进行的。人们常说的 socket 是一种特殊的 I/O 接口，它也是一种文件描述符。socket 是一种常用的进程之间通信机制，通过它不仅能实现本地机器上的进程之间的通信，而且通过网络能够在不同机器上的进程之间进行通信。

每一个 socket 都用一个半相关描述{协议、本地地址、本地端口}来表示；一个完整的套接字则用一个相关描述{协议、本地地址、本地端口、远程地址、远程端口}来表示。socket 也有一个类似于打开文件的函数调用，该函数返回一个整型的 socket 描述符，随后的连接建立、数据传输等操作都是通过 socket 来实现的。常见的 socket 有以下 3 种类型。

（1）流式 socket(SOCK_STREAM)。流式 socket 提供可靠的、面向连接的通信流。它使用 TCP 协议，从而保证了数据传输的正确性。

（2）数据报 socket(SOCK_DGRAM)。数据报 socket 定义了一种无连接的服务，它使用 UDP 协议，通过相互独立的数据报传输数据，协议本身不保证传输的可靠性和数据的原始顺序。

（3）原始 socket。原始 socket 允许对底层协议如 IP，进行直接访问，它的功能强大，用户可以通过该 socket 开发自己的协议。

为了执行网络 I/O，一个进程必须做的第一件事情就是调用 socket 函数，指定期望的通信协议类型（使用 IPv4 的 TCP、使用 IPv6 的 UDP、UNIX 域字节流协议等）。

```
# include < sys/socket.h >
int socket(int family, int type, int protocol)
```

family 协议族有 AF_INET(IPv4 协议)、AF_INET6(IPv6 协议)、AF_LOCAL(UNIX 域协议)、AF_ROUTE(路由套接字(socket))、AF_KEY(密钥套接字(socket))。

type 套接字类型有 SOCK_STREAM(字节流套接字 socket)、SOCK_DGRAM(数据报套接字 socket)、SOCK_RAW(原始套接字 socket)。

protocol：0(原始套接字除外)。

函数返回值：成功,函数返回非负套接字描述符；出错,－1。

其中 family 参数指明协议族,该参数也往往被称为协议域；type 参数指明套接字类型；protocol 参数应设某个协议类型常值或者设为 0,以选择所给定 famil 和 type 组合的系统默认值。

8.3.2　connect()函数

TCP 客户用 connect 函数来建立与 TCP 服务器的连接。

```
#include <sys/socket.h>
int connect(int sockfd, struct sockaddr * serv_addr, int addrlen)
```

socktd 为套接字描述符,serv_addr；为服务器端地址,addrlen；为地址长度。

函数返回值：成功,0；出错,1。

connect 函数将使用参数 sockfd 中的套接字连接到参数 serv_addr 中指定的服务器。参数 addrlen 为 serv_addr 指向的内存空间大小。

如果参数 sockfd 的类型为 SOCK_DGRAM,serv_addr 参数为数据报发往的地址,且将只接收该地址的数据报。如果 sockfd 的类型为 SOCK_STREAM 或 SOCK_SEQPACKET,调用该函数将连接 serv_addr 中的服务器地址。

出错返回可能有以下几种情况。

(1) EACCES,EPERM：用户试图在套接字广播标志没有设置的情况下连接广播地址或由于防火墙策略导致连接失败。

(2) EADDRINUSE：本地地址处于使用状态。

(3) EAFNOSUPPORT：参数 serv_add 中的地址非合法地址。

(4) EAGAIN：没有足够空闲的本地端口。

(5) EALREADY：套接字为非阻塞套接字,并且原来的连接请求还未完成。

(6) EBADF：非法的文件描述符。

(7) ECONNREFUSED：远程地址并没有处于监听状态。

(8) EFAULT：指向套接字结构体的地址非法。

(9) EINPROGRESS：套接字为非阻塞套接字,且连接请求没有立即完成。

(10) EINTR：系统调用的执行由于捕获中断而中止。

(11) EISCONN：已经连接到该套接字。

(12) ENETUNREACH：网络不可到达。

(13) ENOTSOCK：文件描述符不与套接字相关。

(14) ETIMEDOUT：连接超时。

8.3.3　bind()函数

bind()函数把一个本地协议地址赋予一个套接字。对于网际网协议,协议地址是 32 位的 IPv4 地址或 128 位的 IPv6 地址与 16 位的 TCP 或 UDP 端口号的组合。

```
#include <sys/socket.h>
int bind(int sockfd, struct sockaddr *my_addr, int addrlen)
```

函数返回值:成功,0;出错,1。

第二个参数是一个指向特定于协议的地址结构的指针,第三个参数是该地址结构的长度。对于 TCP 调用 bind 的数可以指定一个端口号,或指定一个 IP 地址,也可以两者都指定,还可以都不指定。

服务器在启动时捆绑它们的众所周知端口,如果一个 TCP 客户或服务器未曾调用 bind 捆绑一个端口,当调用 connect 或 listen 时,内核就要为相应的套接字选择一个临时端口,内核来选择临时端口对于 TCP 客户来说是正常的,除非应用需要一个预留端口;然后对于 TCP 服务器来说却极为罕见,因为服务器是通过它们的众所周知端口被大家认识的。

进程可以把一个特定的 IP 捆绑到它的套接字上,不过这个 IP 地址必须属于其所在主机的网络接口之一(对于 TCP 服务器)。对于 TCP 客户,这就为在该套接字上发送的 IP 数据报指派了源 IP 地址(服务器源地址)。对于 TCP 服务器,这就限定该套接字只接收那些目的地为这个 IP 地址的客户连接。TCP 套接字通常不把 IP 地址捆绑到它的套接字上,当连接套接字时,内核将根据所用外出网络接口来选择源 IP 地址,而所用外出端口则取决于到达服务器所需的路径。如果 TCP 服务器没有把 IP 地址捆绑到它的套接字上,内核就会把发送的 SYN 的目的 IP 地址作为服务器的源 IP 地址(即服务器 IP 等于 INADDR_ANY 的情况)。

实际上客户的源 IP 地址就是服务器的目的地址,服务器的源 IP 地址就是客户的目的地址,说到底也就只存在两个 IP 地址:客户 IP 和服务器 IP。

如果指定端口号为 0,那么内核就 bind 被调用时选择一个临时端口。然而如果指定 IP 地址为通配地址,那么内核将等到套接字已连接 TCP 或已在套接字上发出数据报时才选择一个 IP 地址。对于 IPv4 来说,通配地址由常量 INADDR_ANY 来指定,其值为 0。

注意:如果让内核来为套接字选择一个临时端口号,那么必须注意,函数 bind 并不返回所选择的值。实际上,由于 bind 函数的第二个参数有 const 限定词,它无法返回所选之值。为了得到内核所选择的这个临时端口值,必须调用函数 getsockname 来返回协议地址。

8.3.4 listen()函数

listen 函数仅由 TCP 服务器调用,它做以下两件事。

(1)当 socket 函数创建一个套接字时,它被假设为一个主动套接字,也就是说,它是一个将调用 connect 发起连接的客户套接字。listen 函数把一个未连接的套接字转换成一个被动套接字,指示内核应该受指向该套接字的连接请求。

(2)本函数的第二个参数规定了内核应该为相应套接字排队的最大连接个数。

```
#include <sys/socket.h>
int listen(int sockfd, int backlog);        /*返回:若成功则为 0,出错则为 -1*/
```

本函数通常应该在调用 socket 和 bind 这两个函数之后,并在调用 accept 函数之前调用。为理解 backlog 参数，必须认识到内核为任何一个给定的监听套接字维护两个队列。

（1）未完成连接队列，每个这样的 SYN 分节对应其中一项：已由某个客户发出并到达服务器，而服务器正在等待完成相应的 TCP 三路握手过程，这些套接字处于 SYN_RCVD 状态。

（2）已完成连接队列，每个已完成 TCP 三路握手过程的客户对应其中一项。这些套接字处于 ESTBLISHED 状态。

每当在未完成连接队列中创建一项时，来自监听套接字的参数就复制到即将建立的连接中。连接的创建机制是自动的，无须服务器进程插手。图 8.1 展示了用这两个队列建立连接时所交换的分组。

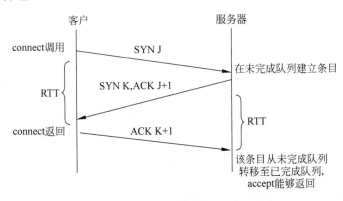

图 8.1　TCP 三路握手和监听套接字的两个队列

当来自客户的 SYN 到达时，TCP 在未完成连接队列中创建一个新项，然后响应三路握手的第二个分节：服务器的 SYN 响应，其中捎带对客户 SYN 的 ACK。创建的新项一直保留在未完成连接队列，直到三路握手的第三个分节（客户对服务器 SYN 的 ACK）到达或者该项超时为止。如果三路握手正常完成，该项就从未完成连接队列移到已完成连接队列的队尾。当进程调用 accept 时，已完成连接队列的队头项将返回给进程，如果已完成连接队列为空，进程将被投入睡眠，直到 TCP 在已完成连接队列中放入一项才唤醒进程。

8.3.5　accept()函数

accept 函数由 TCP 服务器调用，用于从已完成连接队列头返回下一个已完成连接。如果已完成队列为空，那么进程被投入睡眠（假设套接字为默认的阻塞方式）。

```
# include < sys/socket. h >
int accept(int sockfd, struct sockaddr * cliaddr, socklen_t * addrlen);
```

返回：若成功则为非负，已连接描述符与对端的 IP 和端口号；出错则为－1。

参数说明：cliaddr、addrlen 用来返回已连接的对端进程（客户）的协议地址。调用前，将由 * addrlen 所引用的整数值置为由 cliaddr 所指的套接字地址结构的长度，返回时，该整数值即为内核存放在该套接字地址机构内的确切字节数。

函数描述：如果 accept 调用成功，那么其返回值是由内核自动生成的一个全新描述符，代表着与所返回客户的 TCP 连接。在讨论 accept 函数时,称它的第一个参数为监听套接字描述符(由 socket 创建,随后用做 bind 和 listen 的第一个参数的描述符),称它的返回值为已连接套接字描述符。区分这两个套接字非常重要。一个服务器通常仅仅创建一个监听套接字,它在服务器的生命期内一直存在。内核为每个服务器进程接受的客户连接创建一个已连接套接字(也就是说对于它的 TCP 三路握手过程已经完成)。当服务器完成对某个连接客户的服务时,相应的已连接套接字就要被关闭。

8.3.6 fork()与 exec()函数

fork 函数是 UNIX 中派生新进程的唯一方法。

```
#include<unistd.h>
pid_t fork(void);
```

返回:在子进程中为 0,在父进程中为子进程 ID,出错则为 -1。

函数描述:fork 调用一次却返回两次。它在调用进程(父进程)中返回一次,返回值是新派生进程(子进程)的进程 ID 号;在子进程又返回一次,返回值为 0。因此,返回值本身告知当前进程是子进程还是父进程。fork 在子进程返回 0 而不是父进程的进程 ID 的原因在于:任何子进程只有一个父进程,而且子进程总是可以通过调用 getppid 取得父进程的进程 ID。相反,父进程可以有许多子进程。而且无法通过函数调用来获取子进程的进程 ID。如果父进程想要跟踪所有子进程的进程 ID,那么它必须记录每次 fork 调用的返回值。当前进程可以通过 getpid 系统调用来获得自己的进程 ID。父进程中调用 fork 之前打开的所有描述符在 fork 返回之后由子进程共享,数据段会得到一份复制而不是共享。

fork 调用的两个典型用法如下。

(1)一个进程创建一个自身的副本,这样每个副本都可以在另一个副本执行其他任务的同时处理各自的操作,这是网络服务器的典型用法。

(2)一个进程想要执行另一个程序。既然创建新进程的唯一方法是调用 fork,该进程于是首先调用 fork 创建一个自身的副本,然后其中一个副本调用 exec 把自身替换成新的程序,这是诸如 shell 之类程序的典型用法。

存放在硬盘上的可执行程序文件能够被 UNIX 执行的唯一方法便是由一个现有进程调用 6 个 exec 函数中的一个。exec 把当前进程映像替换成新的程序文件,而且该新程序通常从 main 函数开始执行,进程 ID 不改变。称调用 exec 的进程为调用进程(calling process),称新执行的程序为新程序(new program)。

6 个 exec 函数之间的区别在于:①待执行的程序文件有由文件名(filename)还是有路径名(pathname);②新程序的参数是一一列出,还是由一个指针数组来引用;③把调用进程的环境传递给新程序,还是给新程序指定新的环境。

```
#include<unistd.h>
/*若成功则不返回,若失败则返回 -1*/
```

```
int execl(const char *pathname, const char *arg0, ...);
int execv(const char *pathname, char *const *argv[]);
int execle(const char *pathname, const char *arg0, ..., char *const envp[]);
int execve(const char *pathname, char *const argv[], char *const envp[]);
int execlp(const char *filename, const char *arg0,...);
int execvp(const char *filename, char *const argv[]);
#include <unistd.h>
/*若成功则不返回,若失败则返回-1*/
int execl(const char *pathname, const char *arg0, ...);
int execv(const char *pathname, char *const *argv[]);
int execle(const char *pathname, const char *arg0, ..., char *const envp[]);
int execve(const char *pathname, char *const argv[], char *const envp[]);
int execlp(const char *filename, const char *arg0,...);
int execvp(const char *filename, char *const argv[]);
```

其中只有 execve 是真正意义上的系统调用,其他都是在此基础上经过包装的库函数。

8.3.7 close()函数

通常的 UNIX close 函数也用来关闭套接字,并终止 TCP 连接。

```
#include int close (int sockfd);         //返回:若成功为 0,出错为-1
```

close 一个 TCP 套接字的默认行为是把该套接字设置成已关闭,然后立即返回到调用进程,在并发服务器中,fork 一个子进程会复制父进程在 fork 之前创建的所有描述符,复制完成后相应描述符的引用计数会增加 1,调用 close 会使描述符的引用计数减 1,一旦描述符的引用计数为 0,内核就会关闭该套接字。如果调用 close 后套接字的描述符引用计数仍然大于 0,就不会引发 TCP 的终止序列。如果想在一个 TCP 连接上发送 FIN 可以调用 shutdown 函数。

8.3.8 TCP 编程实例

该实例分为客户端和服务器端两部分,其中服务器端首先建立起 socket,然后与本地端口进行绑定,接着就开始接收从客户端的连接请求并建立与它的连接,最后接收客户端发送的消息。客户端则在建立 socket 之后调用 connect()函数来建立连接。

服务端的代码如下:

```
/*server.c*/
#include <sys/types.h>
#include <sys/socket.h>
#include <stdio.h>
#include <stdlib.h>
#include <errno.h>
```

```c
#include <string.h>
#include <unistd.h>
#include <netinet/in.h>

#define PORT     4321
#define BUFFER_SIZE  1024
#define maxblag  5
int main()
{
    struct sockaddr_in ss,cs;
    int sin_size,recvbytes;
    int sockfd, client_fd;
    char buf[BUFFER_SIZE];
    /*建立 socket 连接*/
    if ((sockfd = socket(AF_INET,SOCK_STREAM,0)) == -1)
    {
        perror("socket");
        exit(1);
    }
    printf("Socket id = %d\n",sockfd);
    /*设置 sockaddr_in 结构体中相关参数*/
    ss.sin_family = AF_INET;
    ss.sin_port = htons(PORT);
    ss.sin_addr.s_addr = INADDR_ANY;
    bzero(&(ss.sin_zero), 8);
    int i = 1;        /*允许重复使用本地地址与套接字进行绑定*/
    setsockopt(sockfd, SOL_SOCKET, SO_REUSEADDR, &i, sizeof(i));
    /*绑定函数 bind()*/
    if (bind(sockfd, (struct sockaddr *)&ss,sizeof(struct sockaddr)) == -1)
    {
        perror("bind");
        exit(1);
    }
    printf("Bind success!\n");
    /*调用 listen()函数,创建未处理请求的队列*/
    if (listen(sockfd, maxblag) == -1)
    {
        perror("listen");
        exit(1);
    }
    printf("Listening....\n");
    /*调用 accept()函数,等待客户端的连接*/
    if((client_fd = accept(sockfd,(struct sockaddr *)&cs, &sin_size)) == -1)
    {
        perror("accept");
        exit(1);
    }
    /*调用 recv()函数接收客户端的请求*/
    memset(buf, 0, sizeof(buf));
```

```c
        if ((recvbytes = recv(client_fd, buf, BUFFER_SIZE, 0)) == -1)
        {
            perror("recv");
            exit(1);
        }
        printf("Received a message: %s\n", buf);
        close(sockfd);
        exit(0);
}
```

客户端的代码如下：

```c
/*client.c*/
#include <stdio.h>
#include <stdlib.h>
#include <errno.h>
#include <string.h>
#include <netdb.h>
#include <sys/types.h>
#include <netinet/in.h>
#include <sys/socket.h>

#define PORT    4321
#define BUFFER_SIZE 1024

int main(int argc, char *argv[])
{
    int sockfd, sendbytes;
    char buf[BUFFER_SIZE];
    struct hostent *host;
    struct sockaddr_in serv_addr;
    if(argc < 3)
    {
        fprintf(stderr,"USAGE: ./client Hostname(or ip address) Text\n");
        exit(1);
    }
    /*地址解析函数*/
    if ((host = gethostbyname(argv[1])) == NULL)
    {
        perror("gethostbyname");
        exit(1);
    }
    memset(buf, 0, sizeof(buf));
    sprintf(buf, "%s", argv[2]);
    /*创建socket*/
    if ((sockfd = socket(AF_INET, SOCK_STREAM, 0)) == -1)
    {
        perror("socket");
```

```
            exit(1);
    }
    /*设置 sockaddr_in 结构体中相关参数*/
    serv_addr.sin_family = AF_INET;
    serv_addr.sin_port = htons(PORT);
    serv_addr.sin_addr = *((struct in_addr *)host->h_addr);
    bzero(&(serv_addr.sin_zero), 8);
    /*调用 connect 函数主动发起对服务器端的连接*/
    if(connect(sockfd,(struct sockaddr *)&serv_addr, sizeof(struct sockaddr)) == -1)
    {
            perror("connect");
            exit(1);
    }
    /*发送消息给服务器端*/
    if ((sendbytes = send(sockfd, buf, strlen(buf), 0)) == -1)
    {
            perror("send");
            exit(1);
    }
    close(sockfd);
    exit(0);
}
```

在运行时需要先启动服务器端,再启动客户端。这里可以把服务器端下载到开发板上,客户端在宿主机上运行,然后配置双方的 IP 地址,在确保双方可以通信(如使用 ping 命令验证)的情况下运行该程序即可。

运行结果如下:

```
$ ./server
Socket id = 3
Bind success!
Listening....
Received a message: Hello,Server!
$ ./client localhost(或者输入 IP 地址) Hello,Server!
```

8.4 基本 UDP 套接字编程

在使用 TCP 编写的应用程序和使用 UDP 编写的应用程序之间存在一些本质差异,其原因在于这两个传输层的差别,UDP 是无连接的不可靠的数据包协议,非常不同于 TCP 提供的面向连接的可靠字节流,然而相比 TCP,有些场合确实更适合使用 UDP,使用 UDP 编写的一些常用应用程序有 DNS(域名系统)、NFS(网络文件系统)和 SNMP(简单网络管理协议)。

图 8.2 给出了典型的 UDP 客户/服务器程序的函数调用,客户不与服务器建立连接,它只管用函数 sendto 给服务器发送数据报,此函数要求目的地址(服务器)作为其参数。类似

的,服务器不从客户接受连接,它只管调用函数 recvfrom,等待来自其客户的数据到达。与数据报一起,recvfrom 返回客户的协议地址,所以服务器可以发送响应给正确的客户。

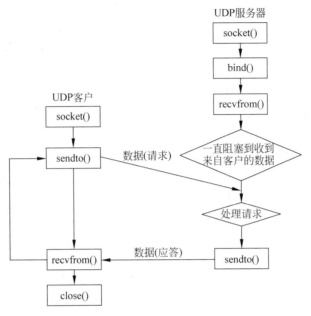

图 8.2　UDP 客户/服务器程序所用的套接字函数

8.4.1　recvfrom()和 sendto()函数

两个函数类似于标准的 read 和 write 函数,不过需要 3 个额外的参数。

```
# include <sys/socket.h>
ssize_t recvfrom(int sockfd, void * buff, size_t nbytes, int flags, struct sockaddr * from,
socklen_t * addrlen);
ssize_t sendto(int sockfd, const void * buff, size_t nbytes, int flags, const struct sockaddr
* to, socklen_t addrlen);
//均返回:若成功则为读或写的字节数,出错为 -1
```

前 3 个参数(sockfd、buff、nbytes)等同于 read 和 write 的前 3 个参数(描述字、指向读入或者写出缓冲区的指针、读写字节数)。

函数 sendto 的参数 to 是一个含有数据将发往的协议地址(如 IP 地址和端口号)的套接字地址结构,它的大小由 addrlen 来指定。函数 recvfrom 用数据报发送者的协议地址装填由 from 所指的套接字地址结构,存储在此套接字地址结构中的字节数也以 addrlen 所指的整数返回给调用者。注意,sendto 的最后一个参数是一个整数值,而 recvfrom 的最后一个参数值是一个指向整数值的指针(即值-结果参数)。

recvfrom 的最后两个参数类似于 accept 的最后两个参数:返回时套接字地址结构的内容可以知晓是谁发送了数据报(UDP 情况下)或是谁发起了连接(TCP 情况下)。sendto 的最后两个参数类似于 connect 的最后两个参数:用数据报将发往(UDP 情况下)或与之建立连接(TCP情况下)的协议地址来装填套接字地址结构。

写一个长度为0的数据报是可行的,这也意味着对于数据报协议,recvfrom返回0值也是可行的;它不表示对方已经关闭了连接,这与TCP套接字上的read返回0的情况不同。由于UDP是无连接的,这就没有诸如关闭UDP连接之类的事情。

如果recvfrom的from参数是一个空指针,响应的长度参数也必须是一个空指针,表示并不关心数据的发送者的协议地址。

recvfrom和sendto都可以用于TCP,尽管通常没有理由这样做。

8.4.2 UDP的connect()函数

给UDP套接字调用connect,但这样做的结果却与TCP连接毫不相同:没有三路握手过程。内核只是记录对方的IP地址和端口号,它们包含在传递给connect的套接字地址结构中,并立即返回给调用进程。

有了这个能力后,必须区分以下情况。

(1) 未连接UDP套接字,新创建UDP套接字默认如此。

(2) 已连接UDP套接字,对UDP套接字调用connect的结果。

对于已连接UDP套接字,与默认的未连接套接字相比,发生了3个变化:

① 再也不能给输出操作指定宿IP和端口号,也就是说不使用sendto,而改用write或send,写到已连接UDP套接字上的任何内容都自动发送到由connect指定的协议地址(如IP地址和端口号)。

② 不必使用recvfrom以获悉数据报的发送者,而改用read、recv或recvmsg,在一个已连接UDP套接字上由内核为输入操作返回的数据报(仅仅是那些来自connect所指定协议地址的数据报)。目的地为这个已连接UDP套接口的本地协议地址,发源地却不是该套接字早先connect到的协议地址的数据报,不会投递到该套接字。这样就限制了一个已连接UDP套接字而且仅能与一个对端交换数据报。

③ 由已连接的UDP套接字引发的异步错误返回给所在的进程,而未连接UDP套接字不接受任何异步错误。

图8.3总结了以连接UDP套接字归纳的三点。

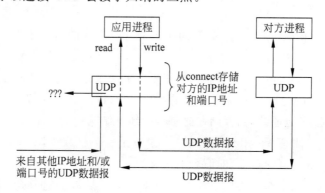

图8.3 已连接UDP套接字

应用进程首先调用 connect 指定对端的 IP 地址和端口号,然后使用 read 和 write 与对端进程交换数据。来自任何其他 IP 地址或端口的数据报(图 8.3 中用"???"表示)不投递给这个已连接套接字,因为它们要么源 IP 地址要么源 UDP 端口不与该套接字 connect 到的协议地址相匹配。这些数据报可能投递给同一个主机上的其他某个 UDP 套接字。如果没有相匹配的其他套接字,UDP 将丢弃它们并生成相应的 ICMP 端口不可达错误。

8.4.3 UDP 程序实例

下面编写一个简单的服务器、客户端(使用 UDP)——服务器端一直监听本机的 6666 号端口,如果收到连接请求,将接收请求并接收客户端发来的消息;客户端与服务器端建立连接并发送一条消息。

服务器代码:

```
#include<stdio.h>
#include<stdlib.h>
#include<string.h>
#include<sys/socket.h>
#include<sys/types.h>
#include<unistd.h>
#include<netinet/in.h>
#include<errno.h>
#define PORT 6666
Int main(intargc,char ** argv)
{
    intsockfd;
    interr,n;
    intaddrlen;
    structsockaddr_inaddr_ser,addr_cli;
    charrecvline[200],sendline[200];

    sockfd = socket(AF_INET,SOCK_DGRAM,0);
    if(sockfd==-1)
    {
        printf("socketerror:%s\n",strerror(errno));
        return-1;
    }
    bzero(&addr_ser,sizeof(addr_ser));
    addr_ser.sin_family = AF_INET;
    addr_ser.sin_addr.s_addr = htonl(INADDR_ANY);
    addr_ser.sin_port = htons(PORT);
    err = bind(sockfd,(structsockaddr * )&addr_ser,sizeof(addr_ser));
    if(err==-1)
    {
        printf("binderror:%s\n",strerror(errno));
        return-1;
    }
```

```c
        addrlen = sizeof(structsockaddr);
        while(1)
        {
            printf("waitingforclient...\n");
            n = recvfrom(sockfd,recvline,200,0,(structsockaddr*)&addr_cli,&addrlen);
            if(n==-1)
            {
                printf("recvfromerror:%s\n",strerror(errno));
                return-1;
            }
            recvline[n] = '\0';
            printf("recvdatais:%s\n",recvline);

            printf("Inputyourwords:\n");
            scanf("%s",sendline);

            n = sendto(sockfd,sendline,200,0,(structsockaddr*)&addr_cli,addrlen);
            if(n==-1)
            {
                printf("sendtoerror:%s\n",strerror(errno));
                return-1;
            }
        }
        return0;
}
```

客户端代码：

```c
#include<stdio.h>
#include<stdlib.h>
#include<string.h>
#include<sys/socket.h>
#include<sys/types.h>
#include<unistd.h>
#include<netinet/in.h>
#include<errno.h>
#define PORT 6666
int main(int argc,char **argv)
{
    int sockfd;
    int addrlen,n;
    struct sockaddr_in addr_ser;
    char recvline[200],sendline[200];
    sockfd = socket(AF_INET,SOCK_DGRAM,0);
    if(sockfd==-1)
    {
        printf("socket error:%s\n",strerror(errno));
        return -1;
    }
```

```c
    bzero(&addr_ser,sizeof(addr_ser));
    addr_ser.sin_family = AF_INET;
    addr_ser.sin_addr.s_addr = htonl(INADDR_ANY);
    addr_ser.sin_port = htons(PORT);
    addrlen = sizeof(addr_ser);
    while(1)
    {
        printf("Input your words: ");
        scanf(" % s",sendline);
        n = sendto(sockfd,sendline,200,0,(struct sockaddr * )&addr_ser,addrlen);
        if(n==-1)
        {
            printf("sendto error: % s\n",strerror(errno));
            return -1;
        }
        printf("waiting for server...\n");
        n = recvfrom(sockfd,recvline,200,0,(struct sockaddr * )&addr_ser,&addrlen);
        if(n==-1)
        {
            printf("recvfrom error: % s\n",strerror(errno));
            return -1;
        }
        recvline[n] = '\0';
        printf("recv data is: % s\n",recvline);
    }
    return 0;
}
```

第 9 章 用户认证系统实例

本章以用户认证系统为例介绍基于 LNMP 的 Web 应用服务器开发方法。系统包括如下模块。

（1）Nginx 服务器，处理静态请求，并向 Django 转发动态请求。
（2）Django 应用处理框架，处理用户动态请求，并实现与数据库交互。
（3）MySQL 数据库，存储用户数据。

本章实例在 Ubuntu14.04 系统环境下开发。

9.1 静态资源部署

Nginx 服务器具有高效的静态请求处理能力，利用 Nginx 处理(CSS)文件、图片、HTML 文本等静态文件，可有效提高服务器性能。

图 9.1 为用户认证系统资源目录，其中 conf 目录下存储 uwsgi、nginx 配置文件；logs 目录用于存储 uwsgi、nginx 日志文件。

其中，src 目录下的 static 目录用于存储 CSS 文件、图像文件及 JS 文件；templates 目录用于存储 HTML 文件。

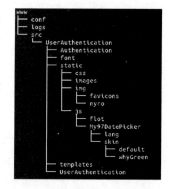

图 9.1 用户认证系统资源目录

9.1.1 Nginx 配置

图 9.2 为 Nginx 启动配置文件，其中第 1 行指定 Nginx 程序所属用户(gloria)；第 2~4 行指定工作线程数(4)，并为每个线程绑定一个 CPU；第 6~10 行指定服务器底层事件处理模型(epoll 模型)，每个线程最大可处理连接数(4096)；第 16~24 行为性能相关配置，具体意义可参见第 3 章；第 26 行导入用户认证系统配置文件；第 28~42 行定义一个简单的测试服务器，通过服务器访问 80 端口时，显示 Nginx 欢迎页面。

图 9.3 为 /home/gloria/PycharmProjects/www/conf 目录下的认证系统配置文件

```
 1  user  gloria;
 2  worker_processes  4;
 3  worker_cpu_affinity 1000 0100 0010 0001;
 4  worker_rlimit_nofile 4096;
 5
 6  events
 7  {
 8      use epoll;
 9      worker_connections 4096;
10  }
11
12  http {
13      include       mime.types;
14      default_type  application/octet-stream;
15
16      sendfile        on;
17      tcp_nopush      on;
18      charset GBK;
19      keepalive_timeout  60;
20      server_names_hash_bucket_size 128;
21      client_header_buffer_size 2k;
22      large_client_header_buffers 4 4k;
23      client_max_body_size 8m;
24      open_file_cache max=102400 inactive=20s;
25
26      include /home/gloria/PycharmProjects/www/conf/Authentication.conf;
27
28      server {
29          listen       80;
30          server_name  localhost;
31
32          location / {
33              root   html;
34              index  index.html index.htm;
35          }
36
37          error_page   500 502 503 504  /50x.html;
38          location = /50x.html {
39              root   html;
40          }
41
42      }
43  }
```

图 9.2　Nginx 程序启动配置文件

```
 1  server {
 2      listen        localhost:8000;
 3
 4      access_log /usr/local/nginx/logs/access.log;
 5      error_log /home/gloria/PycharmProjects/www/logs/error.log error;
 6
 7      error_page 404  /404.html;
 8      error_page 500 502 503 504 /50x.html;
 9
10      root /home/gloria/PycharmProjects/www/src/UserAuthentication/template/;
11
12      location ~ .*/static/(.*)\.(gif|jpg|jpeg|png|bmp|swf|svg)$ {
13          #expires      30d;#图片缓存30天
14          alias /home/gloria/PycharmProjects/www/src/UserAuthentication/static/$1.$2;
15      }
16
17      location ~ .*/(.*)\.(js|css)$ {
18          alias /home/gloria/PycharmProjects/www/src/UserAuthentication/static/$2/$1.$2;
19          #expires      1h;
20      }
21
22      location = /50x.html {
23          root /usr/local/nginx/html;
24      }
25
26      location / {
27          include uwsgi_params;
28          uwsgi_pass 127.0.0.1:7777;
29      }
30  }
```

图 9.3　Nginx 用户认证系统配置文件

(Authentication.conf)。第 2 行指定服务访问端口 8000(http://localhost:8000/)；第 4～5 行指定服务的日志文件存储路径；第 7～8 行指定错误页面；第 10 行指定 HTML 根目录；第 12～15 行定义图片文件的存储路径；第 17～20 行定义 JS 和 CSS 文件的资源路径；第

26~29 行定义一个代理服务器，将非静态请求转发给 uwsgi，再由 uwsgi 转发给 Django 应用程序处理。

9.1.2 静态资源

1. CSS 文件

用户认证系统包含 3 个 CSS 文件，其中 style.css 定义系统 CSS 根模板（代码见附录 A）。图 9.4 为 custom.css 文件定义用户登录注册界面的主要样式；main.css 文件定义主界面的样式代码见附录 A。

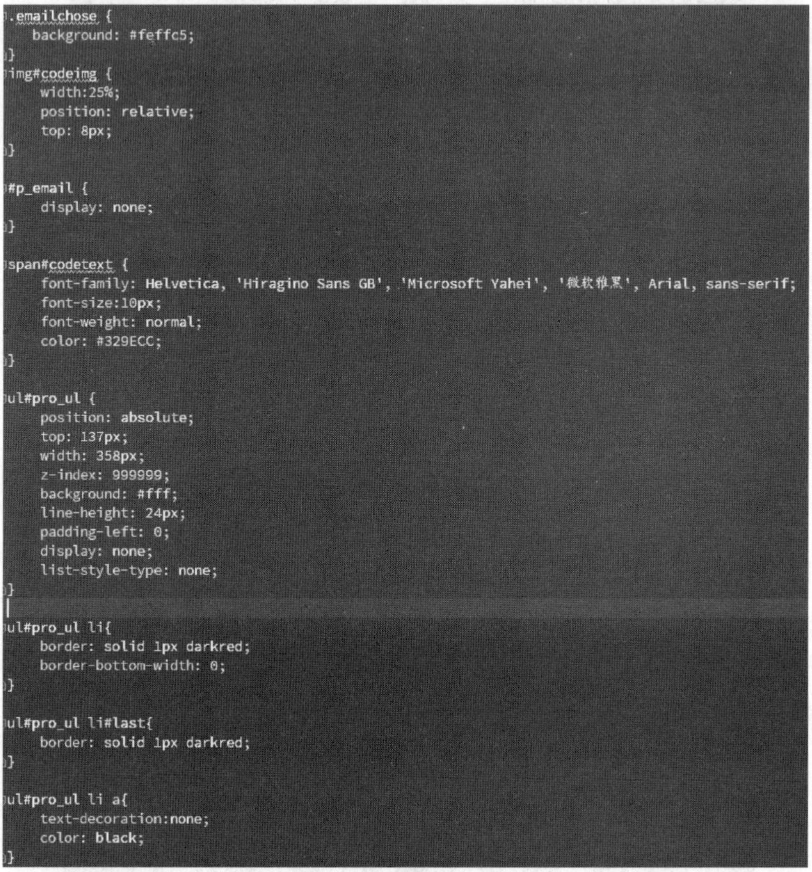

图 9.4 custom.css 文件示例

2. HTML 文件

用户认证系统包含两个 HTML 文件，index.html 文件为用户登录注册界面，图 9.5 为 main.html 文件的主界面。

3. 图片、JS 文件

图片文件及 JS 文件分别存储在 images、img、js 目录，如图 9.6 所示。

```html
<!DOCTYPE html PUBLIC "-//W3C//DTD XHTML 1.0 Transitional//EN" "http://www.w3.org/TR/xhtml1/DTD/xhtml1-transitional.dtd">
<html lang="zh">
<html xmlns="http://www.w3.org/1999/xhtml">
<head>
<meta http-equiv="Content-Type" content="text/html; charset=utf-8" />
<title>用户管理平台</title>
<!-- Favicons -->
<link rel="shortcut icon" type="image/png" HREF="../static/img/favicons/favicon.gif">
<link rel="icon" type="image/png" HREF="../static/img/favicons/favicon.gif">
<link rel="apple-touch-icon" HREF="../static/img/favicons/styler-icon.png" />
<link href="../static/css/main.css" rel="stylesheet" type="text/css" />
</head>
<body>
<div id="topPanel">
    <img src="../static/images/logo.gif" title="Trial Services" alt="Trial Services" width="230" height="80" border="0" />
    <br>
    <h1 style="...">用户管理平台</h1>
    <br>
    <br>
    <p id="logout">
        欢迎您,<span>{{ logeduser }}</span>    
        <a href="/logout/" style="...">退出</a>
    </p>
    <hr>
    <div id="headerPanelfirst">
        <h2>用户管理</h2>
        <a href="/pumpmanage/"></a></div>
    <div id="headerPanelsecond">
        <h2>信息查询</h2>
        <a href="/operation/"></a></div>
    <div id="headerPanelthird">
        <h2>统计数据</h2>
        <a href=""></a></div>
</div>

<div id="footerPanel">
    <div id="footerbodyPanel">
        <p class="copyright">copyright © 2014 用户管理平台</p>
    </div>
</div>
</body>
</html>
```

图 9.5 main.html 文件示例

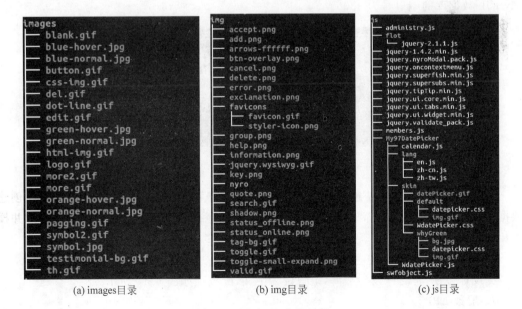

(a) images目录　　　　(b) img目录　　　　(c) js目录

图 9.6 图片、JS 文件目录

9.2 Django 应用处理程序设计

第4章曾经介绍，Django 应用程序开发包括 Model、View、Template 三部分。本节将以用户认证为例，利用 Pycharm 开发软件，从数据库设计（Model）、认证请求处理流程（View）及 HTML 设计（Template）三方面具体介绍 Django 应用程序的开发方法。

9.2.1 项目创建及配置

Pycharm 可用于开发 Django 应用程序，利用 Pycharm 创建 UserAuthentication 项目。项目创建后服务器资源目录如图 9.7 所示。

src 目录存储服务器应用处理源文件及静态资源。UserAuthentication 为 Django 应用程序根目录，Authentication 为 Django 应用 App。

项目的各种属性可在 settings.py 文件中配置。

1. 配置数据库

如图 9.8 所示，ENGINE 指明数据库类型，本实例中使用 MySQL；NAME 指明数据库名称；USER、PASSWORD 分别为登录数据库所用的用户名和密码；HOST 为数据库所在主机名，本节中的示例将数据库及服务器安装在同一台主机上，因此设为 localhost；PORT 指明数据库连接的端口号，MySQL 数据库的端口号为 3306。

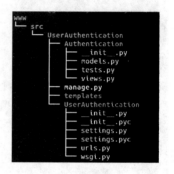

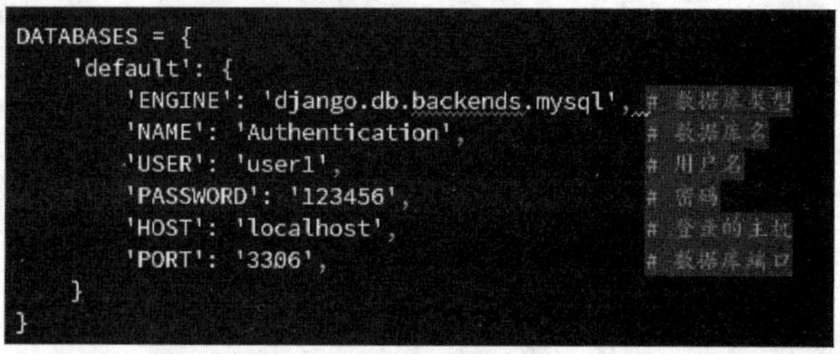

图 9.7　服务器资源目录

图 9.8　数据库配置

为使应用程序能够成功连接数据库，需要创建相应数据库，并赋予相应用户权限。创建数据库、赋予用户权限操作需要用数据库的 root 账户登录。图 9.9 为数据库创建用户并授予相应权限。

2. 配置时区和语言

为设计方便，将时区设为上海，语言设为中文，配置项如图 9.10 所示。

3. 配置 APP

用户开发的 APP 需要在 INSTALLED_APPS 中激活后，才能提供相应服务。只需将 APP 名添加到 INSTALLED_APPS 列表中即可，如图 9.11 所示。

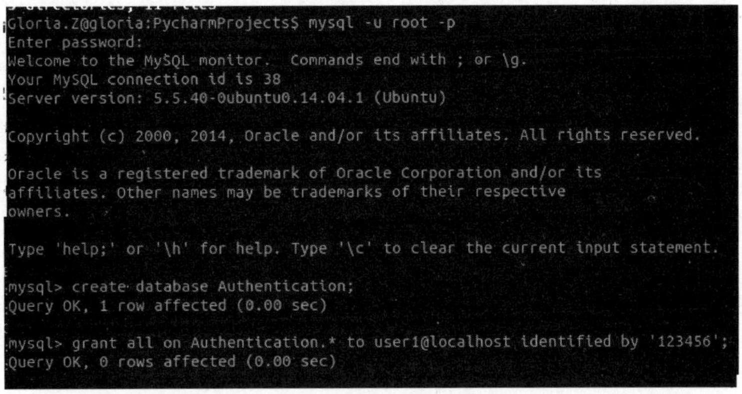

```
Gloria.Z@gloria:PycharmProjects$ mysql -u root -p
Enter password:
Welcome to the MySQL monitor.  Commands end with ; or \g.
Your MySQL connection id is 38
Server version: 5.5.40-0ubuntu0.14.04.1 (Ubuntu)

Copyright (c) 2000, 2014, Oracle and/or its affiliates. All rights reserved.

Oracle is a registered trademark of Oracle Corporation and/or its
affiliates. Other names may be trademarks of their respective
owners.

Type 'help;' or '\h' for help. Type '\c' to clear the current input statement.

mysql> create database Authentication;
Query OK, 1 row affected (0.00 sec)

mysql> grant all on Authentication.* to user1@localhost identified by '123456';
Query OK, 0 rows affected (0.00 sec)
```

图 9.9　创建用户及授权

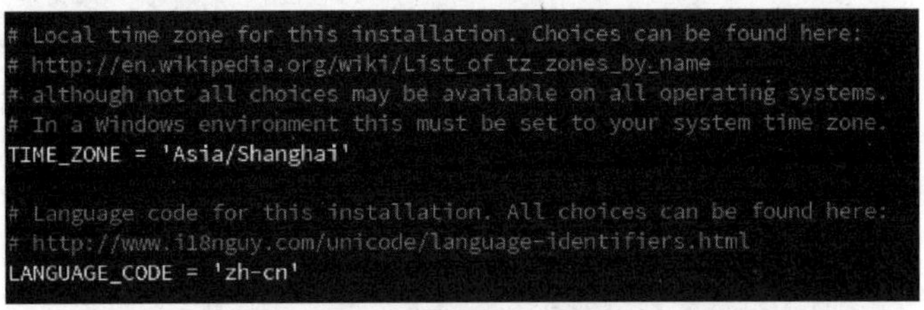

```
# Local time zone for this installation. Choices can be found here:
# http://en.wikipedia.org/wiki/List_of_tz_zones_by_name
# although not all choices may be available on all operating systems.
# In a Windows environment this must be set to your system time zone.
TIME_ZONE = 'Asia/Shanghai'

# Language code for this installation. All choices can be found here:
# http://www.i18nguy.com/unicode/language-identifiers.html
LANGUAGE_CODE = 'zh-cn'
```

图 9.10　配置时区及语言

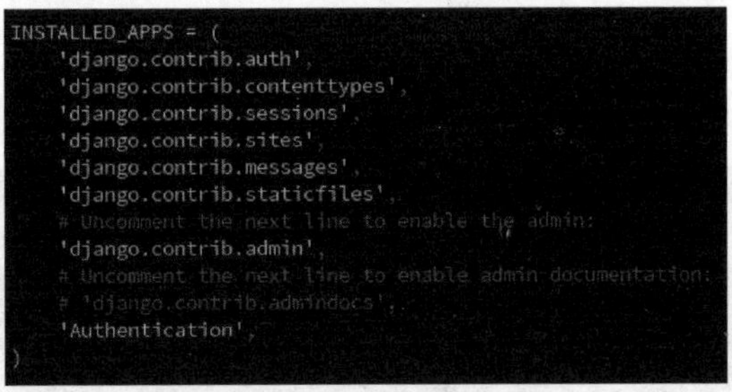

```
INSTALLED_APPS = (
    'django.contrib.auth',
    'django.contrib.contenttypes',
    'django.contrib.sessions',
    'django.contrib.sites',
    'django.contrib.messages',
    'django.contrib.staticfiles',
    # Uncomment the next line to enable the admin:
    'django.contrib.admin',
    # Uncomment the next line to enable admin documentation:
    # 'django.contrib.admindocs',
    'Authentication',
)
```

图 9.11　APP 配置列表

4. 配置 uwsgi

Django 应用程序和 Nginx 服务器通过 uwsgi 连接，uwsgi 程序的启动配置文件存储于/etc/init/uwsgi.conf 中，如图 9.12 所示。

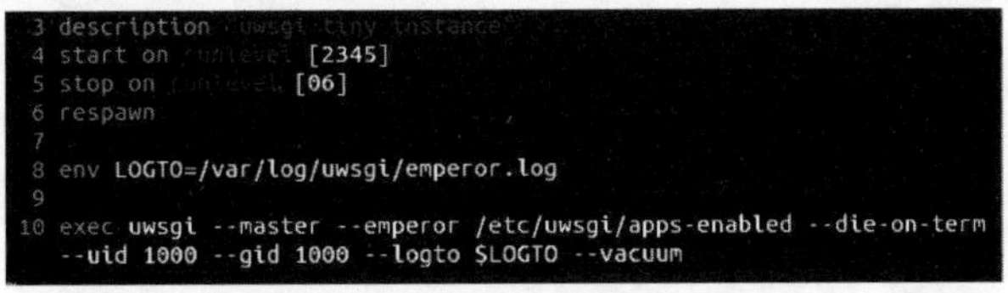

```
description "uwsgi tiny instance"
start on runlevel [2345]
stop on runlevel [06]
respawn

env LOGTO=/var/log/uwsgi/emperor.log

exec uwsgi --master --emperor /etc/uwsgi/apps-enabled --die-on-term
 --uid 1000 --gid 1000 --logto $LOGTO --vacuum
```

图 9.12　uwsgi 启动配置文件

uwsgi 程序的日志文件存储于/var/log/uwsgi/emperor.log 中，程序以 master 模式运行，应用配置文件存储在/etc/uwsgi/apps-enabled 目录下，需要将 conf 目录下的 Authentication.ini

文件连接到此处：

```
sudo ln -s /home/gloria/PycharmProjects/www/conf/Authentication.ini
/etc/uwsgi/apps-enabled/Authentication.ini
```

图 9.13 为 uwsgi app 配置文件。第 2～3 行指定了程序运行时所属用户及用户组；第 5 行指定 Python 路径，即 Django 项目目录；第 6 行指定加载 APP 所需模块为 pythonpath/module，即 /home/gloria/PycharmProjects/www/src/UserAuthentication/UserAuthentication.wsgi；第 8 行指定 APP 服务进程总数（32）；第 9 行指定了 APP 服务 IP 地址及端口；第 10～13 行为性能相关设定，具体可参见第 5 章；第 14～15 行分别指定 pid 文件和日志文件的存储路径。

```
1  [uwsgi]
2  uid=1000
3  gid=1000
4
5  pythonpath=/home/gloria/PycharmProjects/www/src/UserAuthentication/
6  module=UserAuthentication.wsgi
7  plugins=python
8  processes=32
9  socket=127.0.0.1:7777
10 vacuum=true
11 cache=true
12 prio=20
13 async=true
14 pidfile=/home/gloria/PycharmProjects/www/logs/Authentication.pid
15 logto=/home/gloria/PycharmProjects/www/logs/Authentication.log
```

图 9.13 uwsgi app 配置文件

5. 配置 URL

Django 应用程序中，URL 匹配列表存储于 url.py 文件中，如图 9.14 所示。

```
7  urlpatterns = patterns('',
8      # Examples:
9      # url(r'^$', 'UserAuthentication.views.home', name='home'),
10     # url(r'^UserAuthentication/', include('UserAuthentication.foo.urls')),
11
12     # Uncomment the admin/doc line below to enable admin documentation:
13     url(r'^admin/doc/', include('django.contrib.admindocs.urls')),
14
15     # Uncomment the next line to enable the admin:
16     url(r'^admin/', include(admin.site.urls)),
17     url(r'^$', 'Authentication.views.index'),
18     url(r'^verifycode/', 'Authentication.views.verifycode'),
19     url(r'^main/(?P<user>\w{8,20})', 'Authentication.views.main', name="main"),
20     url(r'^logout/', 'Authentication.views.logout'),
21 )
```

图 9.14 url 匹配列表

第 17 行为主界面路径匹配，由 index 函数处理。
第 18 行为验证码路径匹配，由 verifycode 函数处理。
第 19 行为用户管理界面路径匹配，由 main 函数处理。
第 20 行为退出路径匹配，由 logout 函数处理。

9.2.2 数据库设计

Django 采用 ORM 技术简化了数据库操作。数据库定义仅需在 models.py 文件中定义。models.py 文件如图 9.15 所示。

User 类对应数据库中名为 user 的表(表名由 db_table 定义),包含 3 个表项,分别为用户名、密码、及邮箱。其中 username 为主键,键值不可重复,限定长度不超过 20 个字符;password 长度不可超过 20 字符;mail 值不可重复,即一个邮箱仅能注册一个用户。

数据库定义好后,可通过 manage.py 将表导入到 MySQL 数据库中。

```
Gloria.z@gloria:UserAuthentications python manage.py syncdb
```

同步后,可在数据库中查看到已创建的表,如图 9.16 所示。

```
from django.db import models

# Create your models here.


class User(models.Model):
    username = models.CharField(primary_key=True, max_length=20, unique=True)
    password = models.CharField(max_length=20)
    mail = models.EmailField(max_length=255, unique=True)

    class Meta:
        db_table = 'user'
```

图 9.15 models.py 文件

```
mysql> use Authentication
Database changed
mysql> show tables;
+----------------------------+
| Tables_in_Authentication   |
+----------------------------+
| auth_group                 |
| auth_group_permissions     |
| auth_permission            |
| auth_user                  |
| auth_user_groups           |
| auth_user_user_permissions |
| django_admin_log           |
| django_content_type        |
| django_session             |
| django_site                |
| user                       |
+----------------------------+
11 rows in set (0.00 sec)
```

图 9.16 数据库已建表

9.2.3 应用处理程序设计

Django 中利用 view.py 文件定义应用处理流程。本节中定义 index 函数用于显示用户注册登录主界面;verifycode 函数用于生成验证码;login、logout 函数用于登入登出;register 函数用于注册;main 函数用于显示登录后界面。

1. index 函数

图 9.17 为 index 函数代码。

如图 9.18 所示,当通过 http://localhost:8000/访问主界面时,HTTP 请求为 GET 请求;当单击"登录"或"注册"按钮时,需要向服务器提交用户的输入数据,此时 HTTP 请求为 POST 请求。

第 13～20 行定义了 GET 请求的处理逻辑。function、warn_text、imgsrc 在 index.html 中定义,均为 template 变量。function 由 template 系统替换为 JS 函数名称,用于指定在注册页面及登录页面显示 HTML 元素的信息。

```
125        {{function}}
```

warn_text 由 template 系统替换为提示信息,用于显示用户登录或注册时的错误信息。

```
233        <div class = "box box - info" id = "inform">{{warn_text}}</div>
```

```python
def index(request):
    #get
    if request.method == "GET":
        function = request.session.get('function', '')
        warn_text = request.session.get('warn', '请输入用户名及密码')
        request.session.clear()
        return render(request, 'index.html', {
            "warn_text": warn_text, "function": function,
            'imgsrc': "/verifycode/?nocached=" + str(time.time()),
        })

    #post
    elif request.method == "POST":
        code = request.POST['verifycode']
        session_code = request.session['django_captcha_key']
        if code.lower() == session_code.lower():
            #验证成功
            if "log" in request.POST:
                return login(request)
            if "reg" in request.POST:
                return register(request)
        else:
            #验证失败
            request.session['warn'] = '验证码错误，请重新输入'
            if "reg" in request.POST:
                request.session['function'] = 'regicurrent()'
            else:
                request.session['function'] = ''
        return redirect("/")
```

图 9.17 index 函数

图 9.18 用户认证系统主界面

imgsrc 由 template 系统替换为验证码路径。

```
272            < img id = "codeimg" src = {{ imgsrc }} class = "half" alt = "验证码" name = "codeimg"/>
```

第 14～16 行从 session 中读取 function 和 warn_text 信息,若 session 中不存在这些信息,则将其设为默认值。当用户首次访问主页时,session 中不存在任何信息,此时 function 和 warn_text 均被设为默认值。仅当用户向服务器提交数据并发生错误后,Django 程序才向 session 中添加 function 和 warn_text 信息。

第 17～20 行向浏览器返回 HTTP 响应,其中 imgsrc 为验证码图片。当请求 URL 不变时,浏览器可能直接使用缓存中的图片,致使前端显示页面与 session 中存储的验证码数值不相同,造成用户登录失败。此处使用 time 函数获取当前时间,转换为字符串,以变量形式添加到 URL 中,使得每次登录主页时,都刷新一幅验证码图片。

第 23～39 行为 POST 方法的处理逻辑。前端 js 函数确保表单中的每一项都被正确填写,Django 函数对其进行验证。

第 24～25 行分别从 POST 请求和 session 中取得验证码信息,第 26 行对两者进行比较(不区分大小写)。

第 28～31 行为验证码验证成功后的处理流程。此时判断表单是由登录页面还是注册页面提交,分别交由不同函数处理。

第 33～39 行为验证码验证失败后的处理流程。向 session 中添加 function 和 warn_text,并将请求重定向回主页。

2. verifycode 函数

如图 9.19 所示,验证码处理函数通过调用 display 函数实现。display 函数在 captcha.py 文件中定义。display 函数以 figures 列表为资源构成验证码文本,并利用 PIL 库完成绘图,并将生成的图片发回给浏览器。图 9.20 为验证码生成函数。

图 9.19　verifycode 函数

3. register 函数

register 函数如图 9.21 所示。

第 66～81 行为注册函数处理流程,第 67 行从 POST 请求中读取用户名。

第 69～72 行在数据库中查询该用户名是否已经注册,若用户已存在,则在 session 中存入 function 和 warn_text 信息,并重定向回注册主页面。

第 74～81 行向数据库中存储该用户的用户名、密码及邮箱,并重定向回登录主界面,并提示注册成功,请登录。

4. login 函数

login 函数如图 9.22 所示。

第 48～63 行为登录函数处理流程。

```
#coding=utf-8
import StringIO
from django.http import HttpResponse
import os
import random
from PIL import Image, ImageDraw, ImageFont
from math import ceil

figures = [1, 2, 3, 4, 5, 6, 7, 8, 9, 0,
           'a', 'b', 'c', 'd', 'e', 'f',
           'g', 'h', 'i', 'j', 'k', 'l',
           'm', 'n', 'o', 'p', 'q', 'r',
           's', 't', 'u', 'v', 'w', 'x',
           'y', 'z']

# font path
font_path = os.path.join('/home/gloria/www/WaterSystem/src/WaterSystem/font/', 'timesbi.ttf')

def get_font_size(img_height, img_width):
    """ 将图片高度的80%作为字体大小 """
    s1 = int(img_height * 0.8)
    s2 = int(img_width / 4)
    return int(min((s1, s2)) + max((s1, s2))*0.85)

def display(request, img_height, img_width):
    """ 生成验证码图片 """
    # font color
    font_color = ['black', 'darkblue', 'darkred']
    # backgound color
    background = (random.randrange(230, 255), random.randrange(230, 255), random.randrange(230, 255))

    # creat a image
    im = Image.new('RGB', (img_width, img_height), background)
    #generate code
    words = [''.join(str(random.sample(figures, 1)[0]) for i in range(0, 4))]
    code = random.sample(words, 1)[0]
    request.session['django_captcha_key'] = code

    # set font size automaticly
    font_size = get_font_size(img_height, img_width)

    # creat a pen
    draw = ImageDraw.Draw(im)

    # draw noisy point/line
    for i in range(random.randrange(4, 6)):
        line_color = (random.randrange(0, 255), random.randrange(0, 255), random.randrange(0, 255))
        xy = (
            random.randrange(0, int(img_width*0.2)),
            random.randrange(0, img_height),
            random.randrange(3 * img_width/4, img_width),
            random.randrange(0, img_height)
        )
        draw.line(xy, fill=line_color, width=int(font_size * 0.1))

    # draw code
    j = int(font_size * 0.3)
    k = int(font_size * 0.5)
    x = random.randrange(j, k)
    for i in code:
        y = random.randrange(1, 3)
        # 字体大小变化量,字数越少,字体大小变化越多
        m = random.randrange(0, int(45 / font_size) + int(font_size / 5))
        font = ImageFont.truetype(font_path, font_size + int(ceil(m)))
        draw.text((x, y), i, font=font, fill=random.choice(font_color))
        x += font_size * 0.9
    del draw
    del x
    buf = StringIO.StringIO()
    im.save(buf, 'gif')
    return HttpResponse(buf.getvalue(), 'image/gif')
```

图 9.20 验证码生成函数

```
def register(request):
    uname = request.POST["username"]
    try:
        User.objects.get(username=uname)
        request.session['warn'] = '该用户已存在'
        request.session['function'] = 'regicurrent()'
        return redirect("/")
    except ObjectDoesNotExist:
        u = User()
        u.username = uname
        u.password = request.POST["password"]
        u.mail = request.POST['email']
        u.save()
        request.session['function'] = ''
        request.session['warn'] = '注册成功,请登录'
        return redirect("/")
```

图 9.21 register 函数

第 49 行从 POST 表单中读取用户名,第 51 行从数据库中读取该用户名对应的表项,第 52 行对密码进行验证,验证成功后,清除前期存储的 session,并在 session 中标注用户已经登录,将请求重定向到下级主界面。若用户不存在或密码验证不成功,向 session 中添加 function 和 warn_text 信息,并将请求重定向回主页。

```
48  def login(request):
49      uname = request.POST['username']
50      try:
51          user = User.objects.get(username=uname)
52          if user.password == request.POST['password']:
53              request.session.flush()
54              request.session['has_loged'] = True
55              return redirect('main', uname)
56          else:
57              request.session['function'] = ''
58              request.session['warn'] = '密码错误,请重新输入'
59              return redirect("/")
60      except ObjectDoesNotExist:
61          request.session['function'] = ''
62          request.session['warn'] = '用户不存在,请重新输入'
63          return redirect("/")
```

图 9.22　login 函数

5. main 函数

main 函数如图 9.23 所示。

第 84～89 行为 main 函数处理流程,此函数用于向浏览器返回用户管理主界面,其中 user 参数为登录用户的用户名。

第 85 行在 session 中查询用户是否登录,若已登录,则转向用户管理主界面,若未登录则重定向回登录主页。这样做是为了防止用户退出登录后通过浏览器后退功能重新进入用户管理主界面,如图 9.24 所示。

```
84  def main(request, user):
85      if request.session.get('has_loged', False):
86          request.session['user'] = user
87          return render(request, 'main.html', {"logeduser": user})
88      else:
89          return redirect("/")
```

图 9.23　main 函数

图 9.24　用户管理主界面

6. logout 函数

logout 函数如图 9.25 所示,清空所有 session,并重定向回登录主界面。

图 9.25 logout 函数

至此,用户认证系统部署完成,用户可通过"http://localhost:8000/"访问主页进行注册登录。

附录 A

CSS 源码

1. style.css

```css
@charset "UTF-8";

html, body, div, span, object, iframe,
h1, h2, h3, h4, h5, h6, p, blockquote, pre,
abbr, address, cite, code,
del, dfn, em, img, ins, kbd, q, samp,
small, strong, sub, sup, var,
b, i,
dl, dt, dd, ol, ul, li,
fieldset, form, label, legend,
table, caption, tbody, tfoot, thead, tr, th, td,
article, aside, canvas, details, figcaption, figure,
footer, header, hgroup, menu, nav, section, summary,
time, mark, audio, video {
    margin:0;
    padding:0;
    border:0;
    outline:0;
    font-size:100%;
    vertical-align:baseline;
    background:transparent;
}
body {
    line-height:1;
}
article,aside,canvas,details,figcaption,figure,
footer,header,hgroup,menu,nav,section,summary {
    display:block;
}
nav ul {
    list-style:none;
}
```

```css
blockquote, q {
    quotes:none;
}
blockquote:before, blockquote:after,
q:before, q:after {
    content:'';
    /* content:none; */
}
a {
    margin:0;
    padding:0;
    border:0;
    font-size:100%;
    vertical-align:baseline;
    background:transparent;
}
ins {
    background-color:#ff9;
    color:#000;
    text-decoration:none;
}
mark {
    background-color:#ff9;
    color:#000;
    font-style:italic;
    font-weight:bold;
}
del {
    text-decoration: line-through;
}
abbr[title], dfn[title] {
    border-bottom:1px dotted #000;
    cursor:help;
}
table {
    border-collapse:collapse;
    border-spacing:0;
}
hr {
    display:block;
    height:1px;
    border:0;
    border-top:1px solid #cccccc;
    margin:1em 0;
    padding:0;
}
input, select {
    vertical-align:middle;
}
```

```css
/* Base------------------------------------------------------------ */
body {
    font-family:"Helvetica Neue",Helvetica,Arial,sans-serif;
    line-height:1.5;
    font-size:12px;
    background-color:#F2F2F2;
    color:#666;
    margin:0 auto;
}
a {
    outline:none;
}
h1,h2,h3,h4,h5,h6 {
    color:#4D5762;
    position:relative;
    word-spacing:-0.1em;
}
h4,h5,h6 {
    font-weight:bold;
}
h1,h2 {
    line-height:28px;
    margin-bottom:18px;
}
h1,h2,h3,h4,h5 {
    margin-top:18px;
}
h3,h4,h5,h6 {
    line-height:18px;
    margin-bottom:10px;
}
h1 {
    font-size:28px;
}
h2 {
    font-size:21px;
}
h3 {
    font-size:18px;
}
h4 {
    font-size:16px;
}
h5 {
    font-size:14px;
}
h6 {
    font-size:12px;
}
```

```css
b, strong, caption, th, thead, dt, legend {
    font-weight: bold;
}
cite, dfn, em, i {
    font-style: italic;
}
code, kbd, samp, pre, tt, var, .code {
    /* font-family:"Consolas","Courier New",Courier,mono; */
    font-family: Monaco,"Panic Sans","Lucida Console","Courier New",Courier,monospace,sans-serif;
}
.code {
    background-color:#EAEFF4;
    color:#069;
    overflow:auto;
    padding:2px 6px;
}
.code span {
    color:#E9584C;
}
p {
    word-spacing:0.125em;
    hyphenate:auto;
    hyphenate-lines:3;
    margin-top:1em;
}
p + p {
}
pre {
    white-space:pre;
}
del {
    text-decoration:line-through;
}
mark {
    background:rgba(255,255,0,0.4);
    padding:0 .25em;
}
ins {
    color:#f00;
}
small, sup, sub {
    font-size:90%;
}
big, .big {
    font-size:120% !important;
    line-height:120%;
}
abbr, acronym {
    font-size:85%;
```

```css
    text-transform:uppercase;
    letter-spacing:.1em;
}
abbr[title],acronym[title],dfn[title] {
    border-bottom:1px dotted #ccc;
    cursor:help;
}
sup,sub {
    line-height:0;
}
sup {
    vertical-align:super;
}
sub {
    vertical-align:sub;
}
blockquote,q {
    display:block;
    font-style:normal;
    quotes:"" "";
    background:url("../img/quote.png") no-repeat scroll 0 8px transparent;
    display:block;
    font-size:14px;
    min-height:42px;
    line-height:24px;
    padding:0 0 0 20px;
    color:#666;
    font-family:Georgia,"Times New Roman",Times,serif;
    margin:1em 0;
}
q cite {
    display:block;
    font-size:12px;
    color:#999;
}
hr {
    border:none;
    background:#ddd;
    width:100%;
}
ul,ol {
    padding-left:1.5em; /* Good browsers style ul elements like this https://developer.mozilla.org/en/Consistent%5FList%5FIndentation */
}
ul {
    list-style:disc outside;
}
ol {
    list-style:decimal outside;
```

```css
}
ol ol li {
    list-style-type:lower-alpha;
}
ul,ol,dl {
    margin-top:1em;
    margin-bottom:1em;
}
li ul,li ol,ul ul,ol ol,dl dd {
    margin-top:0;
    margin-bottom:0;
    margin-left:0;
}
button {
    cursor:pointer;
}
/* this totally confuses IE7 with IE8.js included ?!
table {
    font: inherit;
}
*/
/* html 5 specific */
article,aside,header,hgroup,nav,section,footer {
    float:left;
    display:block;
}
figure {
    display: block;
}
video {
    display: block; /* styling shim for older browsers */
    border: 5px #aaa solid;
    border-radius: 4px;
    -moz-border-radius: 4px;
    -webkit-border-radius: 4px;
}
/* Tables-------------------------------------------------------------- */
table.stylized {
    border-collapse:collapse;
    position:relative;
    margin-top:1em;
    margin-bottom:1em;
}
table.stylized th,table.stylized td {
    line-height:18px;
    padding:8px 12px;
}
table.stylized th {
    background-color:#2A7AD2 !important;
    color:#fff;
```

```css
    text-align:left;
}
table.stylized tr.high {
    background-color:#ffa !important;
}
table.stylized tbody th, table.stylized tbody td, table.stylized tfoot th, table.stylized tfoot td {
    border-bottom:solid 1px #eee;
}
table.stylized tfoot td {
    background-color:#f2f2f2 !important;
    border-bottom:2px solid #ddd;
}
table.stylized tr:nth-child(even) td {
}
table.stylized tbody tr:nth-child(odd) th, table.stylized tbody tr:nth-child(odd) td {
    background:#FAFDFE;
}
table.stylized caption {
    margin-bottom:1em;
    text-align:left;
    font-size:11px;
    text-transform:uppercase;
}
table.no-style th, table.no-style td {
    line-height:18px;
    padding:4px 8px 4px 0;
}
table.no-style td, table.no-style th {
    background:none !important;
    color:#666;
    border-bottom:0 none;
    border-bottom:1px dotted #ddd !important;
}
table.no-style caption {
    margin-bottom:0;
    text-align: left;
}
/* flot TD */
td.legendLabel {
    font-size:11px;
    padding:0 4px;
    vertical-align: middle;
}
/* Forms ---------------------------------------------------------- */
form {
    overflow:auto;
}
input:focus, textarea:focus, select:focus {
```

```css
    outline-width:0; /* No outline border for Safary */
}
input[type="text"],input[type="password"],input[type="select"],input[type="search"],
input[type="file"],textarea,select {
    border-color:#C4C4C4 #E9E9E9 #E9E9E9 #C4C4C4;
    border-style:solid;
    border-width:1px;
    padding:4px;
    color:#777;
}
textarea {
    line-height:18px;
    overflow:auto;
    font-family:"Helvetica Neue",Helvetica,Arial,sans-serif;
}
textarea.small {
    height:5.5em;
}
textarea.medium {
    height:10em;
}
textarea.large {
    height:20em;
}
input.half,select.half,textarea.half {
    width:23%;
}
input.full,select.full,textarea.full {
    width:97%;
}
input.title {
    font-size:20px;
}
input[type="submit"],input[type="reset"],input[type="button"] {
    margin-bottom:0;
}
input:focus,textarea:focus {
    -moz-box-shadow:0 1px 1px rgba(196,196,196,0.5);
    -webkit-box-shadow:0 1px 1px rgba(196,196,196,0.5);
    box-shadow:0 1px 1px rgba(196,196,196,0.5);
    -webkit-focus-ring-color:none;
    border-color:#c4c4c4;
    background-color:#FFFFF0;
}
fieldset {
    border:0 none;
    border-top:1px solid #ddd;
    margin:10px 0;
    padding:10px 0;
```

```css
    position:relative;
}
legend {
    background:#fff;
    color:#93BB3A;
    font-weight:bold;
    padding:0 6px 0 0;
}
label {
    font-size:11px;
    text-transform:uppercase;
    font-weight:bold;
}
label.required:before {
    content:" * ";
    color:red;
    font-family:"Lucida Grande",Verdana,Arial,Helvetica,sans-serif;
}
label.ok {
    background:url("../img/valid.gif") no-repeat;
    padding-left:16px;
}
label.error {
    color:#d00;
    text-transform:none;
    margin-left:6px;
}
label.choice {
    vertical-align:middle;
    font-weight:normal;
    text-transform:none;
}
fieldset small {
    color:#999;
    font-size:11px;
    display:block;
}
/* Grids ------------------------------------------------------------ */

.column {
    margin-left:18px;
    display:block;
    float:left;
}
.colgroup {
    display:block;
    float:left;
}
.first {
    margin-left:0;
```

```css
        clear:left;
}
.gutter {
        margin-left:18px;
}
.no-gutter {
        margin-left:0;
}
.align-left {
        float:left;
}
.align-right {
        float:right;
        text-align:right;
}
.leading {
        margin-bottom:18px;
}
.noleading {
        margin-bottom:0 !important;
}
.full {
        width:100%;
}
.width1 {
        width:108px;
}
.width2 {
        width:234px;
}
.width3 {
        width:360px;
}
.width4 {
        width:486px;
}
.width5 {
        width:612px;
}
.width6 {
        width:738px;
}
.width7 {
        width:864px;
}
.width8 {
        width: 990px;
}
```

```css
/* Text alignment ------------------------------------------------ */
.ta-left {
    text-align:left !important;
}
.ta-center {
    text-align:center !important;
}
.ta-right {
    text-align:right !important;
}
.ta-justify {
    text-align: justify !important;
}
/* Layout -------------------------------------------------------- */
.hidden {
    display: none;
}
.hidden-accessible {
    position: absolute;
    left: -99999999px;
}
.reset {
    margin: 0;
    padding: 0;
    border: 0;
    outline: 0;
    line-height: 1.3;
    text-decoration: none;
    font-size: 100%;
    list-style: none;
}
.clearfix:after {
    content: ".";
    display: block;
    height: 0;
    clear: both;
    visibility: hidden;
}
.clearfix {
    display: inline-block;
}
/* clearfix in Opera \*/
* html .clearfix {
    height: 1%;
}
.clearfix {
    display: block;
}
/* end clearfix */
.zfix {
```

```css
        width: 100%;
        height: 100%;
        top: 0;
        left: 0;
        position: absolute;
        opacity: 0;
        -khtml-opacity: 0;
        -moz-opacity: 0;
}
/* Corner radius ---------------------------------------------------- */
.corner-tl {
        -moz-border-radius-topleft: 4px;
        -webkit-border-top-left-radius: 4px;
        border-top-left-radius: 4px;
}
.corner-tr {
        -moz-border-radius-topright: 4px;
        -webkit-border-top-right-radius: 4px;
        border-top-right-radius: 4px;
}
.corner-bl {
        -moz-border-radius-bottomleft: 4px;
        -webkit-border-bottom-left-radius: 4px;
        border-bottom-left-radius: 4px;
}
.corner-br {
        -moz-border-radius-bottomright: 4px;
        -webkit-border-bottom-right-radius: 4px;
        border-bottom-right-radius: 4px;
}
.corners-top {
        -moz-border-radius-topleft: 4px;
        -webkit-border-top-left-radius: 4px;
        -moz-border-radius-topright: 4px;
        -webkit-border-top-right-radius: 4px;
        border-top-right-radius: 4px;
        border-top-left-radius: 4px;
}
.corners-bottom {
        -moz-border-radius-bottomleft: 4px;
        -webkit-border-bottom-left-radius: 4px;
        -moz-border-radius-bottomright: 4px;
        -webkit-border-bottom-right-radius: 4px;
        border-bottom-left-radius: 4px;
        border-bottom-right-radius: 4px;
}
.corners-right {
        -moz-border-radius-topright: 4px;
        -webkit-border-top-right-radius: 4px;
        -moz-border-radius-bottomright: 4px;
```

```css
        -webkit-border-bottom-right-radius: 4px;
        border-top-right-radius: 4px;
        border-bottom-right-radius: 4px;
}
.corners-left {
        -moz-border-radius-topleft: 4px;
        -webkit-border-top-left-radius: 4px;
        -moz-border-radius-bottomleft: 4px;
        -webkit-border-bottom-left-radius: 4px;
        border-top-left-radius: 4px;
        border-bottom-left-radius: 4px;
}
.corners {
        -moz-border-radius: 4px;
        -webkit-border-radius: 4px;
        border-radius: 4px;
}
/* Boxes ----------------------------------------------------------- */

.box {
        padding: 8px;
        margin-bottom:8px;
        color:#555;
        border-top:1px solid #ccc;
        border-bottom:1px solid #ccc;
        background:#eee;
}
.box-info {
        padding-left: 32px;
        border-top:1px solid #B8E2FB;
        border-bottom:1px solid #B8E2FB;
        background:#E8F6FF url("../img/information.png") no-repeat 8px 50%;
}
.box-warning{
        padding-left: 32px;
        border-top:1px solid #F2DD8C;
        border-bottom:1px solid #F2DD8C;
        background:#FFF5CC url("../img/error.png") no-repeat 8px 50%;
}
.box-error{
        padding-left: 32px;
        border-top:1px solid #F8ACAC;
        border-bottom:1px solid #F8ACAC;
        background:#FFD1D1 url("../img/exclamation.png") no-repeat 8px 50%;
}
.box-error-msg{
        margin-top:-8px;
        background:#FFF1F1;
        border-top:0 none;
        border-bottom:1px solid #FDDCDC;
```

```css
        color:#664B4B;
        padding:12px;
}
.box-error-msg ol {
    margin-top: 0;
    margin-bottom: 0;
}
.box-success{
    padding-left: 32px;
    border-top:1px solid #BBDF8D;
    border-bottom:1px solid #BBDF8D;
    background: #EAF7D9 url("../img/accept.png") no-repeat 8px 50%;
}
.box a:hover {
    background: transparent !important;
}
/* Wrappers & headers ------------------------------------------------ */
.wrapper, .wrapper-login {
    margin:0 auto;
    text-align:left;
    width: 990px;
    position:relative;
}
.wrapper-login {
    width: 360px;
}
header#top {
    background-color: #292829;
    width:100%;
    background: -webkit-gradient(
        linear,
        left bottom,
        left top,
        color-stop(0.2, rgb(84, 109, 91)),
        color-stop(0.8, rgb(84, 109, 91))
    );
    background: -moz-linear-gradient(
        center bottom, rgb(84, 109, 91) 20%, rgb(84, 109, 91) 80%
    );
}
header#top aside {
    float:right;
    color:#999;
    margin-top:12px;
    font-size:90%
}
header#top aside a{
    color:#2A7AD2;
    padding:0;
    text-decoration:none;
}
```

```css
/* Top navigation ------------------------------------------------- */
#topnav {
    color:#999;
    padding:6px 0 6px 10px;
    position:absolute;
    right:0;
    top:0;
    white-space:nowrap;
    font-size:12px;
    text-align:right;
}
#topnav span {
    color:#444;
}
#topnav a {
    color:#2A7AD2;
    padding:0;
    text-decoration:none;
}
#topnav a.high {
    color:#FFC806;
    text-decoration:none;
}
#topnav a:hover, header#top aside a:hover,
#topnav a:focus, header#top aside a:focus,
#topnav a:active, header#top aside a:active {
    color:#fff;
    text-decoration:none;
}
#topnav small {
    color:#666;
    font-size:11px;
    text-align:right;
}
#topnav img.avatar {
    background:#fff;
    float:right;
    margin:5px 0 0 8px;
    padding:4px;
}
/* Main menu ------------------------------------------------- */
.sf-menu, .sf-menu * {
    margin:0;
    padding:0;
    list-style:none;
}
.sf-menu {
    line-height:1.0;
}
```

```css
.sf-menu ul {
    position:absolute;
    top: -999em;
    width:12em; /* left offset of submenus need to match (see below) */
}
.sf-menu ul li {
    width:100%;
}
.sf-menu li:hover {
    visibility:inherit; /* fixes IE7 'sticky bug' */
}
.sf-menu li {
    float:left;
    position:relative;
}
.sf-menu a {
    display:block;
    position: relative;
}
.sf-menu li:hover ul,.sf-menu li.sfHover ul {
    left:0;
    top:2.5em; /* match top ul list item height */
    z-index:99;
}
ul.sf-menu li:hover li ul,ul.sf-menu li.sfHover li ul {
    top: -999em;
}
ul.sf-menu li li:hover ul,ul.sf-menu li li.sfHover ul {
    left:12em; /* match ul width */
    top:0;
}
ul.sf-menu li li:hover li ul,ul.sf-menu li li.sfHover li ul {
    top: -999em;
}
ul.sf-menu li li li:hover ul,ul.sf-menu li li li.sfHover ul {
    left:12em; /* match ul width */
    top:0;
}
/*** menu skin ***/
.sf-menu {
    float:left;
    font: 12px Arial;
}
.sf-menu a {
    padding:.75em 1em;
    text-decoration:none;
}
.sf-menu ul a {
    border-bottom: 1px solid #333;
}
```

```css
.sf-menu a,.sf-menu a:visited {
    /* visited pseudo selector so IE6 applies text colour */
    color:#eee;
}
.sf-menu li {
    background:#546d5b;
    margin-right:2px;
}
.sf-menu > li {
    border-top-right-radius:4px;
    border-top-left-radius:4px;
    -moz-border-radius-topleft:4px;
    -webkit-border-top-left-radius:4px;
    -moz-border-radius-topright:4px;
    -webkit-border-top-right-radius:4px;
}
.sf-menu li li {
    background:#444;
}
.sf-menu li li li {
    background:#444;
}
.sf-menu li:hover,.sf-menu li.sfHover,.sf-menu a:focus,.sf-menu a:hover,.sf-menu a:active {
    background:#6a9d63;
    outline:0;
}
.sf-menu > li:hover,.sf-menu > li.sfHover,.sf-menu a:focus,.sf-menu a:hover,.sf-menu a:active {
    border-top-right-radius:4px;
    border-top-left-radius:4px;
    -moz-border-radius-topleft:4px;
    -webkit-border-top-left-radius:4px;
    -moz-border-radius-topright:4px;
    -webkit-border-top-right-radius:4px;
}
.sf-menu li.current {
    background:#266DBB;
}
/*** arrows **/
.sf-menu a.sf-with-ul {
    padding-right:2.25em;
    min-width:1px; /* trigger IE7 hasLayout so spans position accurately */
}
.sf-sub-indicator {
    position:absolute;
    display:block;
    right:.75em;
    top:1.05em; /* IE6 only */
```

```css
    width:10px;
    height:10px;
    text-indent:-999em;
    overflow:hidden;
    background:url('../img/arrows-ffffff.png') no-repeat -10px -100px; /* 8-bit indexed alpha png. IE6 gets solid image only */
}
a>.sf-sub-indicator { /* give all except IE6 the correct values */
    top:.8em;
    background-position:0 -100px; /* use translucent arrow for modern browsers */
}
/* apply hovers to modern browsers */
a:focus>.sf-sub-indicator,a:hover>.sf-sub-indicator,a:active>.sf-sub-indicator,li:hover>a>.sf-sub-indicator,li.sfHover>a>.sf-sub-indicator {
    background-position:-10px -100px; /* arrow hovers for modern browsers */
}
/* point right for anchors in subs */
.sf-menu ul .sf-sub-indicator {
    background-position:-10px 0;
}
.sf-menu ul a>.sf-sub-indicator {
    background-position:0 0;
}
/* apply hovers to modern browsers */
.sf-menu ul a:focus>.sf-sub-indicator,.sf-menu ul a:hover>.sf-sub-indicator,.sf-menu ul a:active>.sf-sub-indicator,.sf-menu ul li:hover>a>.sf-sub-indicator,.sf-menu ul li.sfHover>a>.sf-sub-indicator {
    background-position:-10px 0;
    /* arrow hovers for modern browsers */
}
/*** shadows for all but IE6 ***/
.sf-shadow ul {
    background:url('../img/shadow.png') no-repeat bottom right;
    padding:0 8px 9px 0;
    -moz-border-radius-bottomleft:17px;
    -moz-border-radius-topright:17px;
    -webkit-border-top-right-radius:17px;
    -webkit-border-bottom-left-radius:17px;
}
.sf-shadow ul.sf-shadow-off {
    background:transparent;
}
/* Page title ----------------------------------------------------- */
#title {
    color:#FFF;
    font:bold 2.4em/26px 'Trebuchet MS',Trebuchet,Arial,sans-serif;
    letter-spacing:-0.02em;
    padding:20px 0 22px;
    text-shadow:1px 1px 3px #111;
}
```

```css
#title span {
    color:#FFC806;
}
#pagetitle {
    background-color:#5D9ADF;
    border-top:4px solid #266DBB;
    border-bottom:1px solid #2A7AD2;
    float:left;
    width:100%;
    background:-webkit-gradient(
    linear,
    left bottom,
    left top,
    color-stop(0.2, rgb(80,146,220)),
    color-stop(0.8, rgb(107,163,226))
    );
    background:-moz-linear-gradient(
    center bottom,
    rgb(80,146,220) 20%,
    rgb(107,163,226) 80%
    );
}
#pagetitle h1 {
    color:#fff;
    font-size:1.6em;
    padding:12px 0;
    text-shadow:0 -1px 1px #2A7AD2;
    margin:0;
    top:0;
    line-height:1.2em;
    float:left;
}
#pagetitle h1 span {
    color:#C4E3FF;
}
#pagetitle input {
    border:2px solid #5D9ADF;
    color:#666;
    float:right;
    line-height:18px;
    margin:10px 0 0;
    padding:4px 24px 4px 4px;
    vertical-align:middle;
    width:202px;
    background:#fff url("../img/search.gif") no-repeat 99% 56%;
    -moz-box-shadow:0 0;
    -webkit-box-shadow:0 0;
    box-shadow:0 0;
}
```

```css
#pagetitle input:focus {
    border:2px solid #266DBB;
    -webkit-focus-ring-color: none;
}
#page {
    float:left;
    width:100%;
    background-color: #FFF;
}
#page a {
    color: #329ECC;
    text-decoration:none;
    border-bottom:1px solid #A1CFD4;
}
#page a:hover, #page a:focus, #page a:active {
    background-color: #E2EFFF;
    border-bottom:1px solid #329ECC;
}
#page .subtitle {
    text-transform:uppercase;
    color: #93BB3A;
    font-size:9px;
    font-family: Tahoma, Arial, sans-serif;
}
/* Footers----------------------------------------------------------*/
footer#bottom {
    background-color: #F2F2F2;
    border-top:4px solid #D9D9D9;
    color: #999;
    float:left;
    font-size:11px;
    width:100%;
    background: -webkit-gradient(
        linear,
        left bottom,
        left top,
        color-stop(0.2, rgb(242,242,242)),
        color-stop(0.8, rgb(254,254,254))
    );
    background: -moz-linear-gradient(
        center bottom,
        rgb(242,242,242) 20%,
        rgb(254,254,254) 80%
    );
    padding-bottom:2em;
}
footer#bottom nav{
    float:none;
    text-align: center;
    padding-top:20px;
```

```css
}
footer#bottom a {
    color:#999;
    margin:0 4px;
    text-decoration:none;
    white-space:nowrap;
    border-bottom:1px solid #ccc;
    line-height:1.2em;
}
footer#bottom a:hover, footer#bottom a:active, footer#bottom a:focus {
    color:#666;
    border-bottom:1px solid #999;
    text-decoration:none;
}
footer#bottom p{
    clear:both;
    text-align:center;
    margin-bottom:24px;
    padding-top:12px;
    text-shadow:1px 1px 0 #fff;
}
footer#animated {
    background:#222;
    bottom:0;
    padding:10px 0 8px;
    position:fixed;
    width:100%;
    opacity:0;
    -khtml-opacity: 0;
    -moz-opacity: 0;
}
footer#animated ul {
    list-style:none outside none;
    margin:0 auto;
    text-align:center;
}
footer#animated ul li {
    color:#fff;
    display:inline;
    padding:0 10px;
    text-shadow:1px 1px 3px #000;
}
footer#animated a {
    color:#aaa;
    text-decoration:none;
}
footer#animated a:hover, footer#animated a:focus, footer#animated a:active {
    color:#fff;
    text-decoration:none;
}
```

```css
/* Buttons ----------------------------------------------------------- */
.btn {
    display: inline-block;
    padding: 5px 10px;
    color: #777 !important;
    text-decoration: none;
    font-weight: bold;
    font-size: 11px;
    font-family: Tahoma, Arial, sans-serif;
    -moz-border-radius: 4px;
    -webkit-border-radius: 4px;
    border-radius: 4px;
    text-shadow: 0 1px 1px rgba(255,255,255,0.9);
    position: relative;
    cursor: pointer;
    border:1px solid #ccc !important;
    background:#fff url("../img/btn-overlay.png") repeat-x !important;
}
.btn:hover, .btn:focus, .btn:active {
    outline:medium none;
    border:1px solid #329ECC !important;
    opacity:0.9;
    -khtml-opacity: .9;
    -moz-opacity: 0.9;
    -moz-box-shadow:0 0 5px rgba(82, 168, 236, 0.5);
    -webkit-box-shadow: 0 0 5px rgba(82, 168, 236, 0.5);
    box-shadow: 0 0 5px rgba(82, 168, 236, 0.5);
}
.btn-green {
    color: #fff !important;
    text-shadow: 0 1px 1px rgba(0,0,0,0.25);
    border:1px solid #749217 !important;
    background-color: #6AB620 !important;
}
.btn-green:hover, .btn-green:focus, .btn-green:active {
    -moz-box-shadow:0 0 5px rgba(116, 146, 23, 0.9);
    -webkit-box-shadow: 0 0 5px rgba(116, 146, 23, 0.9);
    box-shadow: 0 0 5px rgba(116, 146, 23, 0.9);
    border:1px solid #749217 !important;
}
.btn-blue {
    color: #fff !important;
    text-shadow: 0 1px 1px rgba(0,0,0,0.25);
    border:1px solid #2D69AC !important;
    background-color: #3C6ED1 !important;
}
.btn-blue:hover, .btn-blue:focus, .btn-blue:active {
    -moz-box-shadow:0 0 5px rgba(71, 131, 243, 0.9);
    -webkit-box-shadow:0 0 5px rgba(71, 131, 243, 0.9);
    box-shadow: 0 0 5px rgba(71, 131, 243, 0.9);
```

```css
    border:1px solid #2D69AC !important;
}
.btn-red {
    color: #fff !important;
    text-shadow: 0 1px 1px rgba(0,0,0,0.25);
    border:1px solid #AE2B2B !important;
    background-color: #D22A2A !important;
}
.btn-red:hover, .btn-red:focus, .btn-red:active {
    -moz-box-shadow:0 0 5px rgba(174, 43, 43, 0.9);
    -webkit-box-shadow:0 0 5px rgba(174, 43, 43, 0.9);
    box-shadow: 0 0 5px rgba(174, 43, 43, 0.9);
    border:1px solid #AE2B2B !important;
}
.btn-special {
    font-size:110%;
    width: 210px;
}
/* Icons ----------------------------------------------------- */
.icon {
    display: block;
    text-indent: -99999px;
    overflow: hidden;
    background-repeat: no-repeat;
    width: 16px;
    height: 16px;
    float:left;
    margin-right: 4px;
}
.icon-add {
    background:url("../img/add.png") no-repeat;
}
.icon-ok {
    background:url("../img/accept.png") no-repeat;
}
.icon-cancel {
    background:url("../img/cancel.png") no-repeat;
}

.btn-special .icon {
    margin-top: 2px;
}
/* Right menu ------------------------------------------------- */
#rightmenu {
    border-top:4px solid #C4E3FF;
    border-bottom:1px solid #C4E3FF;
    margin-top:18px;
    background-color: #E1F1FF;
    background: -webkit-gradient(
```

```css
            linear,
            left bottom,
            left top,
            color-stop(0.1,rgb(225,241,255)),
            color-stop(0.8,rgb(245,250,255))
    );
    background: -moz-linear-gradient(
            center bottom,
            rgb(225,241,255) 10%,
            rgb(245,250,255) 80%
    );
}
#rightmenu header, #rightmenu dl{
    padding:12px 12px 0;
    margin: 0;
}
#rightmenu h3  {
    color:#555;
    font-size:13px;
    margin: 0;
}
#rightmenu dl dt {
    float:left;
    height:40px;
    margin-top:2px;
    width:26px;
}
#rightmenu dd {
    color:#828282;
    font-size:11px;
    margin-left:25px;
    padding-bottom:4px;
}
#rightmenu dd.last {
    margin-bottom:10px;
}
#rightmenu dd a {
    font-size:12px;
    font-weight:700;
}
#rightmenu dd a:hover, #rightmenu dd a:active, #rightmenu dd a:focus {
    background-color:#2A7AD2;
    color:#fff;
    border-color: #2A7AD2;
}
/* Tabs ---------------------------------------------------------------- */
/* position:relative prevents IE scroll bug (element with position:relative inside container with overflow:auto appear as "fixed") */
.ui-tabs {
    position:relative;
```

```css
    padding:.2em 0;
    zoom:1;
    margin: 1em 0
}
.ui-tabs .ui-tabs-nav {
    margin:0;
    padding:0;
}
.ui-tabs .ui-tabs-nav li {
    list-style:none;
    /* float:left; */
    display:inline;
    position:relative;
    top:0;
    margin:0;
    border-bottom:0 !important;
    padding:0;
    white-space:nowrap;
}
.ui-tabs .ui-tabs-nav li a {
    /* float:left; */
    padding:5px 12px 6px 12px;
    text-decoration:none;
    background:#999;
    color:#FFFFFF !important;
    border-bottom:0 !important;
}
.ui-tabs .ui-tabs-nav li.ui-tabs-selected {
    margin-bottom:0;
    padding-bottom:1px;
    top:1px;
}
.ui-tabs .ui-tabs-nav li.ui-tabs-selected a,.ui-tabs .ui-tabs-nav li.ui-state-hover a,.ui-tabs .ui-tabs-nav li.ui-state-disabled a,.ui-tabs .ui-tabs-nav li.ui-state-processing a {
    text-decoration:none;
    background:#2A7AD2 !important;
    padding-top:6px
}
/* first selector in group seems obsolete, but required to overcome bug in Opera applying cursor:text overall if defined elsewhere... */
.ui-tabs .ui-tabs-nav li a,.ui-tabs.ui-tabs-collapsible .ui-tabs-nav li.ui-tabs-selected a {
    cursor: pointer;
}
.ui-tabs .ui-tabs-panel {
    display:block;
    border:0;
    padding:3px 0;
    background:none;
```

```css
    clear:both;
    margin-top:5px;
    border-top:2px solid #2A7AD2;
}
.ui-tabs .ui-tabs-hide {
    display: none !important;
}
/* Content boxes ---------------------------------------------------------- */
.content-box {
    background: #fff;
    border:1px solid #999;
    margin:1em 0 0;
    display:inline-block;
    width:99%;
}
.content-box header {
    background:#999;
    width:100%;
}
.content-box header h3 {
    float:left;
    margin:0;
    padding:6px 8px;
    font-size: 14px;
    color: #fff;
}
.content-box header h3 img{
    float:left;
    margin:1px 4px 0 0;
}
.content-box section {
    margin: 8px;
}
.content-box-closed {
}
.content-box-closed  header{
    background: #999 url("../img/toggle.gif") no-repeat scroll 96% 15px;
}
.content-box-closed  section {
    display:none
}
/* Progress bars ---------------------------------------------------------- */
div.progress {
    display: block;
    height: 22px;
    padding: 0;
    min-width: 200px;
    margin:4px 0;
    background-color: #DEDEDE;
    background: -moz-linear-gradient(top, #ccc, #e9e9e9);
```

```css
    background: -webkit-gradient(linear, left top, bottom, #ccc, #e9e9e9);
}
div.progress, div.progress span {
    -moz-border-radius: 4px;
    -webkit-border-radius: 4px;
    border-radius: 4px;
}
div.progress span {
    display: block;
    height: 22px;
    margin: 0;
    padding: 0;
    text-align:center;
    width:0;
    -moz-box-shadow:1px 0 1px rgba(0, 0, 0, 0.2);
    -webkit-box-shadow:1px 0 1px rgba(0, 0, 0, 0.2);
    box-shadow:1px 0 1px rgba(0, 0, 0, 0.2);
}
div.progress span b{
    color:#fff;
    line-height:22px;
    padding-left:2px;
    text-shadow:0 1px 1px rgba(0, 0, 0, 0.5);
}
.progress-blue span {
    background-color: #5C9ADE;
    background: -moz-linear-gradient(top, #6C92DC 10%, #395FA8 90%);
    background: -webkit-gradient(linear, left top, left bottom, color-stop(0.1, #6C92DC), color-stop(0.9, #395FA8));
}
.progress-green span {
    background-color: #77AF3F;
    background: -moz-linear-gradient(top, #8FC857 10%, #5C9425 90%);
    background: -webkit-gradient(linear, left top, left bottom, color-stop(0.1, #8FC857), color-stop(0.9, #5C9425));
}
.progress-red span {
    background-color: #C44747;
    background: -moz-linear-gradient(top, #DD5F5F 10%, #A92C2C 90%);
    background: -webkit-gradient(linear, left top, left bottom, color-stop(0.1, #DD5F5F), color-stop(0.9, #A92C2C));
}
/* Top-------------------------------------------------- */
a#totop {
    background: #ccc;
    bottom:2px;
    display:block;
    font-size:11px;
    opacity:0.9;
```

```css
        -khtml-opacity:.9;
        -moz-opacity:0.9;
    padding:3px 6px;
    position:fixed;
    right:2px;
    color:#666;
    text-decoration:none;
    cursor:pointer;
}
a#totop:hover, a#totop:focus, a#totop:active{
    color:#333;
    text-decoration:none;
}
/* Labels ---------------------------------------------- */
span.label {
    background:url("../img/tag-bg.gif") no-repeat scroll 100% 50% transparent;
    font:bold 10px/1.2 "tahoma",sans-serif;
    padding:4px 16px 5px 5px;
    text-transform:uppercase;
    color:#fff;
}
span.label-red {
    background-color:#df0000;
}
span.label-green {
    background-color:#4BA508;
}
span.label-blue {
    background-color:#0085CC;
}
span.label-purple {
    background-color:#6E0A9E;
}
span.label-gray {
    background-color:#555;
}
span.label-gold {
    background-color:#b90;
}
span.label-silver {
    background-color:#ccc;
}
span.label-yellow {
    background-color:#FFC806;
}
span.label-black {
    background-color:#111;
}
/* jWYSIWYG -------------------------------------------- */
```

```css
div.wysiwyg {
    border:1px solid #ccc;
    padding:5px;
    background-color:#fff;
}
div.wysiwyg * {
    margin:0;
    padding:0;
}
div.wysiwyg ul.panel {
    border-bottom:1px solid #ccc;
    float:left;
    width:100%;
    padding:0;
    color:#666
}
div.wysiwyg ul.panel li {
    list-style:none;
    float:left;
    margin:1px 2px 3px 0;
    background:#fff;
}
div.wysiwyg ul.panel li.separator {
    height:16px;
    margin:0 4px;
    border-left:1px solid #ccc;
}
div.wysiwyg ul.panel li a {
    border:0 none !important;
    text-indent:-5000px;
    opacity:0.85;
    display:block;
    width:16px;
    height:16px;
    background:url('../img/jquery.wysiwyg.gif') no-repeat -64px -80px;
    border:0;
    cursor:pointer;
    margin:1px;
}
div.wysiwyg ul.panel li a:hover,div.wysiwyg ul.panel li a.active {
    opacity:1.00;
}
div.wysiwyg ul.panel li a.active {
    background-color:#f9f9f9;
    border:1px solid #ccc;
    border-left-color:#aaa;
    border-top-color:#aaa;
    margin:0;
}
```

```css
div.wysiwyg ul.panel li a.bold {
    background-position:0 -16px;
}
div.wysiwyg ul.panel li a.italic {
    background-position:-16px -16px;
}
div.wysiwyg ul.panel li a.strikeThrough {
    background-position:-32px -16px;
}
div.wysiwyg ul.panel li a.underline {
    background-position:-48px -16px;
}
div.wysiwyg ul.panel li a.justifyLeft {
    background-position:0 0;
}
div.wysiwyg ul.panel li a.justifyCenter {
    background-position:-16px 0;
}
div.wysiwyg ul.panel li a.justifyRight {
    background-position:-32px 0;
}
div.wysiwyg ul.panel li a.justifyFull {
    background-position:-48px 0;
}
div.wysiwyg ul.panel li a.indent {
    background-position:-64px 0;
}
div.wysiwyg ul.panel li a.outdent {
    background-position:-80px 0;
}
div.wysiwyg ul.panel li a.subscript {
    background-position:-64px -16px;
}
div.wysiwyg ul.panel li a.superscript {
    background-position:-80px -16px;
}
div.wysiwyg ul.panel li a.undo {
    background-position:0 -64px;
}
div.wysiwyg ul.panel li a.redo {
    background-position:-16px -64px;
}
div.wysiwyg ul.panel li a.insertOrderedList {
    background-position:-32px -48px;
}
div.wysiwyg ul.panel li a.insertUnorderedList {
    background-position:-16px -48px;
}
div.wysiwyg ul.panel li a.insertHorizontalRule {
    background-position:0 -48px;
}
```

```css
}
div.wysiwyg ul.panel li a.h1 {
    background-position:0 -32px;
}
div.wysiwyg ul.panel li a.h2 {
    background-position:-16px -32px;
}
div.wysiwyg ul.panel li a.h3 {
    background-position:-32px -32px;
}
div.wysiwyg ul.panel li a.h4 {
    background-position:-48px -32px;
}
div.wysiwyg ul.panel li a.h5 {
    background-position:-64px -32px;
}
div.wysiwyg ul.panel li a.h6 {
    background-position:-80px -32px;
}
div.wysiwyg ul.panel li a.cut {
    background-position:-32px -64px;
}
div.wysiwyg ul.panel li a.copy {
    background-position:-48px -64px;
}
div.wysiwyg ul.panel li a.paste {
    background-position:-64px -64px;
}
div.wysiwyg ul.panel li a.insertTable {
    background-position:-64px -48px;
}
div.wysiwyg ul.panel li a.increaseFontSize {
    background-position:-16px -80px;
}
div.wysiwyg ul.panel li a.decreaseFontSize {
    background-position:-32px -80px;
}
div.wysiwyg ul.panel li a.createLink {
    background-position:-80px -48px;
}
div.wysiwyg ul.panel li a.insertImage {
    background-position:-80px -80px;
}
div.wysiwyg ul.panel li a.html {
    background-position:-47px -46px;
}
div.wysiwyg ul.panel li a.removeFormat {
    background-position:-80px -63px;
}
div.wysiwyg ul.panel li a.empty {
```

```css
        background-position: -64px -80px;
}
div.wysiwyg iframe {
    border:0;
    clear:left;
    margin: 4px 0 0 1px;
}
/* Tag input fields ----------------------------------------------------- */
.tagInput {
}

.tagInputDiv {
    display: none;
    background-color: white;
    position: absolute;
    overflow: auto;
    border: 1px solid lightgray;
    margin-top: -1px;
}
.tagInputLine {
    color: black;
    font-weight: normal;
    padding:4px;
}
.tagInputSel {
    background-color: gray;
    color:white;
}
.tagInputLineTag {
    min-width: 150px;
    display: inline-block;
}
.tagInputLineFreq {
    min-width: 50px;
    text-align: right;
    display: inline-block;
    float:right;
}
.tagInputSuggestedTags {
    font-size: 11px;
}
.tagInputSuggestedTags .label{
    display:block;
    background:0 none;
    color:#666;
    padding:0;
    margin-top:4px;
}
.tagInputSuggestedTagList{
}
```

```css
.tagInputSuggestedTagList .tag{
    padding:1px 4px;
    cursor:pointer;
    display:inline-block;
    margin:2px 1px;
    border:1px solid #bbb;
}
.tagInputSuggestedTagList span.tag:hover{
    background-color:#bbb;
    color:#fff;
}
.tagInputSuggestedTagList .tagUsed{
    border:1px solid #999;
    background-color:#999;
    color:#fff;
}
/* Calendar table------------------------------------------------*/
.calendar {
    height:100%;
}
.calendar th {
    border-left:1px solid #2A7AD2;
    border-right:1px solid #2A7AD2;
}
.calendar td {
    border:1px solid #eee;
    width:12%;
    padding:0 !important;
}
.calendar td.day:hover, .calendar td.day.hover {
    background:#F5F5F5;
}
.calendar td.today {
    background:#ffc;
}
.calendar td div.day {
    text-align:right;
    background:#E8EEF7
}
.calendar td div.day a{
    margin:1px 6px;
    padding:0 2px;
}
.events {
    padding:2px 4px;
    color:#fff;
    margin:2px 0
}
.event1 {
    background:#369;
```

```css
}
.event2 {
    background: #2a9;
}
.event3 {
    background: #d66;
}
.event4 {
    background: #d51;
}
/* TipTip CSS - Version 1.2 -------------------------------------------- */
#tiptip_holder {
    display: none;
    position: absolute;
    top: 0;
    left: 0;
    z-index: 99999;
}
#tiptip_holder.tip_top {
    padding-bottom: 5px;
}
#tiptip_holder.tip_bottom {
    padding-top: 5px;
}
#tiptip_holder.tip_right {
    padding-left: 5px;
}
#tiptip_holder.tip_left {
    padding-right: 5px;
}
#tiptip_content {
    font-size: 11px;
    color: #fff;
    text-shadow: 0 0 2px #000;
    padding: 4px 8px;
    border: 1px solid rgba(255,255,255,0.25);
    background-color: rgb(25,25,25);
    background-color: rgba(25,25,25,0.92);
    background-image: -webkit-gradient(linear, 0% 0%, 0% 100%, from(transparent), to(#000));
    border-radius: 3px;
    -webkit-border-radius: 3px;
    -moz-border-radius: 3px;
    box-shadow: 0 0 3px #555;
    -webkit-box-shadow: 0 0 3px #555;
    -moz-box-shadow: 0 0 3px #555;
}
#tiptip_arrow, #tiptip_arrow_inner {
    position: absolute;
    border-color: transparent;
```

```css
    border-style: solid;
    border-width: 6px;
    height: 0;
    width: 0;
}
#tiptip_holder.tip_top #tiptip_arrow {
    border-top-color: #fff;
    border-top-color: rgba(255,255,255,0.35);
    border-top-color: #191919;
}
#tiptip_holder.tip_bottom #tiptip_arrow {
    border-bottom-color: #fff;
    border-bottom-color: rgba(255,255,255,0.35);
}
#tiptip_holder.tip_right #tiptip_arrow {
    border-right-color: #fff;
    border-right-color: rgba(255,255,255,0.35);
}
#tiptip_holder.tip_left #tiptip_arrow {
    border-left-color: #fff;
    border-left-color: rgba(255,255,255,0.35);
}
#tiptip_holder.tip_top #tiptip_arrow_inner {
    margin-top: -7px;
    margin-left: -6px;
    border-top-color: rgb(25,25,25);
    border-top-color: rgba(25,25,25,0.92);
}
#tiptip_holder.tip_bottom #tiptip_arrow_inner {
    margin-top: -5px;
    margin-left: -6px;
    border-bottom-color: rgb(25,25,25);
    border-bottom-color: rgba(25,25,25,0.92);
}
#tiptip_holder.tip_right #tiptip_arrow_inner {
    margin-top: -6px;
    margin-left: -5px;
    border-right-color: rgb(25,25,25);
    border-right-color: rgba(25,25,25,0.92);
}
#tiptip_holder.tip_left #tiptip_arrow_inner {
    margin-top: -6px;
    margin-left: -7px;
    border-left-color: rgb(25,25,25);
    border-left-color: rgba(25,25,25,0.92);
}
/* Webkit Hacks */
@media screen and (-webkit-min-device-pixel-ratio:0) {
    #tiptip_content {
        padding: 4px 8px 5px 8px;
```

```css
        background-color: rgba(45,45,45,0.88);
    }
    #tiptip_holder.tip_bottom #tiptip_arrow_inner {
        border-bottom-color: rgba(45,45,45,0.88);
    }
    #tiptip_holder.tip_top #tiptip_arrow_inner {
        border-top-color: rgba(20,20,20,0.92);
    }
}
/* Datatables
-------------------------------------------------------------------- */
.dataTables_wrapper {
    position: relative;
    margin:1em 0;
    min-height: 302px;
    clear: both;
}
.dataTables_processing {
    position: absolute;
    top: 50%;
    left: 50%;
    width: 250px;
    height: 30px;
    margin-left: -125px;
    margin-top: -15px;
    padding: 14px 0 2px 0;
    border: 1px solid #ddd;
    text-align: center;
    color: #999;
    font-size: 14px;
    background-color: white;
}
.dataTables_length {
    width: 40%;
    float: left;
}
.dataTables_filter {
    width: 50%;
    float: right;
    text-align: right;
}
.dataTables_info {
    width: 60%;
    float: left;
}
.dataTables_paginate {
    width: 42px;
    float: right;
    text-align: right;
```

```css
    cursor: pointer;
}
/* Pagination nested */
.paginate_disabled_previous, .paginate_enabled_previous, .paginate_disabled_next, .paginate_enabled_next {
    height: 19px;
    width: 19px;
    margin-left: 1px;
    float: left;
}
.paginate_disabled_previous {
    background-image: url('../img/datatable/back_disabled.png');
}
.paginate_enabled_previous {
    background-image: url('../img/datatable/back_enabled.png');
}
.paginate_disabled_next {
    background-image: url('../img/datatable/forward_disabled.png');
}
.paginate_enabled_next {
    background-image: url('../img/datatable/forward_enabled.png');
}
table.display {
    margin: 4px auto;
    width: 100%;
    clear: both;
}
table.display thead th {
    cursor: pointer;
}
table.display tfoot th {
    padding: 3px 10px;
}
table.display tr.heading2 td {
    border-bottom: 1px solid #aaa;
}
table.display td {
    /* padding: 3px 10px; */
}
table.display td.center {
    text-align: center;
}
.sorting_asc {
    background: url('../img/datatable/sort_asc.png') no-repeat center right;
}
.sorting_desc {
    background: url('../img/datatable/sort_desc.png') no-repeat center right;
}
.sorting {
```

```css
    background: url('../img/datatable/sort_both.png') no-repeat center right;
}
.sorting_asc_disabled {
    background: url('../img/datatable/sort_asc_disabled.png') no-repeat center right;
}
.sorting_desc_disabled {
    background: url('../img/datatable/sort_desc_disabled.png') no-repeat center right;
}
table.display tr.odd.gradeA {
    background-color: #ddffdd;
}
table.display tr.even.gradeA {
    background-color: #eeffee;
}
table.display tr.odd.gradeA {
    background-color: #ddffdd;
}
table.display tr.even.gradeA {
    background-color: #eeffee;
}
table.display tr.odd.gradeC {
    background-color: #ddddff;
}
table.display tr.even.gradeC {
    background-color: #eeeeff;
}
table.display tr.odd.gradeX {
    background-color: #ffdddd;
}
table.display tr.even.gradeX {
    background-color: #ffeeee;
}
table.display tr.odd.gradeU {
    background-color: #ddd;
}
table.display tr.even.gradeU {
    background-color: #eee;
}
/* Sorting classes for columns */
/* For the standard odd/even */
tr.odd td.sorting_1 {
    background-color: #D3D6FF;
}
tr.odd td.sorting_2 {
    background-color: #DADCFF;
}
tr.odd td.sorting_3 {
    background-color: #E0E2FF;
}
```

```css
tr.even td.sorting_1 {
    background-color: #EAEBFF;
}
tr.even td.sorting_2 {
    background-color: #F2F3FF;
}
tr.even td.sorting_3 {
    background-color: #F9F9FF;
}
/* For the Conditional-CSS grading rows */
/*
    Colour calculations (based off the main row colours)
  Level 1:
        dd > c4
        ee > d5
    Level 2:
    dd > d1
    ee > e2
 */
tr.odd.gradeA td.sorting_1 {
    background-color: #c4ffc4;
}
tr.odd.gradeA td.sorting_2 {
    background-color: #d1ffd1;
}
tr.odd.gradeA td.sorting_3 {
    background-color: #d1ffd1;
}
tr.even.gradeA td.sorting_1 {
    background-color: #d5ffd5;
}
tr.even.gradeA td.sorting_2 {
    background-color: #e2ffe2;
}
tr.even.gradeA td.sorting_3 {
    background-color: #e2ffe2;
}
tr.odd.gradeC td.sorting_1 {
    background-color: #c4c4ff;
}
tr.odd.gradeC td.sorting_2 {
    background-color: #d1d1ff;
}
tr.odd.gradeC td.sorting_3 {
    background-color: #d1d1ff;
}
tr.even.gradeC td.sorting_1 {
    background-color: #d5d5ff;
}
tr.even.gradeC td.sorting_2 {
```

```css
    background-color:#e2e2ff;
}
tr.even.gradeC td.sorting_3 {
    background-color:#e2e2ff;
}
tr.odd.gradeX td.sorting_1 {
    background-color:#ffc4c4;
}
tr.odd.gradeX td.sorting_2 {
    background-color:#ffd1d1;
}
tr.odd.gradeX td.sorting_3 {
    background-color:#ffd1d1;
}
tr.even.gradeX td.sorting_1 {
    background-color:#ffd5d5;
}
tr.even.gradeX td.sorting_2 {
    background-color:#ffe2e2;
}
tr.even.gradeX td.sorting_3 {
    background-color:#ffe2e2;
}
tr.odd.gradeU td.sorting_1 {
    background-color:#c4c4c4;
}
tr.odd.gradeU td.sorting_2 {
    background-color:#d1d1d1;
}
tr.odd.gradeU td.sorting_3 {
    background-color:#d1d1d1;
}
tr.even.gradeU td.sorting_1 {
    background-color:#d5d5d5;
}
tr.even.gradeU td.sorting_2 {
    background-color:#e2e2e2;
}
tr.even.gradeU td.sorting_3 {
    background-color:#e2e2e2;
}
table.stylized td.highlighted {
    background-color:#E2EFFF !important;
}
table.stylized td.title > div {
    position:relative;
    display:block;
    background:url("../img/toggle-small-expand.png") 0 2px no-repeat;
    padding:0 0 0 16px;
}
```

```css
table.stylized td.title div.listingDetails {
    background-color:#FFF;
    border-color:#E2EFFF;
    border-style:solid;
    border-width:1px 1px 3px;
    left:-12px;
    position:absolute;
    text-align:left;
    top:26px;
    display:none;
    -moz-box-shadow:0 0 8px rgba(82, 168, 236, 0.5);
    -webkit-box-shadow: 0 0 8px rgba(82, 168, 236, 0.5);
    box-shadow: 0 0 8px rgba(82, 168, 236, 0.5);
}
table.stylized td.title div.listingDetails div.pad{
    padding:8px 10px;
}
/* Tagclouds----------------------------------------------- */
.tagcloud {
    text-align: justify;
}
.tagcloud a {
    border:0 none !important;
}
a.tag1 {
    font-size: 1em;
}
a.tag2{
    font-size: 1.1em;
}
a.tag3{
    font-size: 1.2em;
}
a.tag4{
    font-size: 1.4em;
}
a.tag5{
    font-size: 1.5em;
}
/* Pagination---------------------------------------------- */
.pagination  a {
    padding:2px 6px;
    border:0 none !important;
}
.pagination a.pagination-active, .pagination a.pagination-active:hover {
    background-color:#266DBB !important;
    color:#fff !important;
}
/* Nyro popup window--------------------------------------- */
div#nyroModalFull {
```

```css
    font-size: 12px;
    color: #777;
}
div#nyroModalFull div#nyroModalLoading {
    border: 4px solid #777;
    width: 150px;
    height: 150px;
    text-indent: -9999em;
    background: #fff url(../img/nyro/ajaxLoader.gif) no-repeat;
    background-position: center;
}
div#nyroModalFull div#nyroModalLoading.error {
    border: 4px solid #f66;
    line-height: 20px;
    padding: 20px;
    width: 300px;
    height: 100px;
    text-indent: 0;
    background: #fff;
}
div#nyroModalFull div#nyroModalWrapper {
    background: #fff;
    border: 4px solid #777;
}
div#nyroModalFull div#nyroModalWrapper a#closeBut {
    position: absolute;
    display: block;
    top: -13px;
    right: -13px;
    width: 12px;
    height: 12px;
    text-indent: -9999em;
    background: url(../img/nyro/close.gif) no-repeat;
    outline: 0;
}
div#nyroModalFull div#nyroModalWrapper h1#nyroModalTitle {
    margin: 0;
    padding: 0;
    position: absolute;
    top: -22px;
    left: 5px;
    font-size: 12px;
    color: #ddd;
}
div#nyroModalFull div#nyroModalWrapper div#nyroModalContent {
    overflow: auto;
}
div#nyroModalFull div#nyroModalWrapper div.wrapper div#nyroModalContent {
    padding: 5px;
}
```

```css
div#nyroModalFull div#nyroModalWrapper div.wrapperImg div#nyroModalContent {
    position: relative;
    overflow: hidden;
    text-align: center;
}
div#nyroModalFull div#nyroModalWrapper div.wrapperImg div#nyroModalContent img {
    vertical-align: baseline;
}
div#nyroModalFull div#nyroModalWrapper div.wrapperImg div#nyroModalContent div {
    position: absolute;
    bottom: 0;
    left: 0;
    background: black;
    padding: 10px;
    margin: 10px;
    border: 1px white dotted;
    overflow: hidden;
    opacity: 0.2;
}
div#nyroModalFull div#nyroModalWrapper div.wrapperImg div#nyroModalContent div:hover {
    opacity: 0.5;
    cursor: help;
}
div#nyroModalFull div#nyroModalWrapper a.nyroModalPrev, div#nyroModalFull div#nyroModalWrapper a.nyroModalNext {
    z-index: 105;
    outline: none;
    position: absolute;
    top: 0;
    height: 100%;
    width: 40%;
    cursor: pointer;
    text-indent: -9999em;
    background: left 20% no-repeat;
    /* background-image: url(data-3Aimage/gif;base64,AAAA); *//* Trick IE6 */
}
div#nyroModalFull div#nyroModalWrapper div.wrapperSwf a.nyroModalPrev, div#nyroModalFull div#nyroModalWrapper div.wrapperSwf a.nyroModalNext, div#nyroModalFull div#nyroModalWrapper div.wrapper a.nyroModalPrev, div#nyroModalFull div#nyroModalWrapper div.wrapper a.nyroModalNext {
    height: 60%;
    width: 20%;
}
div#nyroModalFull div#nyroModalWrapper div#nyroModalContent a.nyroModalPrev {
    left: 0;
}
div#nyroModalFull div#nyroModalWrapper div#nyroModalContent a.nyroModalPrev:hover {
    background-image: url(../img/nyro/prev.gif);
}
div#nyroModalFull div#nyroModalWrapper div#nyroModalContent a.nyroModalNext {
```

```css
    right: 0;
    background-position: right 20%;
}
div#nyroModalFull div#nyroModalWrapper div#nyroModalContent a.nyroModalNext:hover {
    background-image: url(../img/nyro/next.gif);
}
```

2. custom.css

```css
.emailchose {
    background: #feffc5;
}
img#codeimg {
    width:25%;
    position: relative;
    top: 8px;
}
#p_email {
    display: none;
}
span#codetext {
    font-family: Helvetica, 'Hiragino Sans GB', 'Microsoft Yahei', '微软雅黑', Arial, sans-serif;
    font-size:10px;
    font-weight: normal;
    color: #329ECC;
}
ul#pro_ul {
    position: absolute;
    top: 137px;
    width: 358px;
    z-index: 999999;
    background: #fff;
    line-height: 24px;
    padding-left: 0;
    display: none;
    list-style-type: none;
}
ul#pro_ul li{
    border: solid 1px darkred;
    border-bottom-width: 0;
}
ul#pro_ul li#last{
    border: solid 1px darkred;
}
ul#pro_ul li a{
    text-decoration:none;
    color: black;
}
```

3. main.css

```css
.emailchose {
    background: #feffc5;
}
img#codeimg {
    width:25%;
    position: relative;
    top: 8px;
}
#p_email {
    display: none;
}
span#codetext {
    font-family: Helvetica, 'Hiragino Sans GB', 'Microsoft Yahei', '微软雅黑', Arial, sans-serif;
    font-size:10px;
    font-weight: normal;
    color: #329ECC;
}
ul#pro_ul {
    position: absolute;
    top: 137px;
    width: 358px;
    z-index: 999999;
    background: #fff;
    line-height: 24px;
    padding-left: 0;
    display: none;
    list-style-type: none;
}
ul#pro_ul li{
    border: solid 1px darkred;
    border-bottom-width: 0;
}
ul#pro_ul li#last{
    border: solid 1px darkred;
}
ul#pro_ul li a{
    text-decoration:none;
    color: black;
}
```

附录 B

HTML 文件

1. index.html

```html
<!DOCTYPE html>
<html lang="zh">
<head>
<meta charset="utf-8" />
<title>用户认证系统</title>
<meta name="description" content="Administry - Admin Template by www.865171.cn" />
<meta name="keywords" content="Admin,Template" />
<!-- Favicons -->
<link rel="shortcut icon" type="image/png" HREF="../static/img/favicons/favicon.gif"/>
<link rel="icon" type="image/png" HREF="../static/img/favicons/favicon.gif"/>
<link rel="apple-touch-icon" HREF="../static/img/favicons/styler-icon.png" />
<!-- Main Stylesheet -->
<link rel="stylesheet" href="../static/css/style.css" type="text/css" />

<!-- Your Custom Stylesheet -->
<link rel="stylesheet" href="../static/css/custom.css" type="text/css" />
<!-- swfobject - needed only if you require <video> tag support for older browsers -->
<script type="text/javascript" SRC="../static/js/swfobject.js"></script>
<!-- jQuery with plugins -->
<script type="text/javascript" SRC="../static/js/jquery-1.4.2.min.js"></script>
<!-- Could be loaded remotely from Google CDN : <script type="text/javascript" src="
http://ajax.googleapis.com/ajax/libs/jquery/1.4.2/jquery.min.js"></script> -->
<script type="text/javascript" SRC="../static/js/jquery.ui.core.min.js"></script>
<script type="text/javascript" SRC="../static/js/jquery.ui.widget.min.js"></script>
<script type="text/javascript" SRC="../static/js/jquery.ui.tabs.min.js"></script>
<!-- jQuery tooltips -->
<script type="text/javascript" SRC="../static/js/jquery.tipTip.min.js"></script>
<!-- Superfish navigation -->
<script type="text/javascript" SRC="../static/js/jquery.superfish.min.js"></script>
<script type="text/javascript" SRC="../static/js/jquery.supersubs.min.js"></script>
<!-- jQuery form validation -->
```

```html
<script type="text/javascript" SRC="../static/js/jquery.validate_pack.js"></script>
<!-- jQuery popup box -->
<script type="text/javascript" SRC="../static/js/jquery.nyroModal.pack.js"></script>
<!-- Internet Explorer Fixes -->
<!--[if IE]>
<link rel="stylesheet" type="text/css" media="all" href="css/ie.css"/>
<script src="js/html5.js"></script>
<![endif]-->
<!-- Upgrade MSIE5.5-7 to be compatible with MSIE8: http://ie7-js.googlecode.com/svn/version/2.1(beta3)/IE8.js -->
<!--[if lt IE 8]>
<script src="js/IE8.js"></script>
<![endif]-->
<script type="text/javascript">
    function regicurrent() {
        var bu = $("#logbutton");
        $("li#regi").addClass("current");
        $("li#log").removeClass("current");
        $("#forpwd").hide();
        $("p#reme").hide();
        $("span#nametext").show();
        $("span#pwdtext").show();
        $("span#codetext").show();
        bu.val("注册");
        bu.attr("name", "reg");
    }
</script>
<script type="text/javascript">
var array = ["@126.com", "@163.com", "@qq.com", "@zju.edu.com",
             "@gmail.com", "@yahoo.com", "@vip.163.com",
             "@vip.126.com", "@popo.com", "@sina.com"];
$(document).ready(function(){
    /* setup navigation, content boxes, etc... */
//Administry.setup();
    // validate signup form on keyup and submit
    var validator = $("#loginform");
    validator.validate({
        rules: {
            username: "required",
            password: "required",
            verifycode: "required"
        },
        messages: {
            username: "请输入用户名",
            password: "请输入密码",
            verifycode: "请输入验证码"
        },
        // the errorPlacement has to take the layout into account
        errorPlacement: function(error, element) {
            error.insertAfter(element.parent().find('label:first'));
```

```javascript
        },
        // set new class to error-labels to indicate valid fields
        success: function(label) {
            // set   as text for IE
            label.html(" ").addClass("ok");
        }
    });
    var temp = $("#logbutton");
    $("li#regi").click(function() {
        $("li#regi").addClass("current");
        $("li#log").removeClass("current");
        $("#forpwd").hide();
        $("p#reme").hide();
        $("#emailform").hide()
        $('#p_email').show()
        $('#username').attr('placeholder', "8-20个字符,包含数字、字母");
        $('#password').attr('placeholder', "8-20个字符,可包含数字、字母");
        temp.val("注册");
        temp.attr("name", "reg");
        $("div#inform").html("请输入用户名密码");
    });
    $("li#log").click(function() {
        $("li#log").addClass("current");
        $("li#regi").removeClass("current");
        $("#forpwd").show();
        $("p#reme").show();
        $('#p_email').hide();
        $('#username').attr('placeholder', "");
        $('#password').attr('placeholder', "");
        temp.val("登录");
        temp.attr("name", "log");
        $("div#inform").html("请输入用户名密码");
    });
    $("img#codeimg").click(function() {
        $(this).attr('src', "/verifycode/?nocache=" + new Date().getTime());
    });
{{ function }}
var mail = $('#email');
var pro = $("#pro_ul");
var list = pro.find("li");
var firstli = list.first();
var length = list.length;
var string = [];
mail.keypress(function(e) {
    var key = e.which;
    if ((key >= 97 && key <= 122) || (key >= 48 && key <= 57) || (key >= 65 && key <= 90))
    {
        string.push(String.fromCharCode(key));
        showemail();
    }
```

```javascript
    });
    var j = length;
    mail.keydown(function(e) {
        var key = e.which;
        if(key == 8) {
            string.pop();
            showemail();
        }
        else if (key == 40) {
            firstli.addClass("emailchose");
            if (j == length)
                list.last().removeClass("emailchose");
            else
                firstli.prev().removeClass("emailchose");
            if (j == 1) {
                firstli = list.first();
                j = length;
            }else {
                firstli = firstli.next();
                j--;
            }
        }
        else if (key == 13) {
            emailready();
        }
    });
    $("li.emailchose").bind('click', (function(){
        emailready();
    }));
    function showemail() {
        if (string.length != 0)
                pro.show();
        else {
            list.removeClass("emailchose");
            string = [];
            pro.hide();
            j = length;
            firstli = list.first();
        }
        var i = 0;
        list.each(function() {
            $(this).text(string.join("") + array[i++]);
        });
    }
    function emailready() {
        mail.val( $(".emailchose").text());
        string = [];
        pro.hide();
        j = length;
```

```html
            firstli = list.first();
        }
    });
</script>
</head>
<body>
    <!-- Header -->
    <header id="top">
        <div class="wrapper-login">
            <!-- Title/Logo - can use text instead of image -->
            <div id="title"><!--<img SRC="img/logo.png" alt="Administry" />demo--><span>用户认证系统</span></div>
            <!-- Main navigation -->
            <nav id="menu">
                <ul class="sf-menu">
                    <li class="current" id="log"><a><b>登录</b></a></li>
                    <li id="regi"><a><b>注册</b></a></li>
                </ul>
            </nav>
            <!-- End of Main navigation -->
        </div>
    </header>
    <!-- End of Header -->
    <!-- Page title -->
    <div id="pagetitle">
        <div class="wrapper-login"></div>
    </div>
    <!-- End of Page title -->
    <!-- Page content -->
    <div id="page">
        <!-- Wrapper -->
        <div class="wrapper-login">
            <!-- Login form -->
            <section class="full">
                <h3>欢迎登录用户认证系统</h3>
                <div class="box box-info" id="inform">{{ warn_text }}</div>
{#              <div class="box box-info" id="inform">{{ session_before }}</div>#}
{#              <div class="box box-info" id="inform">{{ session_after }}</div>#}
                <form id="loginform" method="post" action="">
                    {% csrf_token %}
                    <p id="p_email">
                        <label class="required" for="email">邮箱:</label><br/>
                        <input type="text" id="email" class="full" value="" name="email" placeholder="如:name@example.com"/>
                        <div id="prompt">
                            <ul id="pro_ul">
                                <li><a></a></li>
                                <li><a></a></li>
                                <li><a></a></li>
                                <li><a></a></li>
```

```
                                    <li><a></a></li>
                                    <li><a></a></li>
                                    <li><a></a></li>
                                    <li><a></a></li>
                                    <li><a></a></li>
                                    <li id="last"><a></a></li>
                                </ul>
                            </div>
                        </p>
                        <p>
<label class="required" for="username">用户名:</label>{# <span id="nametext"> 8-20 个字符,包含数字、字母</span>#}<br/>
                                <input type="text" id="username" class="full" value="" name="username"/>
                        </p>
                        <p>
<label class="required" for="password">密码:</label>{# <span id="pwdtext"> 8-20 个字符,可包含数字、字母</span>#}<br/>
                                <input type="password" id="password" class="full" value="" name="password"/>
                        </p>
                        <p>
<label class="required" for="verifycode">验证码:</label><span id="codetext"> 看不清请单击图片</span><br/>
                                <input type="text" id="verifycode" class="half" value="" name="verifycode"/>
                                <img id="codeimg" src={{ imgsrc }} class="half" alt="验证码" name="codeimg"/>
                        </p>
                        <p id="reme">
            <input type="checkbox" id="remember" class="" value="1" name="remember"/>
                                <label class="choice" for="remember">一周内记住我?</label>
                        </p>
                        <p>
            <input id="logbutton" type="submit" class="btn btn-green big" name="log" value="登录"/>  
<a id="forpwd" href="javascript://;" onClick="$('#emailform').slideToggle(); return false;">忘记密码?</a>
                        </p>
                        <div class="clear"> </div>
                    </form>
                    <form id="emailform" style="display:none" method="post" action="#">
                        <div class="box">
                        <p id="emailinput">
                                <label for="email">邮箱:</label><br/>
                                <input type="text" id="email" class="full" value="" name="email"/>
                        </p>
                        <p>
                                <input type="submit" class="btn" value="发送"/>
```

```
                    </p>
                </div>
            </form>
        </section>
        <!-- End of login form -->
    </div>
    <!-- End of Wrapper -->
</div>
<!-- End of Page content -->
<!-- Page footer -->
<footer id="bottom">
    <div class="wrapper-login">
        <p>Copyright &copy; 2014 <b><a HREF="#"
title="www.authentication.cn">www.authentication.cn</a></b></p>
    </div>
</footer>
<!-- End of Page footer -->
<!-- User interface javascript load -->
<!-- <script type="text/javascript" SRC="../static/js/administry.js"></script> -->
</body>
</html>
```

2. main.html

```
<!DOCTYPE html PUBLIC "-//W3C//DTD XHTML 1.0 Transitional//EN"
"http://www.w3.org/TR/xhtml1/DTD/xhtml1-transitional.dtd">
<html lang="zh">
<html xmlns="http://www.w3.org/1999/xhtml">
<head>
<meta http-equiv="Content-Type" content="text/html; charset=utf-8" />
<title>用户管理平台</title>
<!-- Favicons -->
<link rel="shortcut icon" type="image/png" HREF="../static/img/favicons/favicon.gif"/>
<link rel="icon" type="image/png" HREF="../static/img/favicons/favicon.gif"/>
<link rel="apple-touch-icon" HREF="../static/img/favicons/styler-icon.png" />
<link href="../static/css/main.css" rel="stylesheet" type="text/css" />
</head>
<body>
<div id="topPanel">
    <img src="../static/images/logo.gif" title="Trial Services" alt="Trial Services" width="230" height="80" border="0" />
    <br>
    <h1 style="color:black; text-align:center;">用户管理平台</h1>
    <br>
    <br>
    <p id="logout">
        欢迎您,<span>{{ logeduser }}</span>  
        <a href="/logout/" style="text-decoration:none; color:#000000">退出</a>
    </p>
```

```html
    <hr>
    <div id="headerPanelfirst">
        <h2>用户管理</h2>
        <a href="/pumpmanage/"></a></div>
    <div id="headerPanelsecond">
        <h2>信息查询</h2>
        <a href="/operation/"></a></div>
    <div id="headerPanelthird">
        <h2>统计数据</h2>
        <a href=""></a></div>
</div>
<div id="footerPanel">
    <div id="footerbodyPanel">
        <p class="copyright">copyright © 2014 用户管理平台</p>
    </div>
</div>
</body>
</html>
```

参 考 文 献

[1] [美]迈耶. CSS权威指南[M]. 3版. 尹志忠,侯妍译. 北京:中国电力出版社,2008.
[2] 廖伟华. 图解CSS3:核心技术与案例实战[M]. 北京:机械工业出版社,2014.
[3] Nicholas C. Zakas. JavaScript高级程序设计[M]. 曹力,等译. 北京:人民邮电出版社,2006.
[4] Cay S. Horstmann,Gary Cornell. Java核心技术(卷2)高级特性[M]. 9版. 陈昊鹏,王浩,姚建平译. 北京:机械工业出版社,2014.
[5] 高洪岩. Java多线程编程核心技术[M]. 北京:机械工业出版社,2015.
[6] 侯振云,肖进. MySQL 5数据库应用入门与提高[M]. 北京:清华大学出版社,2015.
[7] 孔祥盛. MySQL数据库基础与实例教程[M]. 北京:人民邮电出版社,2014.
[8] 聂鹏. 基于Nginx的云计算访问控制网关的设计与实现[D]. 北京:北京交通大学,2011.
[9] 刘忆智. Linux从入门到精通[M]. 北京:清华大学出版社,2010.
[10] 陶利军. 决战Nginx技术卷(高性能Web服务器部署与运维)[M]. 北京:清华大学出版社,2012.
[11] John Goerzen. Python网络编程基础[M]. 莫迟,等译. 北京:电子工业出版社,2007.
[12] W. Richard Stevens,Bill Fenner,Andrew M. Rudoff. UNIX网络编程[M]. 3版. 杨继张译. 北京:清华大学出版社,2005.
[13] W. Richard Stevens. UNIX网络编程(卷2). 进程间通信[M]. 北京:人民邮电出版社,2009.
[14] Gary R. Wright,W. Richard Stevens. TCP/IP详解 卷2:实现[M]. 陆雪莹,蒋慧,等译. 北京:机械工业出版社,2000.